中老年电脑课堂

陆光明　主编

金盾出版社

内 容 提 要

本书从中老年人使用电脑的需求出发，详细地介绍了电脑的基本操作和常用软件及维护。主要内容包括：计算机基本知识、Windows 7 操作系统、字表处理软件 Word 2010、计算机汉字输入、电子表格处理软件 Excel 2010、演示文稿处理软件 PowerPoint 2010、计算机网络及应用、计算机系统的一般维护和使用安全等。

本书适合中老年人学习电脑使用，也可作为老年大学电脑课程教材使用。

图书在版编目（CIP）数据

中老年电脑课堂/陆光明主编. —北京：金盾出版社，2014.3

ISBN 978-7-5082-8996-0

Ⅰ. ①中… Ⅱ. ①陆… Ⅲ. ①电子计算机—基本知识 Ⅳ. ①TP3

中国版本图书馆 CIP 数据核字（2013）第 276948 号

金盾出版社出版、总发行

北京太平路 5 号（地铁万寿路站往南）

邮政编码：100036 电话：68214039 83219215

传真：68276683 网址：www.jdcbs.cn

封面印刷：北京精美彩色印刷有限公司

正文印刷：北京凌奇印刷有限责任公司

装订：新华装订厂

各地新华书店经销

开本：787×1092 1/16 印张：22 字数：356 千字

2014 年 3 月第 1 版第 1 次印刷

印数：1～7 000 册 定价：52.00 元

前　言

　　现今的时代是信息化的时代，电脑已经在我们的生活工作中扮演着不可缺少的角色。在这个时代里，无论老年、青年，都会发现不断更新自己所学的知识，已经成为社会生存的第一需要。在学习新知识、新技术领域里，任何年龄段的人都站在同一起跑线上，而计算机正是融入这个年代的必修课程。学习计算机知识已不再是年轻人的专利，中老年朋友也要学习和掌握计算机的基本知识，让计算机丰富我们的业余生活。很多中老年朋友觉得操作电脑是很复杂的一项事情，其实电脑操作简单易学，上手很快，只要我们多动手多思考，日积月累，定见成效。

　　《中老年电脑课堂》着重介绍了计算机基本知识、计算机汉字输入、Windows 7 操作系统应用、Word 2010 字表处理软件、Excel 2010 电子表格处理软件、PowerPoint 2010 演示文稿处理软件和计算机网络应用等知识。在计算机汉字输入中，根据中老年人的自身特点，主要介绍了利用汉语拼音和汉字笔画输入汉字两种方法，以适应不同中老年朋友的需求。

　　本书改变了以往提纲式的编排方式，本着"易懂"、"易学"、"易记"的原则，采用全程按步骤加图解的形式，帮助中老年朋友快速学习掌握。在老年大学计算机课堂里，计算机老师伴您同行，将带领大家走进丰富多彩的快乐学习生活。

　　由于时间仓促，疏漏之处请中老年朋友不吝指正。

编　者

目 录

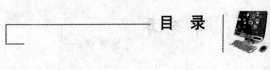

第 1 章　计算机基本知识

【学习目标】
➢ 了解计算机发展简况和计算机系统的组成
➢ 熟悉硬件系统中主要硬件的外观与作用，熟悉键盘分区和各控制键功能，学会鼠标的操作方法
➢ 熟悉计算机的启动与退出

【知识要点】
◆ 计算机发展简述
◆ 计算机系统

§1.1　计算机发展简述

1.1.1　电子计算机的诞生

世界上第一台电子数字计算机是 1946 年由美国宾夕法尼亚大学莫尔学院研制的 ENIAC（电子数字积分机和计算机）。ENIAC 体积约 90m^3，占地 170m^2，总质量达到 30t。它拥有电子管 18 000 个，继电器 1 500 个，以及大量的电阻、电容等。ENIAC 实现了多年来人类将电子技术应用于计算机的梦想，为进一步提高运算速度开辟了极为广阔的前景。

1.1.2　电子计算机时代的划分

电子计算机硬件是计算机的物理体现，它的发展对电子计算机的更新换代产生了巨大的影响，因此在过去若干年中，计算机时代的划分均以计算机硬件的变化为依据。

第一代电子计算机（1946～1957 年）：主要特点是使用电子管，采用冯·诺依曼等人提倡的程序存储二进制的数字工作方式。第一代计算机体积庞大、功耗大、故障率较高，运算速度为 1～2 万次/s。

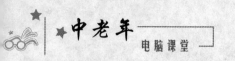

第二代电子计算机（1958～1964 年）：主要特点是采用晶体管作为整机逻辑元件，全部使用磁芯存储器作为内存储器，将磁鼓和磁带作为附属的外存储器。晶体管计算机体积减小、可靠性提高、功耗降低，运算速度可达每秒执行百万条指令。

第三代电子计算机（1964～1972 年）：主要特点是采用集成电路代替晶体管作为整机逻辑元件。这里的集成电路主要指小规模集成电路（SSI）和中等规模集成电路（MSI）。第三代电子计算机仍以磁芯作为主存储器，而在第二代中作为外存储器的磁鼓存储器逐渐被淘汰，磁盘存储器开始占优势。

第四代电子计算机（1973 至今）：主要特点是普遍采用大规模集成电路（LSI）和超大规模集成电路（VLSI）技术。与第三代计算机相比，第四代计算机虽然只在集成电路集成度上发生了变化，但在性能上却产生了质的飞跃。

1.1.3　电子计算机的主要应用

电子计算机主要应用于科学计算、数据处理、辅助设计、辅助制造、辅助教学和实时控制。

1. 科学计算

电子计算机最初主要应用于科学计算。最初，世界上第一台数字电子计算机 ENIAC 的研制目的就是进行火炮的弹道计算。

2. 数据处理

电子计算机是进行信息处理不可缺少的重要工具。目前计算机大量应用于数据处理，如企业管理、办公自动化、金融、保险、证券、图书馆、情报检索等。

3. 计算机辅助设计和计算机辅助制造

计算机辅助设计（CAD），是指利用计算机的计算和绘图能力，帮助人们进行建筑、机械、电子等方面的设计工作。计算机辅助制造（CAM），是指使用计算机设计及制造产品的技术和方法。

4. 计算机辅助教学

计算机辅助教学主要包括利用计算机对教学和教学资料信息管理、多媒体辅助教学（CAI）、远程开放教育和"无纸化"考试等。

5．计算机实时控制

计算机实时控制将计算机技术与通信技术有机结合，广泛应用于航天、航空、国防、军事、工业自动化等领域。

1.1.4　电子计算机的分类

1．按体积分类

电子计算机可分为微型计算机、小型计算机、大型计算机和巨型计算机。

（1）微型计算机　微型计算机（简称微机）以微处理器为中央处理器的计算机系统。微型计算机是各类计算机中发展速度最快的一种，它耗能小，已发展成能够处理复杂任务的功能很强的机型。

（2）小型计算机　小型计算机（简称小型机）规模高于微型计算机的一类计算机。小型机主要应用在数据采集和数据处理、工业过程控制、武器控制、企业管理等领域。小型机常常用于复杂计算和处理来自终端的输入/输出，也可作为局域网的主机和大型机广域网的中介。

（3）大型计算机　大型计算机（简称大型机）是一类高性能、大容量的通用计算机，它代表该时代计算机技术的综合水平。大型机在军事和民用方面具有十分广阔的应用领域。

（4）巨型计算机　巨型计算机（简称巨型机）也称超级计算机，它运算速度非常快，性能非常高，技术非常复杂，价格非常昂贵。巨型机主要用于解决大型机难以处理的复杂和大运算量计算问题，是解决科技领域中许多重大关键性问题的计算工具。

2．按应用领域分类

微型计算机根据工作重点、应用领域的不同，又可分成个人计算机、工作站和服务器三种类型。

（1）个人计算机　个人计算机（PC）是以个人独占资源为主的计算机，具有体积小、质量轻、耗电少、功能强、使用灵活、维护方便、可靠性高、容易掌握、价格便宜等特点。

（2）工作站　工作站（Workstation）通常是指一类功能强大的独立计算机，具有较强的计算能力和图形处理能力，价格比较昂贵。也有人将网络中相对于网络主机而言的高性能处理机称为工作站。

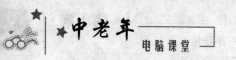

（3）服务器　服务器是在网络环境中或在具有客户/服务器结构的分布式处理环境中，为客户的请求提供服务的结点计算机。其主要功能是运行网络管理软件，控制对网络和网络资源的访问，响应客户端的命令（请求），管理网络系统中可以共享的资源等。一般情况下，服务器由高档的微机来充当，并具有十分丰富的计算机软件、硬件资源。

§1.2　计算机系统

1.2.1　计算机系统的组成

计算机系统由硬件系统和软件系统组成。其关系如图 1-1 所示。

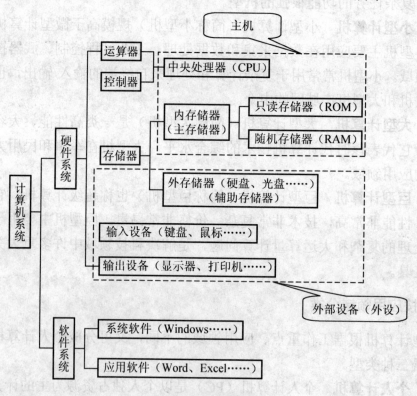

图 1-1　计算机系统结构

1.2.2　硬件系统

一套完整的台式机电脑从外观上看，由图 1-2 所示几个部分组成；笔记本电脑外观如图 1-3 所示。除此之外，计算机硬件还包括系统主板、微处理器 CPU、内存条、显卡、调制解调器 Modem（网卡）、声卡等。

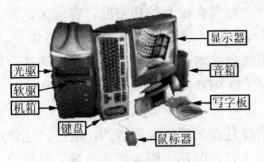

图 1-2 台式机硬件

图 1-3 笔记本电脑

1．中央处理器

中央处理器（CPU）采用超大规模集成电路制造，在微型计算机中的 CPU，又称为微处理器。CPU 是计算机的心脏，与主存储器一起构成了计算机的"主机"。CPU 的外观如图 1-4 所示。

目前 PC 上使用的 CPU 主要有两大系列，即美国 Intel 公司的 Intel 微处理器系列和美国超微公司的 AMD 系列，型号和价格各异。

图 1-4 Inter E4500 CPU

2．内存储器

内存储器（Memory）又称主存储器，是计算机中存储当前运行程序和数据的设备。内存储器由于工作方式不同，又分为随机存储器（RAM）和只读存储器（ROM）。

随机存储器在计算机工作时，既能写入信息，又能读出信息，但一旦计算机电源关闭后，其中的信息也随之消失。用户在接触计算机时经常提到的"内存"，指的就是随机存储器。内存条的外观如图 1-5 所示。

图 1-5 SDRAM 内存条

只读存储器中的信息，在计算机工作前一般已由生产厂家写入，在计算机工作时只能读出其中的信息，不能存入或改写信息，在计算机电源关闭时，其中的信息一般不会消失。

3．外存储器

外存储器又称辅助存储器，是能够永久保存数据的大容量存储器。常用的外

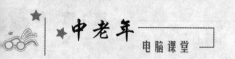
存储器有硬盘、光盘、U 盘等。

（1）硬盘　硬盘是最常用的外存储器。硬盘有很高的精密度，容量大、读写速度快。在使用过程中应防止振动，避免硬盘损坏。硬盘的外观如图 1-6 所示。

（2）光盘　光盘是运用光学、磁学和激光技术进行大容量信息存储的外存储器。目前使用最多的光盘主要有只读光盘 CD-ROM、可重写光盘 CD-RW、一次写入光盘 WORM 及 DVD-ROM 等。

CD-ROM 是一种只读光盘，其中的信息是在工厂压制而成的，用户只能使用而不能改变。CD-ROM 可存放各种文字、声音、图形、图像和动画等多媒体数字信息。CD-ROM 的读取必须要在 CD-ROM 驱动器（简称光驱）中进行。光盘和光驱外观如图 1-7 所示。

WORM 是一种一次写入型光盘，它需要在光盘刻录机 CD-R 中使用，WORM 允许用户一次性写入数据信息，但信息一旦写入，就不能修改。写入信息后的 WORM，其使用方法与 CD-ROM 一样，也可以在 CD-ROM 驱动器中读取。

（3）U 盘　U 盘，也叫闪盘，是一种能够移动的外存储器。使用时将 U 盘插到计算机的 USB 接口上。要充分发挥 U 盘的作用并延长它的使用寿命，在使用时还要注意按步骤插拔。U 盘支持热插拔，但对于使用 Windows 7 的用户，需要通过用鼠标左键两次单击桌面任务栏右边"显示隐藏的图标"面板中的 U 盘小图标进行"删除"操作后，再对 U 盘拔除。U 盘的外观如图 1-8 所示。

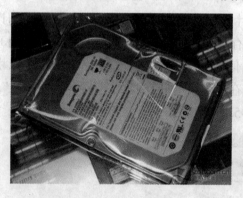

图 1-6　160GB 硬盘外观　　　图 1-7　光盘和光驱　　　图 1-8　2GB U 盘

4. 主板

主板是计算机的核心部分，计算机的各种设备都要连接到主板上才能工作。主板的外观如图 1-9 所示。主板上有许多大规模集成电路器件、电子线路和各种插座、插槽。

图 1-9　P5K-E/W1F1-AP 主板

小知识：

计算机中最小的信息单位是 bit。
1Byte＝8bit
1KB＝1024Byte
1MB＝1024KB
1GB＝1024MB
1TB＝1024GB
1PB＝1024TB

5. 显卡

显卡，也叫显示适配器。与集成在主板上的声卡和网卡不同，显卡一般为接口卡形式插入主板的 AGP 扩展槽中。在显卡上有一个明显的 VGA 插座，与显示器的 D 型插头相连，用于模拟信号的输出。显卡外观如图 1-10 所示。

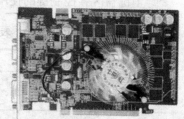

6. 电源

电源是计算机中的能量来源。计算机中的所有部件都需要由电源供电。计算机电源的输入电压为 220V 的交流电，输出为 12V/5V 的直流稳压电压。

图 1-10　显卡

7. 键盘

键盘是计算机必备的输入工具，属于标准输入设备，用来输入字符等数据和控制命令。

按照键盘上各键的功能，键盘划分为功能键区、主键盘区、编辑键区、小键

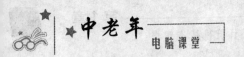

盘区以及状态指示灯区 5 个区，如图 1-11 所示。

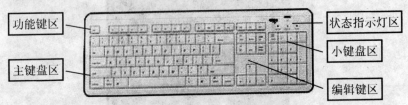

图 1-11　键盘

① 主键盘区。主键盘区是键盘上使用最频繁的区域，其作用是输入构成各种文本和命令的文字、符号及数字。主键盘区又分为基本键和控制键两类。基本键包括 26 个字母键（A～Z）、10 个数字键（0～9）和一些符号键。各个手指分工如图 1-12 所示。键盘指法练习是实现打字"盲打"状态的必经之路，中老年朋友可因人而宜，不必苛求，只要经常使用键盘，即便是"一指禅"，打字速度也会不断提高的。

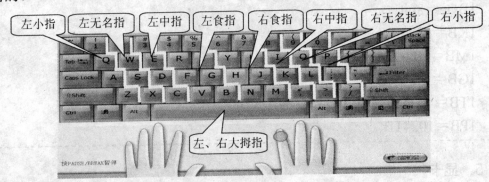

图 1-12　键盘指法分区

主键盘区各控制键的使用方法见表 1-1。

表 1-1　主键盘区各控制键的使用方法

键　位	名　称	说　明
Shift	上挡键	按下该键再按双符号键，屏幕上会显示相应键上方符号；按下该键（不松开）再按字母键，可对字母大小写取反
Ctrl	控制键	按下该键（不松开）再按其他键，将执行系统中定义的一些特定功能
Alt	换挡键	按下该键（不松开）再按其他键，将执行系统中定义的一些特定功能
Caps Lock	大写锁定键	按下该键后，输入的字母键均为大写
Tab	制表位键	控制文本插入点（光标）到指定位置，用于制表和文本定位
⊞	Win 键	按下该键，将打开"开始"菜单
▧	快捷菜单键	在需要弹出快捷菜单的地方，按下该键，将弹出相应的快捷菜单

② 功能键区。

功能键区位于键盘的顶端，各键功能见表 1-2。

表 1-2　功能键区各键功能

键　位	名　称	说　明
Esc	取消键	将输入的命令或字符串取消，在一些应用软件中常起退出作用
F1～F12	功能键	在不同的软件中，各键功能有所不同

③ 编辑键区。

编辑键区有上下三组，下面一组为方向键，当需要移动光标或选中对象时，可以使用相同方向的方向键；上面的两组是与编辑文本有关的控制键，叫编辑控制键，其功能见表 1-3 所示。

表 1-3　编辑控制键各键功能

键　位	名　称	说　明
Print Screen	屏幕复制键	将当前屏幕内容以图片形式复制到剪贴板
Scroll Lock	滚屏锁定键	使屏幕停止滚动，直到再次按下该键为止
Pause Break	屏幕暂停键	暂停屏幕的显示，按回车键（Enter）恢复正常
Insert	插入键	改变计算机插入和改写操作方式
Delete	删除键	用于删除选中的对象或光标右侧的字符
Home	光标速移键	使光标快速移到当前行的行首
End	光标速移键	使光标快速移到当前行的行尾
Page Up	翻页键	使当前屏幕内容翻至上一页
Page Down	翻页键	使当前屏幕内容翻至下一页

④ 小键盘区。

小键盘区位于键盘右侧，主要用于快速输入数字和常用的运算符号。同主键盘区一样，小键盘区也有一套成熟的键盘指法，如图 1-13 所示。

小键盘区的数字键都是双功能键，它们既可以用作数字键，也可以用作控制键。使用哪一种功能取决于小键盘区左上角的 Num Lock（数字锁定）键控制的"Num Lock 指示灯"的开关。"Num Lock 指示灯"亮时，表示处于数字输入状态；反之，处于控制键使用状态。

⑤ 状态指示灯区。

状态指示灯区从左到右依次为"Num Lock 指示灯"、

图 1-13　小键盘区指法

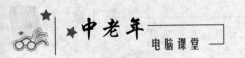

"Caps Lock 大写锁定指示灯"和"Scroll Lock 滚屏锁定指示灯",受键盘上对应的三个控制键控制开关,指示相应的操作状态。

8. 鼠标

鼠标(Mouse)从内部结构和原理上,分为机械式、光机式和光电式三种。目前大部分用户使用的都是光电式鼠标。从接口类型上,鼠标又分为 PS/2 接口鼠标、USB 接口鼠标和无线鼠标三种。其外观如图 1-14 所示。

　　（a）PS/2 接口鼠标　　　　（b）USB 接口鼠标　　　　（c）无线鼠标

图 1-14　鼠标

(1) 抓握鼠标的基本姿势　用拇指和无名指将鼠标轻轻握住,使鼠标的后半部分恰好在掌下,手腕自然垂放在桌面上,以右手操作为例,食指和中指分别轻放在鼠标的左、右按键上。

(2) 鼠标的基本操作

① 单击鼠标主键(简称单击)。用食指快速地按一下鼠标主键(一般右手抓握鼠标时,主键为左键),马上松开,产生的效果是鼠标指针指向对象(如图标)的颜色发生了变化,表示该对象被选中。只有选中了操作对象才能对它进行下一步操作。单击的另一个常用功能是选择"开始"菜单和应用程序中的"文件"按钮或选项卡。

② 单击鼠标辅键(简称右击)。用中指快速地按一下鼠标辅键(一般右手抓握鼠标时,辅键为右键),马上松开,其主要功能是弹出针对操作对象的快捷菜单。

③ 双击鼠标主键(简称双击)。用食指连续快速地按两下鼠标主键,马上松开,其作用是打开一个窗口,或启动一个应用程序。

④ 三击鼠标主键(简称三击)。用食指连续快速地按三下鼠标主键,马上松开,此操作目前仅限在 Word 2010 字表处理软件中编辑文本时使用。

⑤ 移动鼠标。不要按下任何鼠标按键,拖动鼠标在桌面上作平面运动,其作用是控制鼠标指针在窗口或桌面上的位置。

⑥ 拖动鼠标。拖动鼠标也叫拖拽鼠标,动作是先移动鼠标指针到选定对象(上

图标）上，按下鼠标主键（或辅键）不要松开，移动鼠标，选定对象的一个"影子"就会随着鼠标指针移动，将鼠标指针及拖拽对象移动到指定位置后，再松开鼠标按键。

⑦ 滚动鼠标滚轮。当显示窗口上有不能完全显示的信息时，可用手指拨动鼠标滚轮，窗口上未显示的部分即可显示出来。在计算机网络操作中，有时要用到按下滚轮的操作，称为"单击'中键'"。

（3）鼠标指针 鼠标指针也叫鼠标光标，是鼠标操作在屏幕上的位置及相关状态的映像。鼠标指针随工作状态不同形状各异，如表1-4所示。

表1-4 鼠标指针形状

形 态	表示状态	形 态	表示状态	形 态	表示状态
↖	正常选择	I	选择文本	⤢	对角调整1
↖?	帮助选择	✎	手写	⤡	对角调整2
↖⧗	后台工作	⊘	禁用	✛	移动对象
⧗	忙、等待	↕	垂直调整	↑	其他选择
＋	精度选择	↔	水平调整	☝	超级链接

9. 显示器

显示器是计算机标准的输出设备，主要用于显示字符和图形信息。目前常见的显示器有两种，一种是阴极射线管（CRT）显示器；另一种是液晶（LCD）显示器，如图1-15和图1-16所示。

图1-15 CRT显示器

图1-16 LCD显示器

10. 打印机

打印机是一种输出设备，其作用是将电脑中的信息打印出来。其外观如图1-17所示。

11. 其他硬件

图1-17 喷墨打印机

一台计算机除了以上一些主要硬件外，还有一些可选的外部设备。为了让计算机具有更多的功能，就需要安装和使用这些外围设备，如音箱、摄像头、麦克风、扫描仪、手写板、数码照相机、数码摄像机等。

1.2.3 软件系统

计算机软件系统分为系统软件和应用软件两大类。

1. 系统软件

系统软件是保证计算机能够正常运行，并充分发挥硬件设备性能的程序。目前，在计算机上使用较多的是微软（Microsoft）公司的 Windows 操作系统，如 Windows XP、Windows Vista、Windows 7 和 Window 8。其中 Windows 7 是目前使用范围较广的 Windows 操作系统。

2. 应用软件

为了用计算机完成不同的任务，就需要不同的计算机程序，即不同的应用软件。各软件公司生产、提供了成千上万种应用软件，例如，用于文字处理的 Word 2010、进行图形图像处理的 Photoshop CS5、能够上网浏览网页的 IE 8.0……

§1.3 计算机的启动与退出

1.3.1 启动计算机（开机）

1. 开机前的准备工作

开机前应将计算机各硬件设备正确连接，电源线插在插座上，系统软件及常用软件已安装完毕（一般购买回的计算机均已装好）。

2. 开机

首先打开显示器电源，然后按下主机箱上的 POWER 按钮，计算机自动启动直到出现如图1-18所示的桌面，计算机启动成功。

图 1-18　Windows 7 桌面

1.3.2　关闭计算机（关机）

关闭计算机不能直接关闭电源。如果直接拔下电源插头或遇突然断电而导致关机，可能会导致很多问题出现

正常关闭计算机的方法：

① 检查并关闭所有运行的应用程序。

② 打开"开始"菜单，用鼠标左键单击"关机"选项，如图 1-19 所示。

③ 稍等片刻，计算机会自动关闭主机电源，机箱的电源指示灯熄灭，此时，用户只需关闭显示器电源即可。

图 1-19　"开始"菜单中的"关机"选项

1.3.3　重新启动计算机

重新启动计算机的操作方法与正常关闭计算机的方法相似，执行左键单击"开始"｜"关机"｜"重新启动"命令，计算机就会重新启动。

--- 小知识：---

在操作计算机过程中如遇到"死机"现象，就是在开机状态下计算机对于鼠标和键盘的操作都没有反应，屏幕始终静止在一个画面上。此时，先不要急于关闭计算机，可用下面方法将计算机"激活"。

按下 Ctrl＋Shift＋Esc 组合键，屏幕上会弹出任务管理器窗口，如图 1-20 所示。观察其中的任务列中是否有"未响应"的任务，若有则说明该程序目前不能正常运行，"死机"现象很有可能就是由它引起的。用鼠标左键单击未响应

的任务，再用鼠标左键单击"结束任务"按钮，屏幕上有时会出现"结束程序"对话框，用鼠标左键单击"立即结束"按钮，该窗口消失，造成"死机"现象的任务被强行中止，计算机"死机"现象也就解除了。

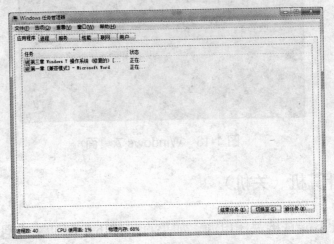

图 1-20　任务管理器窗口

【本章小结】

本章内容大部分属于了解方面的知识。有些专业术语不需要也没必要刻意地搞懂，中老年朋友在一起聊天时有共同语言就达到目的了。有些对计算机实际操作有帮助的内容，在小知识归纳了一些，知识在于积累，希望本章内容对大家熟练操作计算机会有所帮助。

第 2 章　Windows 7 操作系统

【学习目标】
➢ 认识与使用 Windows 7 的桌面、窗口和菜单
➢ 学会管理计算机中的文件、在计算机之间传送文件和运用管理 Windows 7 操作系统的简单方法

【知识要点】
◆ Windows 7 桌面简介
◆ 窗口、菜单和剪贴板的操作
◆ 管理计算机中的文件
◆ 运用和管理 Windows 7 操作系统

　　操作系统是管理、监控和维护计算机资源，使计算机能够正常工作的程序；是系统软件中的基础软件，它为应用软件提供了操作平台。目前在计算机中使用较多的 Windows 操作系统是 Windows 7。与以往的版本相比，Windows 7 除了继承以前版本功能强大、界面友好、使用便捷的优点以外，其操作界面发生了很大变化，同时也新增了很多独特的功能。本章以 Windows 7 旗舰版为例，主要介绍其各种功能以及使用的具体方法步骤。

§2.1　Windows 7 桌面的组成和操作

　　启动 Windows 7 操作系统后，首先看到的就是 Windows 7 的桌面，如图 2-1 所示。Windows 7 的桌面主要包括桌面背景、图标、"开始"按钮和任务栏。

2.1.1　改变桌面背景和添加图标

　　桌面背景可以是个人收集的图片、Windows 7 提供的图片、纯色图片、带有颜色框架的图片，还可以显示幻灯片图片。

1. 改变桌面背景

　　用鼠标右键单击桌面，在弹出的快捷菜单中执行"个性化"命令，弹出"个性化"窗口，如图 2-2 所示。在窗口中用鼠标左键单击"桌面背景"超级链接（简

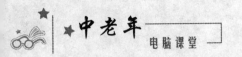
称"链接"),打开"桌面背景"窗口。按住 Ctrl 键的同时用鼠标左键单击选择需要设置为桌面背景的图片。设置时间间隔及桌面背景图片的播放模式,如"无序播放"和"使用电池时,暂停幻灯片放映可节省电源"等。设置完成后,用鼠标左键单击"保存修改"按钮。

图 2-1　Windows 7 的桌面

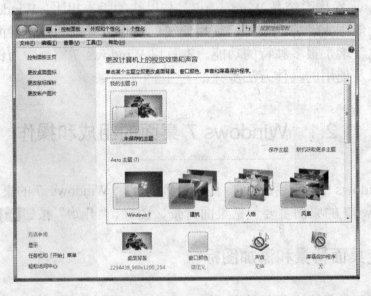

图 2-2　"个性化"窗口

　　若将桌面背景设置为个人收集的图片,可在"个性化"窗口中用鼠标左键单击"浏览"按钮,在弹出的对话框中选择存放个人收集图片的文件夹,用鼠标左键单击"确定"按钮,个人收集的图片即以全选方式进入桌面背景图片列表框中。

　　还可以将保存的图片快速设置为桌面背景。操作方法是用鼠标右键单击选中保存在计算机中的图片,在弹出的快捷菜单中执行"设置为桌面背景"命令,即可将该图片设置为桌面背景。

2. 在桌面上添加系统图标和应用程序快捷图标

在 Windows 7 操作系统中，所有的文件、文件夹和应用程序都是用图标表示的。桌面图标分为系统图标和快捷图标两大类，均由文字和图片组成，文字说明图片的名称或功能，图片是它的标识符。

(1) 添加和改变系统图标的样式　有些 Windows 7 版本在刚安装后，桌面上只有一个"回收站"图标，这时，可通过添加系统图标的方法，将"计算机"、"网上邻居"和"控制面板"等系统图标添加到桌面上。添加方法是用鼠标右键单击桌面，在弹出的快捷菜单中执行"个性化"命令，弹出"个性化"窗口。用鼠标左键单击左侧窗格中的"更改图标设置"链接，弹出"桌面图标设置"对话框，如图 2-3 所示。选择尚未添加到桌面上的系统图标，用鼠标左键单击"确定"按钮，该系统图标即显示到桌面上。

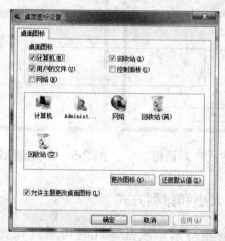

图 2-3　"桌面图标设置"对话框

若改变系统图标的样式，可在"桌面图标设置"对话框中选择某个需要改变的系统图标，如"计算机"，再用鼠标左键单击"更改图标"按钮，在弹出的"更改图标"对话框中选择一种图标样式，用鼠标左键单击"确定"按钮，该系统图标即以新的图片样式显示在桌面上。若恢复原来的图片样式，需在"桌面图标设置"对话框中用鼠标左键单击"还原默认值"按钮。

(2) 添加应用程序快捷图标　为了快速启动某一应用程序，可将该应用程序以快捷方式放置到桌面上，相应的图标被称做快捷图标。下面以添加应用程序"计算器"快捷图标为例，操作步骤如下。

用鼠标右键单击"开始"｜"所有程序"｜"附件"｜"计算器"命令，在弹出的快捷菜单中执行"发送到"｜"桌面快捷方式"命令，用鼠标左键单击桌面空白，

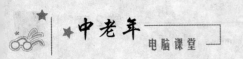

让"开始"菜单消失，检查桌面上是否有"计算器"应用程序的快捷图标。

（3）删除桌面上的快捷图标、文档或图片文件图标

在桌面上用鼠标右键单击要删除的某个应用程序、文档或图片文件的快捷图标，如"计算器"快捷图标，在弹出的快捷菜单中执行"删除"命令或按 Delete 键，弹出"删除快捷方式"对话框，如图 2-4 所示。用鼠标左键单击"是"按钮，该快捷图标即被删除并移入回收站。删除该快捷方式只会删除指向应用程序、文档或图片文件的图标，不会删除相应的应用程序、文档或图片文件。

若将快捷图标从桌面上删除并不进入回收站，可在桌面上用鼠标左键单击要删除的某应用程序的快捷图标，按 Shift＋Delete 组合键，弹出另一个"删除快捷方式"的对话框，如图 2-5 所示。用鼠标左键单击"是"按钮，即可将该快捷图标永久删除。

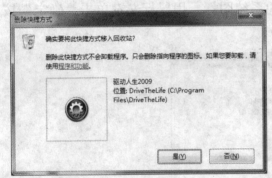 

图 2-4 "删除快捷方式"对话框　　图 2-5 永久删除的"删除快捷方式"对话框

3. 设置桌面图标的大小和排列方式

桌面上图标较多，会显得繁杂凌乱。此时可通过设置桌面图标的大小和排列方式来整理桌面。用鼠标右键单击桌面，在弹出的快捷菜单中执行"查看"｜"大图标"、"中等图标"或"小图标"命令，查看桌面上的图标大小是否改变；执行"排列方式"｜"名称"、"大小"、"项目类型"或"修改日期"命令，查看桌面上的图标排列是否发生了变化。

2.1.2　使用桌面小工具

Windows 7 增加了桌面小工具，只要将小工具的图标摆到桌面上，即可使用。

1. 将小工具摆到桌面上

用鼠标右键单击桌面，在弹出的快捷菜单中执行"小工具"命令，弹出小工

具窗口，系统列出了多个自带的小工具，选择某一小工具，如"时钟"，用鼠标左
键将其拖到桌面上，在桌面上即可显示该小工具，如图 2-6
所示。在小工具窗口中用鼠标左键双击该小工具或用鼠标
右键单击该小工具，在弹出的快捷菜单中执行"添加"命
令，也可以将该小工具摆到桌面上。

图 2-6 "时钟"小工具

2. 联机下载小工具

与计算机网络连接，在小工具窗口上用鼠标左键单击
"联机获取更多小工具"按钮，在弹出的网页中用鼠标左键单击"小工具"链接，
进入"桌面小工具"网页，如图 2-7 所示。选择其中一种小工具，用鼠标左键单
击"下载"按钮，进行下载并安装该小工具，安装完成后，该小工具即被添加到
小工具窗口中，如图 2-8 所示。

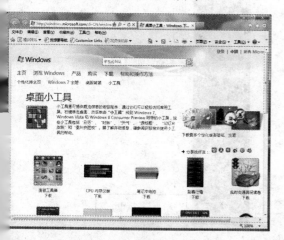

图 2-7 "桌面小工具"网页

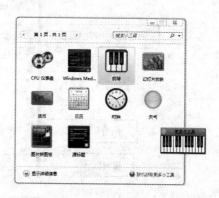

图 2-8 新添加的"桌面小钢琴"工具

3. 移除和卸载小工具

小工具被添加到桌面上后，如果不再使用，可以将鼠标移至桌面上小工具右
侧，用鼠标左键单击"关闭"按钮即可从桌面上移除小工具。

如果要将小工具从系统中删除，可用鼠标右键单击桌面，在弹出的快捷菜
单中执行"小工具"命令，在弹出的小工具窗口中
用鼠标右键单击需要卸载的小工具，在弹出的快捷
菜单中执行"卸载"命令，弹出"桌面小工具"对
话框，如图 2-9 所示。用鼠标左键单击"卸载"按
钮，被选中的小工具即被卸载。

图 2-9 卸载小工具对话框

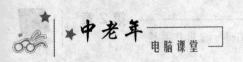

2.1.3 任务栏

任务栏一般位于桌面最底部，为一长条形状，主要由"开始"菜单、图标区域和通知区域三部分组成。

1. "开始"菜单

用鼠标左键单击任务栏左下角"开始"按钮 ，或按 Win 键，都可弹出"开始"菜单。"开始"菜单由"固定、常用程序列表"、"所有程序列表"、"启动菜单"、"关闭选项按钮区"和"搜索框"组成，如图 2-10 所示。

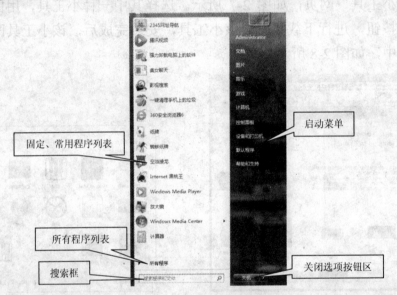

图 2-10　"开始"菜单

（1）固定、常用程序列表　该列表显示"开始"菜单中一些固定的应用程序，如"入门"和"Windows Media Center"等。如果某一应用程序被多次应用，也将进入该列表成为常用程序。固定程序列表和常用程序列表中的数量不超过十个，如果超过十个，除固定程序外，常用程序会按照应用时间先后进行更换。

要将某个应用程序从常用程序列表中删除，可在固定、常用程序列表中用鼠标右键单击该应用程序，在弹出的快捷菜单中执行"从列表中删除"命令；要将某个应用程序加入到常用程序列表中，在所有程序列表中找到并用鼠标右键单击该应用程序，在弹出的快捷菜单中执行"附到『开始』菜单"命令，即可将该应用程序加入到固定、常用程序列表中。

（2）所有程序列表　在所有程序列表中可以查看系统安装的所有应用程序。用鼠标左键单击"所有程序"按钮，打开所有程序列表。用鼠标左键单击所有程序列表中某一应用程序，如"Microsoft Office Word 2010"，即可启动该应用程序。
用鼠标左键单击"返回"按钮，可隐藏所有程序列表。

（3）启动菜单　在启动菜单中列出的是经常使用的 Windows 程序的链接，常
用的有"文档"、"计算机"、"控制面板"、"图片"和"音乐"等。用鼠标左键单
击相应的 Windows 程序选项，如"控制面板"，即可快速打开该 Windows 程序的
窗口。

要向启动菜单中添加项目，可用鼠标右键单击"开始"菜单，在弹出的快捷
菜单中执行"属性"命令，弹出"任务栏和『开始』菜单属性"对话框，如图 2-11
所示。在对话框中选择"『开始』菜单"选项卡，用鼠标左键单击"自定义"按钮，
弹出"自定义『开始』菜单"对话框，如图 2-12 所示。在对话框中选择需要添加
到启动菜单中的应用程序后，用鼠标左键单击"确定"按钮。要将某个已经存在
于启动菜单中的应用程序删除，在对话框中取消勾选相应的复选框即可。

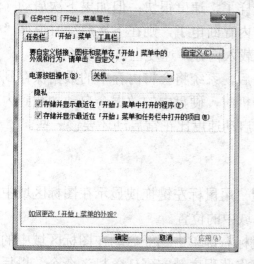
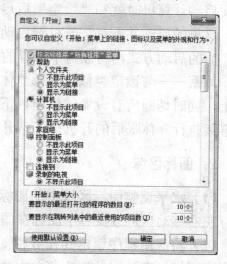

图 2-11　"任务栏和『开始』菜单属性"对话框　图 2-12　"自定义『开始』菜单"对话框

（4）搜索框　搜索框主要用来搜索计算机中的应用程序或文件资源。在搜索
框中输入需要查询的应用程序名称或文件名后，按回车键即可进行操作。

（5）关闭选项按钮区　关闭选项按钮区主要用来关闭 Windows 7 系统，包括
"关机"、"切换用户"、"注销"、"锁定"、"重新启动"、"睡眠"和"休眠"等选项。
各选项的功能如下。

关机——关闭所有运行中的程序，切断电源，停止对所有设备的供电，计算
机彻底关闭。

切换用户——和注销类似，也是允许另一个用户登录计算机，但前一个用户
的操作依然被保留在计算机中，其请求并不会被清除，一旦计算机又切换到前一

个用户，前一个用户仍能继续操作，保证多个用户使用计算机互不干扰。

注销——由于 Windows 7 允许多个用户登录计算机，所以注销和切换用户功能就显得必要了，注销就是向系统发出清除现在登录的用户的请求,清除后即可使用其他用户来登录系统。注销不可以替代重新启动，只能清空当前用户的缓存空间和注册表信息。

锁定——在 Windows XP 操作系统中被称为"待机"，选择"锁定"选项后，系统将切断除内存以外所有设备的供电，系统中运行着的所有数据将依然被保存在内存中，当从锁定状态转成正常状态时，系统将继续根据内存中保存的上一次的"状态数据"运行。

重新启动——系统自动关机后再启动。

睡眠——结合了锁定和休眠的优点，当执行"睡眠"时，内存数据将被保存到硬盘上，然后切断除内存以外所有设备的供电，如果内存一直未被断电，那么下次启动计算机时就和"锁定"后启动一样了，速度很快；但如果下次启动（注意，这里的启动并不是按开机键启动）前内存断电了，则在下次启动时遵循"休眠"后的启动方式，将硬盘中保存的数据载入内存，速度也自然慢了。

休眠——与锁定类似。执行"休眠"后，系统将会将内存中的数据保存到硬盘上，同时切断所有设备的供电，下次开机时，硬盘中的数据会自动加载到内存中继续执行。休眠后的开机是正常开机，启动速度比正常启动还要慢一些。

2. 图标区域

（1）水平调整图标区域中的图标位置　用鼠标左键拖拽显示在图标区域中的图标左右移动，可改变各个图标在图标区域中的位置。

（2）将应用程序锁定到任务栏　用鼠标右键单击已经启动在图标区域中的应用程序图标，在弹出的快捷菜单中执行"将此程序锁定到任务栏"命令，以后不论该应用程序是否被启动，该应用程序图标都会一直固定在任务栏上直至将其解锁。在"开始"菜单的所有程序列表中用鼠标右键单击某个应用程序，在弹出的快捷命令中执行"锁定到任务栏"命令，也可将该应用程序锁定在任务栏上。用鼠标右键单击已被锁定到任务栏上的应用程序图标，在弹出的快捷菜单中执行"将此程序从任务栏解锁"命令，可将固定在任务栏上的应用程序图标删除。

（3）多次启动同一应用程序　可多次用鼠标右键单击已经启动或锁定到任务栏上的应用程序图标，在弹出的快捷菜单中再多次用鼠标左键单击该应用程序名称，如"Microsoft Office Word 2010"，可以多次启动该应用程序。

（4）在启动或打开的多个应用程序或文件窗口中横向预览和操作　如图 2-1 所示，在打开的呈横向显示状态多个网页窗口中，用鼠标左键单击某一网页打于该网页窗口，也可以通过用鼠标左键单击该网页窗口关闭按钮将其关闭。

图 2-13　横向显示打开的多个窗口

（5）切换应用程序和窗口　在任务栏上可以对已经启动的应用程序或打开的文件窗口进行切换使用。

① 用鼠标左键单击任务栏上某应用程序的图标，即可进入该应用程序窗口进行操作；对同一应用程序的多个横向显示窗口也可以用鼠标左键单击进行选择切换。

② 按 Alt＋Tab 组合键，通过提示切换应用程序或文件窗口。

③ 按 Alt＋ESC 组合键，通过不提示切换应用程序或文件窗口。

3．通知区域

Windows 7 的各种输入方式、系统音量、网络连接、系统日期与时间……均在通知区域进行显示或操作。

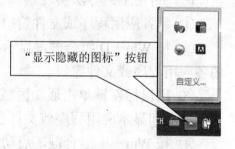

图 2-14　显示隐藏的图标

（1）查看隐藏的图标　用鼠标左键单击通知区域中的"显示隐藏的图标"按钮，如图 2-14 所示，即可弹出一个小面板，在小面板中显示了所有被隐藏的图标，如 U 盘的图标等。若将小面板中的图标用鼠标左键拖到通知区域中，该图标便不会被隐藏；若将通知区域中的图标拖到小面板中，该图标便会被隐藏；用鼠标左键在小面板中上下拖拽图标移动，可以调整隐藏图标在小面板中的排列顺序。

若将 U 盘从计算机上安全拔下，需要在小面板中连续用鼠标左键单击 U 盘图标两次，待系统提示可以安全删除后，再将 U 盘拔下。

（2）检查中文或英文输入状态　在通知区域若显示"CH"字样为中文输入状态；若显示"EN"字样则为英文输入状态。用鼠标左键单击"CH"或"EN"字样，在弹出的面板中进行中、英文输入方式的切换，如图 2-15 所示。

（3）修改系统日期与时间　用鼠标左键单击通知区域中的系统日期与时间，或用鼠标右键单击通知区域中的系统日期与时间，在弹出的快捷菜单中执行"调整日期/时间"命令，均会弹出日期与时间面板，如图 2-16 所示。用鼠标左键单击面板下方"更改日期和时间设置"链接，弹出"日期和时间"对话框，如图 2-17 所示。用鼠标左键单击对话框中的"更改日期和时间"按钮，弹出"日期和时间设置"对话框，如图 2-18 所示。调整完日期与时间后，连续用鼠标左键单击"确定"按钮，即可完成对系统日期与时间的更改。

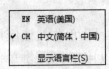

图 2-15　中、英文切换面板　　　　　图 2-16　日期与时间面板

（4）显示和放大桌面　在对应用程序或文件进行操作过程中，需要临时显示桌面时，可用下列方法实现。

① 将各应用程序或文件窗口最小化后，显示桌面。

② 按 Win＋D 组合键，显示桌面；再按 Win＋D 组合键，恢复显示桌面之前的各应用程序或文件窗口。

③ 用鼠标左键单击通知区域最右端的"显示桌面"按钮（矩形块），也可在显示桌面和显示应用程序或文件窗口之间转换。

④ 按 Win＋＋组合键，启动"放大镜"应用程序，继续按 Win＋＋组合键，可放大桌面；按 Win＋－组合键，可减少放大桌面比例。用鼠标左键单击"放大镜"应用程序中"关闭"按钮，关闭"放大镜"应用程序。

图 2-17　"日期与时间"对话框　　　图 2-18　"日期与时间设置"对话框

4. 任务栏其他设置

（1）锁定和解锁任务栏　用鼠标右键单击任务栏空白处，在弹出的快捷菜单中用鼠标左键单击"锁定任务栏"选项。当该选项左端有"√"符号时，任务栏处于锁定状态；反之，任务栏处于解锁状态。

（2）设置任务栏属性　在任务栏处于解锁状态下，用鼠标右键单击任务栏空白处，在弹出的快捷菜单中执行"属性"命令，弹出"任务栏和『开始』菜单属性"对话框，如图 2-19 所示。在对话框"任务栏"选项卡中可以设置"锁定任务栏"、"自动隐藏任务栏"、"使用小图标"、"屏幕上的任务栏位置"、"任务栏按钮是否合并"等项目。

（3）调整任务栏的位置和尺寸　在任务栏处于解锁状态下，用鼠标左键拖拽任务栏空白处到屏幕周边，可以随意设置任务栏在屏幕周边上的位置；将鼠标指针置于任务栏内边缘，待鼠标指针形状变成"↔"或"↕"形状时，用鼠标左键向桌面中央拖拽，可将任务栏尺寸调整成最宽为桌面二分之一的宽度。

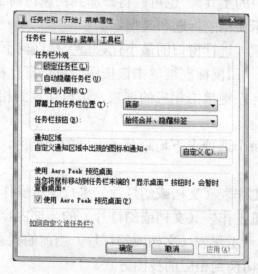

图 2-19　"任务栏和『开始』菜单属性"对话框

§2.2　Windows 7 窗口的结构和操作

在 Windows 7 操作系统中，不时弹出的一个个具有透明边框（玻璃效果）的方框即窗口。每个窗口负责显示和处理某一类信息。在 Windows 7 操作系统中，窗口分为应用程序窗口和对话框两大类。在计算机网络中显示的窗口叫页面窗口，简称"网页"。窗口是图形用户界面中最重要的组成部分，也是 Windows 7 操作系

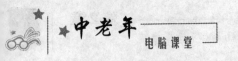

统中最基本的操作之一。

2.2.1 Windows 7 窗口结构

1. 应用程序窗口

启动某一个应用程序，系统便会显示该应用程序的可视界面，即应用程序窗口。由于各应用程序的功能不同，显示的窗口也各不相同，但窗口的基本结构还是一样的。如图 2-20 所示的 Microsoft Office Excel 2010 应用程序窗口，即由以下基本结构组成。

（1）"文件"按钮　用鼠标左键单击该按钮，在弹出的选项中可以选择对工作簿（文档或演示文稿）执行新建、保存、打印等操作。

（2）快速访问工具栏　该工具栏集成了多个常用工具，默认状态下包括"保存"、"撤销"、"恢复"等工具。根据需要可以向快速访问工具栏中添加"常用工具"或"不在功能区中的工具"，也可以将添加到快速访问工具栏中的工具删除。

（3）标题栏　显示文档的标题和类型。

（4）窗口操作按钮　进行窗口的最小化、最大化（向下还原）和关闭操作。

（5）"帮助"按钮　用鼠标左键单击该按钮，可以打开相应的帮助窗口。

（6）选项　用鼠标左键单击相应的选项，可以切换到相应选项卡，不同选项提供了不同的操作功能。

（7）功能区　在每个选项卡下均划分了不同的功能区，在各个功能区中集成了不同的功能图标。

（8）编辑区　对工作表（文档或幻灯片）进行编辑操作的区域。

（9）滚动条　浏览工作表（文档或幻灯片）的全部内容。

（10）状态栏　显示工作表（文档或幻灯片）当前的状态信息。

（11）视图按钮　切换到相应的视图方式。

（12）显示比例　控制工作表（文档或幻灯片）的显示比例。

（13）传统对话框　显示低版本应用程序中的"字体"、"段落"等对话框。

2. 对话框

对话框是人机交流的操作窗口，用于完成特定的任务。对话框没有"最大化"按钮和"最小化"按钮，大都不能改变窗口尺寸。对话框中主要有导航格、内容格、单选框、复选框、文本框、下拉列表、搜索栏、地址栏、快捷操作按钮、链接、数字增减按钮、滑动按钮等，如图 2-21 所示。

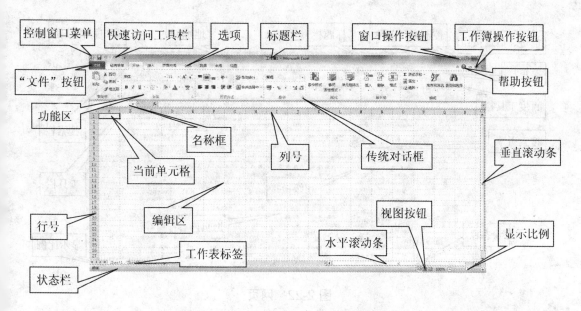

图 2-20　Excel 2010 应用程序窗口

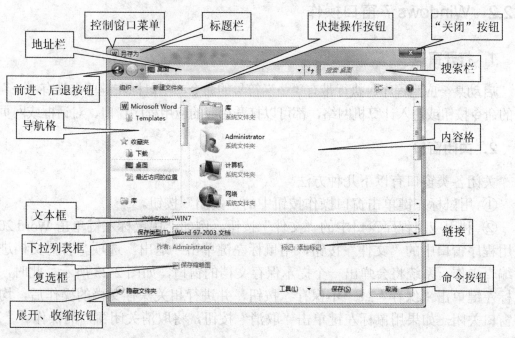

图 2-21　"另存为"对话框

3．网页

在计算机网络中显示的窗口主要是 WWW（环球信息网）网络的特定窗口，简称为网页。网页是以浏览和使用计算机网络上信息资源为主的操作窗口，如图 2-22 所示。

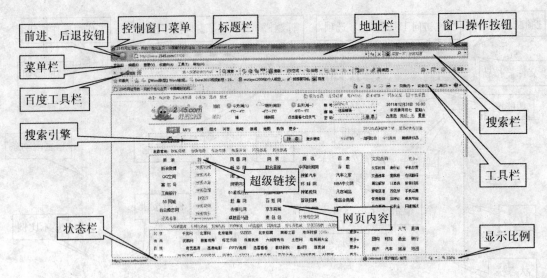

前进、后退按钮　控制窗口菜单　标题栏　地址栏　窗口操作按钮
菜单栏
百度工具栏
搜索引擎
超级链接
搜索栏
工具栏
网页内容
状态栏
显示比例

图 2-22　网页

2.2.2　Windows 7 窗口操作

1. 打开窗口

启动某一应用程序、执行带有"…"符号的命令、用鼠标左键单击带有"…"符号的命令按钮或进入计算机网络，都可以打开相应的应用程序窗口、对话框或网页。

2. 关闭窗口

关闭各类窗口有以下几种方法。

① 用鼠标左键单击窗口操作按钮中的"关闭"按钮。

② 利用应用程序窗口中的"文件"按钮。例如，用鼠标左键单击 Word 2010 应用程序窗口中的"文件"按钮，用鼠标左键单击"退出"选项。若对文档进行了编辑操作，系统将会弹出一个提示保存文档的窗口，如图 2-23 所示。此时，用鼠标左键单击"保存"或"不保存"按钮，并进行相关保存文档的操作后，均会将窗口关闭，如果用鼠标左键单击"取消"按钮，将取消关闭窗口的操作。

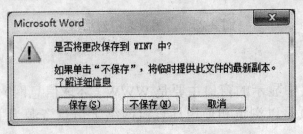

图 2-23　提示保存文档对话框

③ 在任务栏上用鼠标右键单击某应用程序图标，在弹出的快捷菜单中执行"关闭窗口"命令，将该应用程序窗口关闭。

④ 在标题栏上用鼠标右键单击，或在"控制窗口菜单"图标上单击，在弹出的控制窗口菜单中执行"关闭"命令，将窗口关闭。

⑤ 用鼠标左键单击对话框中的命令按钮，离开或关闭当前对话框。

⑥ 按 Alt＋F4 组合键，将当前窗口关闭。

3．移动窗口的位置

对于非最大化操作的窗口或固定尺寸的窗口，用鼠标左键拖拽窗口标题栏到指定的位置，即可进行窗口位置的任意移动。

4．排列和切换窗口

在桌面上若有多个打开的窗口，可用鼠标右键在任务栏空白处单击，弹出如图 2-24 所示的快捷菜单。在快捷菜单中有三种窗口的排列方式供选择，分别为"层叠窗口"、"堆叠显示窗口"和"并排显示窗口"。根据需要可以选择其中一种窗口排列方式。

打开多个窗口，按 Win＋Tab 组合键，这些窗口将呈现出斜角度的 3D 效果预览画面，如图 2-25 所示。不断地按 Tab 键，将会轮换各窗口（含桌面）的前后位置，释放组合键后，将切换到排在最前面的窗口（含桌面）界面。

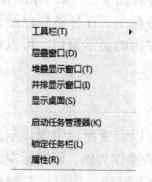

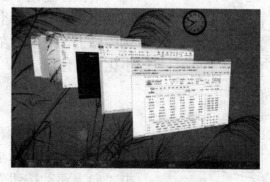

图 2-24　排列窗口方式　　　　　图 2-25　3D 窗口效果

在桌面上打开的多个非最大化操作的窗口中，用鼠标左键单击某个窗口上的任意部位，都可将该窗口激活为当前窗口。在 Windows 7 操作系统下各应用程序中的操作都是针对当前窗口进行的。为使当前窗口独占桌面，用鼠标左键拖拽当前窗口标题栏左右"摇一摇"，可以将桌面上的其他窗口"摇"走，再用鼠标左键拖拽当前窗口标题栏左右"摇一摇"，还可以将被"摇"走的窗口再"摇"回来。

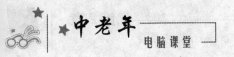

5. 改变窗口的尺寸

除固定尺寸窗口外，均可用下列方法改变窗口的尺寸。

（1）最大化窗口和向下还原 用鼠标左键单击窗口操作按钮中的"最大化"按钮，或用鼠标左键拖拽标题栏"撞"向桌面上边缘，均可使窗口最大化。窗口最大化之后，用鼠标左键单击已变为"向下还原"的按钮，或者用鼠标左键拖拽标题栏脱离桌面边缘，均可使窗口恢复到最大化前的尺寸。

（2）让窗口横向尺寸占桌面横向尺寸的 50% 用鼠标左键拖拽窗口标题栏"撞"向桌面左（或右）边缘，可使窗口横向尺寸占桌面横向尺寸的50%。用鼠标左键拖拽标题栏脱离桌面边缘，可使窗口横向尺寸取消占桌面横向尺寸的50%。

（3）让窗口纵向尺寸充满桌面 将鼠标指针置于窗口的上（或下）边缘，待鼠标指针变成"↕"形状时，用鼠标左键双击或用鼠标左键拖拽"撞"向桌面上（或下）边缘，可使窗口纵向尺寸充满桌面，而横向尺寸不变。用鼠标左键拖拽标题栏脱离桌面边缘，可使窗口纵向尺寸恢复到充满桌面前的尺寸。

（4）随意调整窗口尺寸 将鼠标指针置于窗口的边缘或四角，待鼠标指针变成"↔"、"↕"、"↖"或"↗"形状时，用鼠标左键拖拽窗口边缘或四角移动，即可随意改变窗口尺寸。

6. 窗口最小化和还原

用鼠标左键单击窗口操作按钮中的"最小化"按钮，可以将当前窗口最小化到任务栏上。在任务栏已经最小化图标上，用鼠标左键单击弹出的显示窗口，可以将最小化窗口还原。

7. 滚动窗口

使用窗口中的滚动条，可以浏览窗口中未显示的部分，以图 2-26 所示垂直滚动条操作为例，用鼠标左键单击"向上滚动按钮"，窗口向下滚动；用鼠标左键单击"向下滚动按钮"，窗口向上滚动；用鼠标左键拖拽滚动条上的滚动滑块，窗口将随之上下滚动；用鼠标左键单击滚动条上"滚动滑块"与"向上滚动按钮"或"向下滚动按钮"之间的空白部位，或用鼠标左键单击滚动条下方"前一页按钮"、"下一页按钮"，窗口向下或向上滚动一页。

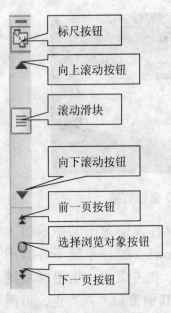

图 2-26　垂直滚动条

§2.3 Windows 7 菜单种类和操作

2.3.1 Windows 7 菜单种类

Windows 7 操作系统中的操作命令或功能都分门别类保存在各类菜单中。菜单就像饭店中的菜谱一样，每道菜名相当于一个菜单命令或具体功能。执行某个菜单命令或功能，都可以实施相应的操作。在 Windows 7 中的菜单由桌面上的"开始"菜单、应用程序中的"文件"按钮下的"选项"、与低版本兼容的"控制窗口菜单"以及在任何位置用鼠标右键单击都能弹出的"快捷菜单"组成。

在 Windows 7 中运行的一些较新版本的应用程序，如 Office 2010，是将一些常用操作设计为图标并集成在各选项中的某一功能区内。这些形状与功能均与低版本应用程序工具栏中的工具相似的功能图标，与菜单命令交替使用，使一些计算机的常用操作更为便捷。

2.3.2 Windows 7 菜单和功能的使用规定

① 被反显的命令或功能：表示当前被选取的命令或正在使用的功能。

② 在命令或命令按钮中带有"…"符号的：执行该命令或用鼠标左键单击该命令按钮，均会弹出一个对话框。

③ 命令名后边带有"▶"符号的：表示该命令有子命令；功能图标下方带有"▼"符号的，表示该功能有子功能。

④ 命令名左侧有一图形的：表示该命令有相应的工具。

⑤ 字体颜色为灰色的命令或功能：表示暂时不具备执行该命令或实施该功能操作的条件。

⑥ 命令名左侧带有"•"符号或"√"符号的：在一组命令中用来标识正在执行的命令。

2.3.3 使用命令或功能的快捷键和组合键

对计算机使用较熟练的中老年朋友，使用一些命令或功能的快捷方式和组合键，可以减少选择菜单和功能的操作步骤，提高操作计算机的速度。命令的快捷方式有多种形式，如在快捷菜单命令右侧出现的括号中的英文字母，表示在弹出

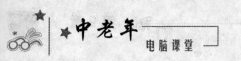

快捷菜单时，按下相关的英文字母所在键，即可执行该命令。

对一些计算机操作经常使用的命令或功能，各类软件都定义了功能各异、种类繁多的组合键。熟练掌握常用的组合键是提高计算机操作技能的重要途径，如Ctrl＋A（全选）、Ctrl＋X（剪切）、Ctrl＋C（复制）、Ctrl＋V（粘贴）等都是常用的组合键。组合键的操作方法是对组合键中的各个键按先后顺序按下、使其共同作用于被操作对象。将鼠标指针置于快速访问工具栏的某一常用工具或功能区中某一常用功能图标上，均会显示该工具或该功能的组合键。Windows 7操作系统和Office 2010应用程序中的常用快捷键见本教材附录部分。

2.3.4　Windows 7 剪贴板操作

剪贴板是Windows 7在计算机内存中开辟的一个用于在应用程序或文件之间传递数据的临时存储区，是Windows 7中一个十分重要的工具。通过执行"复制"、"剪切"命令或用其他方法传送到剪贴板中的各类数据对象，都可以通过执行"粘贴"命令将其还原到其他窗口或文档中。

1. 将选中数据送入剪贴板

将要送入剪贴板中的文本、图片、图像、声音或文件等数据对象选中，执行"复制"或"剪切"命令。这些被选中的数据对象就进入剪贴板了。此时，若在Word 2010窗口中，可用鼠标左键单击"开始"选项卡"剪贴板"功能区"剪贴板"传统对话框按钮，弹出"剪贴板"任务窗格，如图2-27所示。

2. 将当前窗口送入剪贴板

当需要在文档中显示某一窗口的图形时，必须先将该窗口以图片形式送入剪贴板。打开某窗口并将其激活为当前窗口，按Alt＋Print Screen组合键，该窗口就以图片形式进入剪贴板了。

3. 将桌面信息送入剪贴板

当需要在文档中显示当前桌面信息时，也必须先将设置好的当前桌面以图片形式送入剪贴板。设置好桌面后，按Print Screen键，当前桌面信息就以图片形式进入剪贴板了。

4. 在"剪贴板"任务窗格中进行设置与操作

打开"剪贴板"任务窗格，用鼠标左键单击"选项"下拉按钮，弹出如图2-28所示的下拉列表。在下拉列表中可进行剪贴板显示等设置。

图 2-27   "剪贴板"任务窗格

图 2-28   剪贴板显示方式设置

执行"粘贴"命令，可将"剪贴板"任务窗格中顶端数据粘贴到当前文档中；用鼠标左键单击剪贴板中任意位置上的数据，可将该数据粘贴到当前文档中；用鼠标左键单击"全部粘贴"按钮，则将剪贴板任务窗格中全部数据粘贴到当前文档中；用鼠标右键单击"剪贴板"任务窗格中某个数据，在弹出的列表中用鼠标左键单击"粘贴"或"删除"选项，也可将该数据粘贴到当前文档中或将该数据从"剪贴板"任务窗格中删除；用鼠标左键单击"全部清空"按钮，可将"剪贴板"任务窗格中的数据全部清空。"剪贴板"任务窗格中最多可容纳 24 个数据，在"剪贴板"任务窗格左上角显示"剪贴板"任务窗格中数据的当前数量和总数量。当"剪贴板"任务窗格内数据数量超过 24 个时，将按顺序将底端的数据自动清除掉。用鼠标左键单击"剪贴板"任务窗格的"关闭"按钮，可将"剪贴板"任务窗格关闭。

§2.4 Windows 7 文件和文件夹操作

在 Windows 7 中，文件是指存储在磁盘上的一组相关信息的组合。在计算机中存储的数据都是以文件为载体保存的。为了区分不同信息的文件，在计算机中每个文件都有各自的名称和类型。在 Windows 7 中设置的文件夹，用于对文件和文件夹进行管理。

2.4.1 文件和文件夹的命名

在计算机中的某一存储设备（如 D 盘）中，文件应该有唯一的名称，即文件

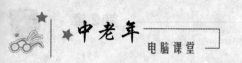

名。文件名由文件主名和扩展名两部分组成，中间用"**.**"分隔符号隔开。主名表示文件的内容，扩展名表示文件的类型。文件夹为了便于管理，同样也要给其命名，文件夹的名称只有主名，没有扩展名。

在 Windows 7 中对文件和文件夹的命名方法基本相同。文件名的命名规则如下。

① 在 Windows 7 中，文件名由 1～255 个字符组成；扩展名由 1～3（或 4）个字符组成。

② 在 Windows 7 中，允许使用汉字（1 个汉字占 2 个字符的空间）给文件命名。用英文字母给文件命名时，一般不区分大小写。

③ 在文件名中禁止使用的特殊符号见表 2-1。

④ 在应用程序中，一般文件扩展名都有固定的名称，不需要用户重新命名。常见的扩展名对应的文件类型见表 2-2 所示。

表 2-1　在文件名中禁止使用的特殊符号

符号	名称	符号	名称	符号	名称	符号	名称
"	左双引号	'	单引号	|	直杠	*	星号
\	斜杠	:	冒号	=	等号	;	分号
/	反斜杠	,	逗号	"	右双引号	'	右单引号

表 2-2　常见的扩展名对应的文件类型

扩展名	文件类型	扩展名	文件类型	扩展名	文件类型	扩展名	文件类型
com	命令程序文件	xls	Excel工作簿	bmp	位图文件	mp3	音频文件
exe	可执行文件	ppt	演示文稿文件	jpg	图像文件	swf	视频文件
sys	系统文件	html	网页文件	gif	压缩图像文件	avi	视频文件
txt	文本文件	zip	压缩文件	psd	Photoshop文件	wmv	视频文件
doc	Word 文档	wav	音频文件	png	图片文件	ico	图标文件

2.4.2　文件夹操作

为了方便对计算机中文件的管理，应养成使用文件夹管理文件的习惯。在 Windows 7 中允许建立多层次文件夹，同一个文件或名字相同的文件可以建立在不同的文件夹中。

1. 创建文件夹

在 Windows 7 中，可以在桌面、窗口和文件夹中创建新的文件夹。操作步骤如下。

① 在桌面、某一磁盘驱动器（如 D 盘）窗口或文件夹中找到要创建新文件夹的位置。

② 在要创建新文件夹位置（如 D 盘）空白处用鼠标右键单击，弹出的快捷菜单如图 2-29 所示。

③ 在快捷菜单中执行"新建"|"文件夹"命令，在指定位置上就增加了一个名为"新建文件夹"的文件夹图标，如图 2-30 所示。此时，新建文件夹的名称框中文字呈蓝色，允许用户对它的名字进行更改。若以后再对该文件夹命名，需用鼠标右键单击该文件夹，在弹出的快捷菜单中执行"重命名"命令，对文件夹名字进行更改。

图 2-29　快捷菜单　　　　　　　　　图 2-30　新建文件夹

④ 输入新建文件夹的名称，或暂时不输入名称，在空白处单击，完成文件夹的创建。

如果在当前位置已经有了一个新建的文件夹且未命名，则再次新建的文件夹名称为"新建文件夹（2）"，以此类推。

用鼠标左键单击 Windows 7 中一些窗口中的"新建文件夹"快捷操作按钮，可以快速创建新文件夹。

2. 文件夹的基本操作

（1）查看文件夹属性　用鼠标右键单击要查看属性的文件夹，在弹出的快捷菜单中执行"属性"命令，弹出"新建文件夹属性"对话框，如图2-31所示。在对话框中可以查看文件夹的路径、创建日期与时间、包含文件数量等信息，还可以将文件夹设置为"只读"、"隐藏"、"存档"等属性。在计算机网络局域网中还可以设置文件夹的共享操作和每个用户对文件夹的访问权限等。

(2)设置文件夹显示和排列方式　用鼠标右键单击 Windows 7 中指定路径（如 D 盘）窗口的空白处，在弹出的快捷菜单中执行"查看" |"中等图标"、"列表"……中的某一项命令，或用鼠标左键上下拖动 ⊝ 滑块按钮，系统会以某种显示方式显示该路径下的文件夹，如图2-32所示。

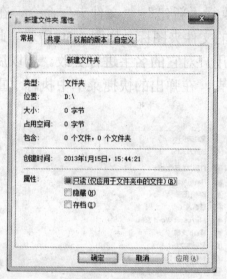

图 2-31 "新建文件夹属性"对话框

若执行"排序方式" |"名称"、"修改日期"……中的某一项命令，系统会将文件夹自动按文件类型、名称或修改日期等方式进行排列，如图2-33所示。

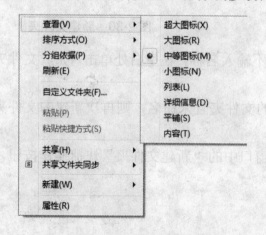

图 2-32 设置文件夹显示方式　　　　图 2-33 设置文件夹排列方式

（3）**设置文件夹选项** 在 Windows 7 中指定路径（如 D 盘）窗口中按 Alt 键，弹出工具栏。执行"工具"｜"文件夹选项"命令，弹出"文件夹选项"对话框，如图 2-34 所示。在对话框"常规"选项卡中可以设置"浏览文件夹"是在同一窗口打开还是在不同窗口打开多个文件夹；"打开项目的方式"是鼠标左键单击还是双击；"显示所有文件夹"和"自动扩展到当前文件夹"的导航窗格等。在对话框"查看"选项卡中可以设置文件夹的显示内容等。用鼠标左键单击对话框中的"还原为默认值"按钮，可以恢复设置前的文件夹状态。

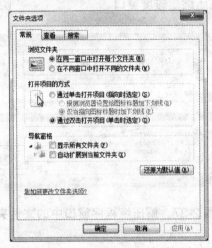

图 2-34 "文件夹选项"对话框

（4）**创建文件夹的快捷方式** 用鼠标右键单击需要创建快捷方式的文件夹，在弹出的快捷菜单中执行"发送到"｜"桌面快捷方式"命令，可将该文件夹送到桌面上。也可以用鼠标右键单击需要创建快捷方式的文件夹，在弹出的快捷菜单中执行"创建快捷方式"命令，然后将已创建的快捷方式移动到桌面或其他容易打开该文件夹的位置。

（5）**压缩和解压缩文件夹** 对于特别大的文件夹，可以进行压缩操作。经过压缩的文件夹将占用很少的磁盘空间，并有利于更快速地传输到其他计算机中，实现计算机网络的资源共享。

利用 Windows 7 自带的压缩软件，可以对文件夹进行压缩操作，具体操作步骤如下。

用鼠标右键单击需要压缩的文件夹，在弹出的快捷菜单中执行"发送到"｜"压缩（zipped）文件夹"命令，弹出"正在压缩"进度窗口，如图 2-35 所示。待窗口中的进度光条到达右端，窗口自动关闭。此时，在原文件夹附近会发现多了一个与原文件夹同名的压缩文件，如图 2-36 所示。

还可以将其他未压缩的文件夹用鼠标左键拖拽到压缩文件中，成为压缩文件中的文件夹。用鼠标左键双击该压缩文件，进入解压缩应用程序操作窗口，如图 2-37 所示。在窗口中可以看到原文件夹大小与压缩后文件夹大小。

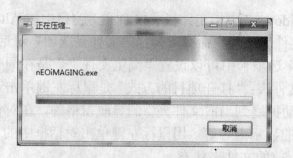

图 2-35 "正在压缩"进度窗口

光影魔术手

图 2-36 压缩后的文件夹

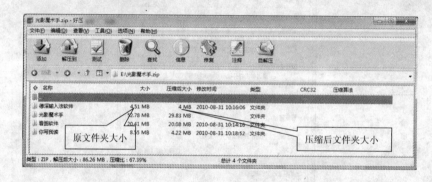

图 2-37 解压缩程序窗口中的文件夹

2.4.3 资源管理器和文件操作

1. 资源管理器窗口

资源管理器窗口和"计算机"窗口是 Windows 7 中对文件和文件夹进行管理的两个窗口。它们的功能相同，结构一致，唯一的区别是存放的位置不同。下面以资源管理器窗口为例，介绍其基本操作和对文件管理方法。

2. 启动资源管理器

用鼠标右键单击"开始"按钮，在弹出的快捷菜单中执行"打开资源管理器"命令，或用鼠标左键单击任务栏上"Windows 资源管理器"图标，都可弹出资源管理器窗口，如图 2-38 所示。

资源管理器窗口由地址栏、导航格、详细信息栏、搜索框、工具栏、内容格等组成。

（1）地址栏 地址栏提供一些常用和曾访问过的文件夹，显示当前所在路径。用鼠标左键单击路径上某一级，即可跳转到指定文件夹。与之配合使用的是其左侧的"前进"、"后退"按钮。

（2）导航格 导航格显示本台计算机文件夹的树形结构，因此也叫"树格"。

用鼠标左键单击某一文件夹，可将该文件夹的下一级文件夹打开。

（3）详细信息栏 详细信息栏提供文件相关信息，并可供在此修改文件信息、属性和添加标记。

（4）搜索框 搜索框用于搜索文件，搜索结果中数据名称与搜索关键词匹配的部分会以黄色高亮显示。

（5）工具栏 工具栏由"组织"、"视图"和"显示预览窗格"三项始终不会变化的按钮和其他一些随不同窗口和文件而变化的按钮组成。

（6）内容格 内容格显示指定文件夹中的文件夹和文件。

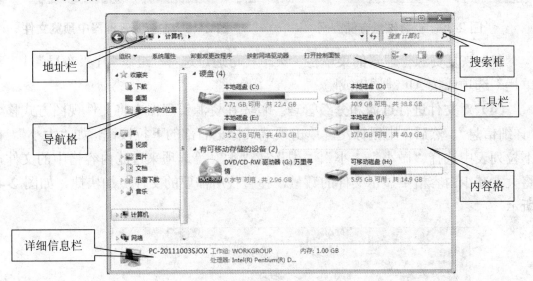

图 2-38　资源管理器窗口

3．资源管理器的基本操作

（1）查看磁盘存储容量 在资源管理器导航格中用鼠标左键单击"计算机"图标，在内容格中观察某一磁盘（如 D 盘）的磁盘容量，如图 2-39 所示。在表示磁盘容量使用状况的横向柱形图上，蓝色（当没有可用字节数时为红色）表示已用部分，白色为可用部分。例如，D 盘有 41.1GB 可用，共 68.3GB（已用 27.2GB）的磁盘空间。

（2）预览文件 当在内容格中选中文档、图片、视频、音乐文件时，用鼠标左键单击工具栏右端"显示预览窗格"按钮，资源管理器窗口中会出现一个预览窗格，对所选文件进行预览，如图 2-40 所示。此时，若用鼠标左键双击该预览窗格中的文件或图片，会弹出与所选文件关联的应用程序，如"Windows 照片查看器"，对文件或图片进行显示操作。用鼠标左键单击工具栏右端"隐藏预览窗格"按钮，可将预览窗格关闭。

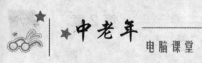

图 2-39　查看磁盘存储空间

图 2-40　在资源管理器中预览文件

（3）恢复资源管理器的菜单栏　菜单栏可通过选择"组织"|"布局"|"菜单栏"选项或按 Alt 键调出或隐藏。

（4）对文件进行过滤和分级管理　首先在资源管理器中将文件视图方式移至"详细信息"，然后，用鼠标左键单击顶端某标记右部的下拉按钮，如"大小"。在下拉列表中选择"微小"、"小"、"中"或"大"等选项来过滤内容格中的文件，将大大减少内容格中显示文件的数量，使查找所需要的文件更加快捷，如图 2-41 所示。

图 2-41　对文件进行过滤

在资源管理器中还可以对选中文件进行分级处理和管理。选中需要分级的文件，用鼠标左键单击"详细信息栏"中"分级"选项中的"☆"符号，需要几颗星就单击几颗，如图 2-42 所示。每设置完一个文件，都用鼠标左键单击"保存"按钮一次。设置完毕，在顶端"分级"下拉列表中就可以选择几颗星的文件了。

经过对文件的分级管理，将大大减少内容格中显示文件的数量，使查找所需要的文件更加快捷。若资源管理器内容格中无分级项，应执行"查看"｜"选择详细信息"命令，在弹出的对话框中选择"分级"选项后，用鼠标左键单击"确定"按钮，即可在内容格中按分级对能够进行分级处理的文件进行分级管理了。

图 2-42　对文件进行分级处理

　　（5）对文件组织排序　在资源管理器中将文件视图方式移至"详细信息"，用鼠标左键单击顶端某标记的下拉按钮，如"名称"。选择下拉列表中的某一选项，可以使文件按照"0—9"、"A—H"、"I—P"、"Q—Z"、"拼音 G—L"或"拼音 T—Z"排序。文件排好序后，再用鼠标左键单击"名称"，则会使已排好的序倒序排序。将下拉列表中的勾选取消，将恢复显示所有文件。

　　（6）显示隐藏的文件和文件夹　在资源管理器中选择"组织"｜"文件夹和搜索选项"选项，弹出"文件夹选项"对话框，如图 2-43 所示。在对话框"查看"选项卡中取消勾选"隐藏受保护的操作系统文件（推荐）"复选框，同时选中"显示隐藏的文件、文件夹和驱动器"单选框，用鼠标左键单击"确定"按钮。重新打开资源管理器，便可看到许多浅色图标的文件或文件夹。这些文件或文件夹即原来具有隐藏属性的文件和文件夹。

　　（7）对文件重命名　在资源管理器中，执行"工具"｜"文件夹选项"命令，弹出"文件夹选项"对话框。在对话框"查看"选项卡中取消勾选"隐藏已知文件类型的扩展名"复选框。用鼠标右键单击需要重新命名的文件，在弹出的快捷菜单中执行"重命名"命令，在系统已自动过滤了扩展名部分的文件名文本框中直接对文件名进行更改，用鼠标左键单击空白处，使更改的文件名称生效。

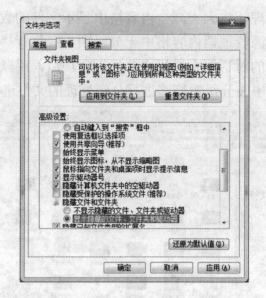

图 2-43   "文件夹选项"对话框

(8)在资源管理器中选择文件   首先在资源管理器中将文件视图方式移至"列表",然后用以下方法选择文件。

① 选择一个文件。

用鼠标左键单击指定的文件。

② 选择多个文件。

方法一:选中第一个文件后,按 Shift 键的同时用鼠标左键单击最后一个文件,可以选择多个连续文件。

方法二:按下鼠标左键在所选择文件外围拖拽一个方框,可以将方框内的文件全部选中。

方法三:按 Ctrl 键的同时,用鼠标左键逐个单击所选择文件,可以选择不连续的多个文件。

方法四:按 Ctrl+A 组合键,可以将内容格内的所有文件全部选中。

③ 用复选框选择文件。在资源管理器中执行"工具"|"文件夹"命令,弹出"文件夹选项"对话框。在对话框"查看"选项卡中勾选"使用复选框以选择项"复选框后,用鼠标左键单击"确定"按钮。再次打开资源管理器窗口选择文件时,当鼠标指针移到要选择的文件上,在所选文件或文件夹左端便会出现一个复选框,用鼠标左键单击该复选框,便可将该文件选中。运用这种方法选择文件或文件夹,既省去了按 Shift 键或 Ctrl 键的麻烦,又避免了由于误选了某个文件或文件夹而导致所有选择文件失败的现象。

(9)查看文件的磁盘位置等信息   在资源管理器中,用鼠标右键在要确定磁盘位置的文件或文件夹上单击,在弹出的快捷菜单中执行"属性"命令,弹出相应属性对话框。在对话框中即可查看该文件或文件夹的磁盘位置。如图 2-44 所示，文件 TF3-16 所在的磁盘位置在 D 盘作业素材文件夹 DATA1 文件夹中。

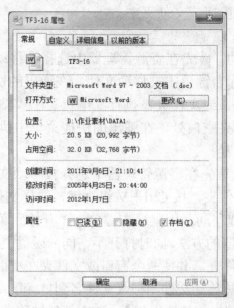

图 2-44　确定文件的磁盘位置

　　在对话框中还可以查看文件的"文件类型"、"打开方式"、"大小"、"占用空间"、"创建时间"、"修改时间"及文件的属性设置等信息。若要查看文件扩展名，可执行"工具"｜"文件夹选项"命令，在弹出的"文件夹选项"对话框"查看"选项卡中取消勾选"隐藏已知文件类型的扩展名"复选框后，再用鼠标左键单击"确定"按钮。

4．文件操作

（1）复制文件

　　① 用菜单命令复制。首先在资源管理器中选择被复制文件，执行"编辑"｜"复制"命令，或用鼠标右键单击被复制文件，在弹出的快捷菜单中执行"复制"命令。然后打开目标窗口或文件夹，执行"编辑"｜"粘贴"命令，或用鼠标右键单击目标窗口或文件夹空白处，在弹出的快捷菜单中执行"粘贴"命令，选择文件便被复制到目标位置。

　　② 用组合键复制。首先在资源管理器中选择被复制文件，按 Ctrl＋C 组合键。然后打开目标窗口或文件夹，按 Ctrl＋V 组合键，选择文件便被复制到目标窗口或文件夹中。

　　③ 用鼠标左键拖拽复制。用鼠标右键单击"开始"菜单，再用鼠标左键单击打开 Windows 资源管理器的方法，同时打开不在同一磁盘上的被复制文件所在窗

口、文件夹和目标窗口、文件夹，并使两个窗口或文件夹在桌面中成"并排显示窗口"方式。用鼠标左键拖拽被复制文件图标或文件名到目标窗口或文件夹中，该文件便被复制到目标窗口或文件夹中。

（2）移动文件

① 用菜单命令移动。首先在资源管理器中选择被移动文件，执行"编辑"｜"剪切"命令，或用鼠标右键单击被移动文件，在弹出的快捷菜单中执行"剪切"命令。然后打开目标窗口或文件夹，执行"编辑"｜"粘贴"命令，或用鼠标右键单击目标窗口或文件夹空白处，在弹出的快捷菜单中执行"粘贴"命令，选择文件便被移动到目标位置。

② 用组合键移动。首先在资源管理器中选择被移动文件，按 Ctrl＋X 组合键。然后打开目标窗口或文件夹，按 Ctrl＋V 组合键，选择文件便被移动到目标位置。

③ 用鼠标右键拖拽移动。用鼠标右键单击"开始"菜单，再用鼠标左键单击打开 Windows 资源管理器的方法，同时打开不在同一磁盘上的被移动文件所在窗口、文件夹和目标窗口、文件夹，并使两个窗口或文件夹在桌面中成"并排显示窗口"方式。用鼠标右键拖拽被移动文件图标或文件名到目标窗口或文件夹中，在弹出的快捷菜单中执行"移动到当前位置"命令，该文件便被移动到目标窗口或文件夹中。

若同时打开在同一磁盘上的被移动文件窗口和目标窗口，则直接用鼠标左键拖拽被移动文件从被移动文件窗口到目标窗口，选择文件便被移动到目标窗口中。

（3）删除文件或文件夹 选择被删除文件或文件夹，按 Delete 键或按 Shift＋Delete 键，将选中的文件、文件夹删除并送入回收站或从计算机中彻底删除。

（4）压缩文件 用鼠标右键单击需要压缩的文件，在弹出的快捷菜单中执行"发送到"｜"压缩（zipped）文件夹"命令，弹出"正在压缩"进度窗口。待窗口中的进度光条到达右端，窗口自动关闭。此时，在原文件附近会发现多了一个与原文件同名的压缩文件。

（5）搜索文件和创建搜索文件结果文件夹

① 在资源管理器中搜索。首先在资源管理器地址栏中定位到某一路径，如 D 盘某一文件夹。接着在搜索框中输入要搜索的文件名关键字，如"图 8"。按回车键后系统就会在当前路径下进行搜索。稍等片刻，便可看到搜索的结果，如图 2-45 所示。用鼠标左键单击"保存搜索"按钮，即可将搜索结果保存在导航格上部一个蓝色的虚拟文件夹中。该虚拟文件夹可以在保持原文件位置不变的状态下使用不同的条件将文件归类管理。

② 在"开始"菜单中搜索。在"开始"菜单搜索框中输入要搜索的应用程序名称或文件名，确认之后便可进行搜索操作。

③ 在控制面板或其他程序窗口中搜索。在控制面板搜索框中输入要搜索的关键字，确认之后便可进行搜索操作。

在 Windows 7 许多应用程序中也都拥有搜索功能。在各自的搜索框中输入要搜索的关键字，确认之后都可进行搜索操作。

（6）运行文件　有些文件如果在"开始"菜单中找不到，又未在桌面上创建快捷图标，可以执行"开始"|"所有程序"｜"附件"｜"运行"命令，在弹出的"运行"对话框"打开"列表框中输入要运行的文件（可省略扩展名），如图 2-46 所示的"WINWORD"。用鼠标左键单击"确定"按钮，该文件或应用程序便被启动运行。

图 2-45　搜索文件结果　　　　　　　图 2-46　"运行"对话框

5. Windows 7 的库

库在 Windows 7 中是一个抽象的虚拟结构，它将类型相同或相近的文件夹归于一类，但并未将这些文件夹从原始位置移走。有了库之后，可以很方便地对相关文件夹进行访问，而无须再使用资源管理器窗口或"计算机"窗口进行层层浏览。

① 按 Win＋E 组合键，打开库面板，如图 2-47 所示。

图 2-47　库面板

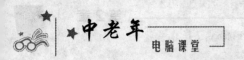

② 用鼠标左键连续双击"视频"类图标、"公用视频"中的"示例视频",观看该段视频。

③ 打开"计算机"窗口,找到 D 盘"图像作业素材"文件夹,用鼠标右键单击该文件夹,在弹出的快捷菜单中执行"包含到库中"|"图片"命令。该文件夹即在库中"图片"类中显示出来。

④ 用鼠标左键单击库面板导航格中"库"图标,进入库根目录,用鼠标右键单击内容格空白处,在弹出的快捷菜单中执行"新建"|"库"命令,新建一个库。其类别由用户自定。为便于区分,在给库命名时应加以限定,如"我的作业"、"我的照片"等。

⑤ 用鼠标右键单击库面板中某一类中的某一文件夹,在弹出的快捷菜单中执行"删除"命令,回答系统询问"确实要将这**项移动到回收站吗?"用鼠标左键单击"是"按钮,即可将库中的文件或文件夹删除。

§2.5 运用管理 Windows7 的系统资源

2.5.1 Windows 7 自带应用程序

1. 记事本

记事本是 Windows 7 自带的一个字处理应用程序。记事本除了可进行简单的字处理外,还具有自动显示并保存当前系统日期与时间的功能,操作方法如下。

① 执行"开始"|"所有程序" |"附件" |"运行"命令,在弹出的"运行"对话框中输入"NOTEPAD"(大小写均可),用鼠标左键单击"确定"按钮,启动记事本,如图 2-48 所示。

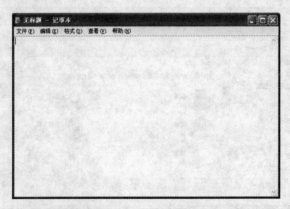

图 2-48 记事本应用程序窗口

② 在窗口中输入一个".LOG"[1]（一定要用大写字母），然后紧接着输入文本，换行用回车键。

③ 执行"文件"|"保存"或"另存为"命令，弹出"另存为"对话框，如图 2-49 所示。选择盘符、文件夹，给文件命名后，用鼠标左键单击"保存"按钮，将该文件保存。关闭记事本窗口。

④ 再一次运行记事本，执行"文件"|"打开"命令，找到刚保存过的记事本文件，用鼠标左键单击"打开"按钮，在窗口中除了显示已经保存的文本内容外，还用黑体字显示了打开该文件时系统的日期与时间，如图 2-50 所示。

图 2-49　"另存为"对话框

图 2-50　记事本文件

2．便签

执行"开始"|"所有程序"|"附件"|"便签"命令，弹出便签小窗口，如图 2-51 所示。启动该程序即可以在窗口中输入需要记录的内容，如"下午 2 时开会。"

下午2时开会。

图 2-51　便签

无须保存，只要不关闭便签程序，Windows 7 下次启动时便签就会自动运行。

---

1 LOG——"航海日志"的英文缩写，即流水账。

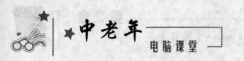
用鼠标左键单击便签窗口左上角"＋"按钮,可以添加新的便签;用鼠标左键单击右上角"×"按钮,可以关闭便签;用鼠标右键单击便签,可以改变便签颜色以便于区分不同的便签。

3. 计算器

执行"开始"|"所有程序"|"附件"|"计算器"命令,弹出"计算器"窗口,如图 2-52 所示。Windows 7 中的计算器具备全新的外观和较强的科学计算功能,如计算历史记录、单位换算、计算模板、日期计算以及过去要借助于实体计算器完成的工作,全都可以在该计算器中完成。

图 2-52　计算器的科学计算模式

4. 媒体播放软件 Media Player 和媒体中心软件 Media Center

（1）Media Player 12 窗口

Media Player 12 窗口如图 2-53 所示。

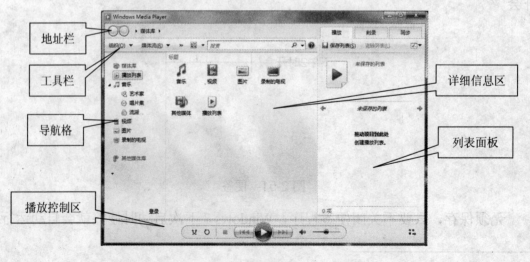

图 2-53　Media Player 12 窗口

地址栏——包含"前进"、"后退"按钮及地址栏。

工具栏——包含"组织"、"流媒体"等用于快速创建播放列表的控制按钮，以及图标显示切换、搜索框等。

导航格——用于在媒体库中切换显示媒体类别以及访问其他共享媒体内容。

播放控制区——提供常规播放按钮、播放模式的快速切换按钮，以及显示播放状态。

详细信息区——显示当前类别视图下的详细媒体信息供用户管理和使用。

列表面板——显示播放、刻录以及同步时的列表。

（2）Media Player 12 的主要操作

① 播放硬盘中的音乐、视频。打开资源管理器，找到硬盘上的歌曲、视频后，用鼠标左键将其拖拽到 Media Player 12 窗口中的创建播放列表区域。用鼠标左键双击歌曲、视频名称或用鼠标左键单击"播放"按钮，即可播放该歌曲或视频。

② 增强媒体播放效果。用鼠标左键单击 Media Player 12 窗口右下角的 按钮，将正在播放的歌曲或视频切换到精简播放窗口。用鼠标右键在正在播放的精简窗口中单击，在弹出的快捷菜单中执行"增强功能"｜"SRS WOW 效果"命令，弹出"SRS WOW 效果"对话框，如图 2-54 所示。在对话框中用鼠标左键单击"启用"选项后，调整 TruBass 和 WOW 效果滑块，使音乐有一种身临其境和 3D 环绕氛围。

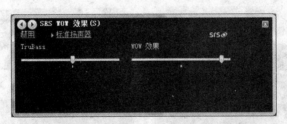

图 2-54　"SRS WOW 效果"组件

遇到一些制作质量比较差的碟片，可以用 Media Player 12 提供的视频设置功能对视频进行色调、亮度、饱和度和对比度的调整，如图 2-55 所示。用鼠标左键单击 Media Player 12 窗口右上角的"切换到媒体库"按钮，返回媒体库。此外，还可以用 Media Player 12 进行刻录光盘等操作。

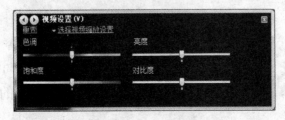

图 2-55　"视频设置"组件

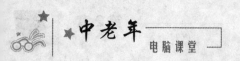

（3）Media Center 的主界面　Media Center 的主界面如图 2-56 所示。

图 2-56　Media center 的主界面

（4）Media Center 的主要操作

① 欣赏音乐。利用方向键选择主界面"音乐"组件，按回车键，激活音乐库。将看到当前系统中包含的唱片集。选择某张唱片后，媒体中心会自动播放，并显示如图 2-57 所示的播放画面。

② 欣赏图片。利用方向键选择主界面"图片＋视频"组件，按回车键，激活图片库。选择一组图片后，媒体中心会自动播放，并显示如图 2-58 所示的播放画面。

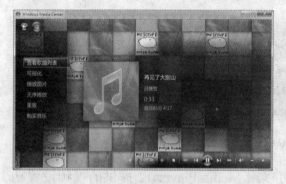　

图 2-57　歌曲播放画面　　　　　图 2-58　图片播放画面

2.5.2　Windows 7 自带输入法

1. 手写板

（1）激活手写板　执行"开始"|"所有程序"|"附件"|"Tablet PC"|"Tablet PC 输入面板"命令，即可激活并在屏幕上显示 Windows 7 的手写板，如图 2-59 所示。

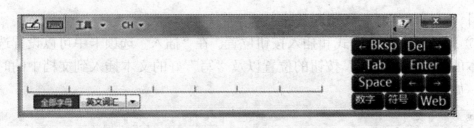

图 2-59　Windows 7 的手写板

（2）手写输入文字　激活手写板之后，即可使用鼠标左键实现手写输入了。"写"完一个字或一个词后，用鼠标左键单击手写板右下角的"插入"按钮，即可将"写"好的字插入到文档中。如果发现文字输入错误或系统识别错误，按退格键（Backspace）即可将手写板上的错误文字删除。用鼠标左键在错误文字上从右至左划出一条直线，也可以将错误文字删除。在手写板右上角提供了一组用于学习和帮助的按钮，用鼠标单击某一按钮，该按钮即用动画方式演示手写板的编辑方法，如图 2-60 所示。再用鼠标左键单击该按钮，停止演示。

（3）输入英文和特殊符号　用鼠标左键单击手写板下部的"英文词汇"按钮，即可进入英文输入状态；用鼠标左键单击手写板右下角的"数字"或"符号"按钮，即可进入数字或特殊符号输入状态。

（4）手写板设置　Windows 7 的手写板在初次使用时会存在一些用户不适应的状况，因此必须对手写板进行相关项目的设置。

图 2-60　帮助演示

① 设置手写板上图标的激活方式。在手写板上执行"工具"|"选项"命令，弹出"选项"对话框。在"打开方式"选项卡中可以设置手写板上各种图标的激活方式。系统默认的激活方式是用鼠标左键单击手写板上的图标或标签才能激活相应的功能。如果选择"指向输入面板图标或标签"选项，则只要将鼠标指向图标或标签即可激活相应的功能。选择"在任务栏上显示图标"选项，则可使 Windows 7 手写板图标固定在任务栏上。

② 设置墨迹的粗细。在"手写"选项卡中可以设置墨迹的粗细，还可以通过拖拽距离中"减少空间"至"增加空间"的滑块按钮调整两个文字之间的间隔。建议适当增加一些空间，以免书写文字过大而影响识别效率。

③ 设置到笔迹的距离和暂停的时间。在"墨迹到文本转换"选项卡中可以设置笔迹的长度以及系统对手写识别的时间间隔。如果发现系统在没有书写完文字即开始识别，就要适当加长到笔迹的距离（百分比）和暂停时间长度了，如图 2-61 所示。

④ 设置提示项目和预测替换。在"文本完成"选项卡中可以设置是否提示匹

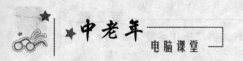

配项目（即联想词组）和预测替换。

⑤ 设置插入文本方式和插入按钮位置。在"插入"选项卡中可以设置选择插入文本的方式和"插入"按钮的位置以及"写"好的文本插入到文档中的时间间隔等，如图 2-62 所示。

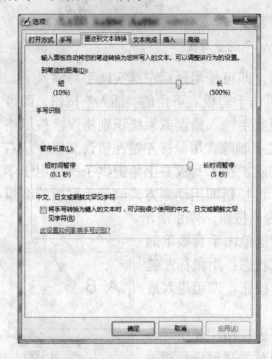

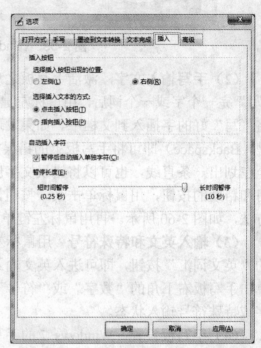

图 2-61　延长墨迹到文本的转换时间　　　图 2-62　延长自动插入文本到文档时间

（5）手写板的关闭与退出　用鼠标左键单击手写板上的关闭按钮，手写板进入停靠位置，一般在桌面左边缘。需要使用手写板时，将鼠标靠近手写板并在手写板上用鼠标左键单击，即可在桌面上显示手写板。

若退出手写板，可执行"工具"｜"退出"命令。

2．语音输入

Windows 7 内置的语音输入功能能够通过识别用户的语音来完成文本的输入，以及实现计算机的常用操作。在进行语音输入之前，首先要准备一个语音输入设备，即麦克风。建议使用整合麦克风的耳机，即"耳麦"。然后，按照下列步骤做好语音识别的准备。

① 打开"控制面板"窗口，用鼠标左键双击"硬件和声音"选项，在"声音"区域中用鼠标左键单击"管理音频设备"选项，如图 2-63 所示，弹出"声音"对话框，如图 2-64 所示。

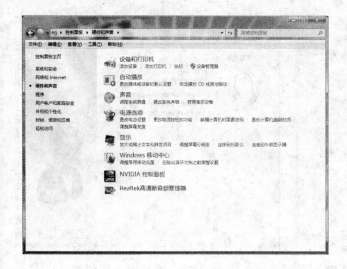

图 2-63　控制面板　　　　　　　　　　图 2-64　"声音"对话框

② 在"声音"对话框"录制"选项卡中选择"麦克风"选项后，用鼠标左键单击"配置"按钮，弹出一个新窗口，如图 2-65 所示。用鼠标左键单击"启动语音识别"选项，弹出音频混音器，如图 2-66 所示。

图 2-65　启动语音识别　　　　　　　　图 2-66　音频混音器

③ 继续在图 2-65 所示窗口中用鼠标左键单击"设置麦克风"选项，弹出"麦克风设置向导"对话框，如图 2-67 所示。选择"耳机式麦克风"后，用鼠标左键单击"下一步"按钮，进入如图 2-68 所示的界面。按照正确的麦克风放置要求，调整麦克风的位置和相关设置。调整完毕，用鼠标左键单击"下一步"按钮，进入如图 2-69 所示的界面。

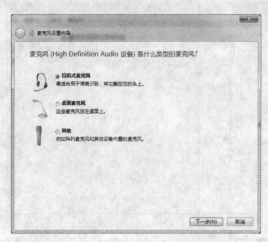

图 2-67 设置麦克风向导对话框   图 2-68 调整麦克风位置

④ 调整合格后，用鼠标左键单击"下一步"按钮，进入如图 2-70 所示的界面。用鼠标左键单击"完成"按钮。返回图 2-65 所示的窗口，用鼠标左键单击"语音识别教程"选项，弹出"语音识别教程"首页，如图 2-71 所示。

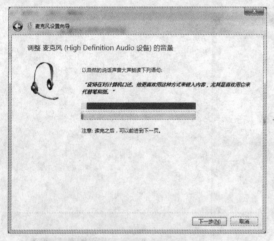

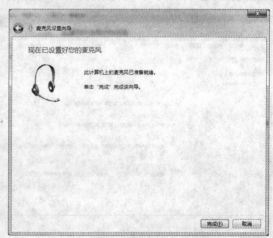

图 2-69 调整麦克风音量   图 2-70 调整麦克风完成

⑤ 逐页学完语音识别教程后，系统将弹出感谢窗口，用鼠标左键单击"完成"按钮将语音识别教程关闭。

⑥ 返回图 2-65 所示窗口，用鼠标左键单击"高级语音"选项，进一步完成语音识别训练。

⑦ 在完成语音识别训练之后，就可以用每次启动计算机自动开启的音频混音器来完成文档输入操作了。已经开启的音频混音器如图 2-72 所示。

图 2-71 "语音识别教程"首页   图 2-72 开启的音频混音器

2.5.3 Windows 7 设备管理

执行"开始"|"启动菜单"|"设备和打印机"命令，即可弹出如图 2-73 所示的"设备和打印机"窗口。从中可以看出，与计算机连接的外部设备大部分都是以自身实际外观呈现的，如显示器、鼠标、键盘、U 盘等。以实际物理外观呈现可以帮助用户轻松定位要访问的设备，如对 U 盘的删除，只需用鼠标右键单击相应 U 盘的外观图形，在弹出的快捷菜单中执行"弹出"命令即可。

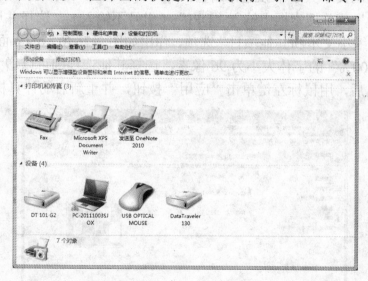

图 2-73 "设备和打印机"窗口

1. 屏幕显示管理

（1）调整显示器的分辨率 用鼠标右键单击桌面空白处，在弹出的快捷菜单中执行"屏幕分辨率"命令，弹出如图 2-74 所示的屏幕分辨率设置界面。在分辨

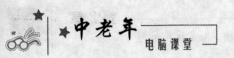

率右边列表框中用鼠标左键上下拖拽调整屏幕分辨率的高低，如图 2-75 所示。

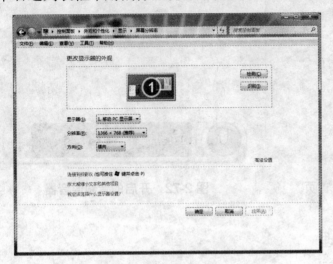

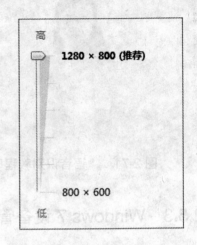

图 2-74　屏幕分辨率设置界面　　　　图 2-75　屏幕分辨率调整列表

（2）**定义用户界面的文本显示尺寸**　对于中老年朋友来说，Windows 7 界面默认的文本较小，阅读起来比较吃力。在以往版本的 Windows 中，通常会通过降低屏幕分辨率来增大文本的显示尺寸，但这不是正确的方法。在 Windows 7 中可以对用户界面的文本大小单独进行调整。

在"开始"菜单搜索框中输入"DPI"（引号不输入），选择并运行搜索结果中的"放大或缩小文本和其他项目"选项，弹出如图 2-76 所示的界面。在界面中，默认"较小-100%"的字体大小为 96 像素，选择其他选项则可以增大字体的显示像素。确定之后，用鼠标左键单击"应用"按钮，并重新启动计算机即可。

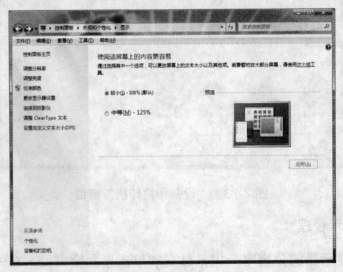

图 2-76　定义用户界面的文本尺寸

（3）设置颜色和刷新　用鼠标左键单击图 2-74 中"高级设置"链接，弹出如图 2-77 所示的对话框，勾选"隐藏该监视器无法显示的模式"复选框，在"监视器"选项卡中将"颜色"设置为"真彩色（32 位）"，将"屏幕刷新频率"设置为 75Hz 以上。如果列表中没有 75Hz 及其以上的刷新频率，可先适当调低显示器分辨率，然后进行刷新频率的设置。刷新频率设置过低，会影响某些游戏高帧数的发挥。

图 2-77　设置颜色和刷新频率

（4）多显示输出设置　在 Windows 7 中，当用户将外接显示设备与计算机连接时，默认情况下系统会将当前屏幕的内容复制到外接显示设备中。

如果需要使用其他的设置，可以按 Win＋P 组合键，弹出如图 2-78 所示的多显示输出快捷设置面板。通过键盘上的方向键"←"或"→"选择需要的显示方式，如"复制"。计算机随即应用该设置。四个快捷设置选项的作用分别如下。

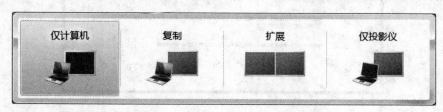

图 2-78　多显示输出快捷设置面板

① 仅计算机——计算机默认的主屏幕，或从多显示输入状态恢复到仅使用主屏幕显示。

② 复制——将主显示器的图像复制到外接显示设备中。

③ 扩展——扩大桌面的工作面积，将主屏幕以外部分显示到外接显示设备中。

④ 仅投影仪——将图像输出至外接显示设备，同时关闭主显示器。

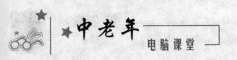

2．电源管理

（1）采用"睡眠"关机　睡眠是 Windows 7 的一种全新关机方式。计算机选择睡眠状态后，计算机也会"关机"，不过再次启动计算机的速度要比真正的开机速度快很多。系统在默认设置进入睡眠状态时，计算机在待机的同时会将内存数据写入硬盘，因此不用担心在睡眠状态中途断电而丢失内存数据。当重新打开处于睡眠状态的计算机时，如果未出现断电情况，则直接从待机状态恢复；如果中途断电，则会读取硬盘中的休眠文件，速度稍慢，但避免了单纯待机出现的断电造成的数据丢失现象。了解了睡眠的工作方式，不妨在离开计算机时间较短时，就将计算机转入睡眠状态；而当更长时间不使用计算机时，可以关闭计算机。

（2）设置机身电源按钮和闭合笔记本电脑屏幕作用　在"开始"菜单搜索框中输入"电源"（引号不输入），在搜索结果中选择"更改电源按钮的作用"选项，进入设置机身电源按钮和闭合笔记本电脑屏幕作用界面，如图 2-79 所示。分别设置"按电源按钮时"（台式计算机仅有此项）、"关闭盖子时"的功能，如"睡眠"、"关机"等。同时还可以在面板中设置需要或不需要"唤醒时的密码保护"选项。设置完毕，用鼠标左键单击"保存修改"按钮。

图 2-79　设置机身电源按钮和闭合笔记本电脑屏幕作用

（3）使用不同的电源性能模式　在"开始"菜单搜索框中输入"电源"（引号不输入），在搜索结果中选择"电源选项"中"创建电源计划"选项，进入创建电源计划界面，如图 2-80 所示。表 2-3 为不同电源模式的功耗与系统性能对照。其中推荐使用的"已平衡"模式中的 CPU 会根据当前应用程序需求动态调节主频，相对闲置状态 CPU 的耗电量下降，对于使用电池供电状态的笔记本电脑尤为重要。

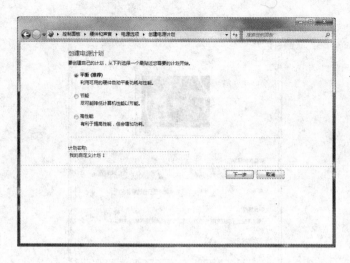

图 2-80　创建电源计划

表 2-3　不同电源模式的功耗与系统性能对照

电源模式	功耗情况	系统性能
已平衡	根据程序运行需求实时调整	动态调整
节能程序	最省电、CPU 发热量较低	最低
高性能	最耗电、CPU 发热量较高	最高

（4）手动调整电源模式

① 设置屏幕保护。设置屏幕保护可以使显示器由长时间的静态等待转变为动态等待，从而延长显示器的使用寿命。打开控制面板中"外观和个性化"｜"个性化"窗口，用鼠标左键单击右下角"屏幕保护程序"链接，弹出"屏幕保护程序设置"对话框，如图 2-81 所示。在对话框"屏幕保护程序"下拉列表中选择一个屏幕保护程序，设置等待时间、在恢复时是否显示登录屏幕等，用鼠标左键单击"确定"按钮。到指定等待时间，若未对计算机进行任何操作，计算机桌面将进入屏幕保护状态，直至移动鼠标或按下键盘上任意键解除。

② 修改电源模式。打开控制面板中"硬件和声音"｜"电源选项"｜"编辑计划设置"窗口，如图 2-82 所示。在窗口中可以对系统当前活动的电源模式相关联的选项进行简单的自定义，如分别对用电池和交流电源供电状态下的自动降低显示器亮度时限、关闭显示器的时限、计算机进入睡眠的时间及对当前屏幕亮度进行调整等。用鼠标左键单击"更改高级电源设置"选项，弹出"电源选项"对话框，如图 2-83 所示。在对话框中可以对"平衡"、"硬盘"、"桌面背景设置"等选项进行设置。如对硬盘的设置可由原来的默认 20 分钟自动停止工作改为 0 分钟，即从不自动停止工作。

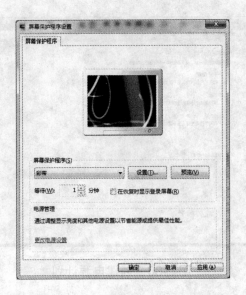

图 2-81 设置屏幕保护程序

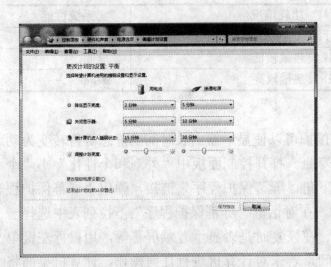

图 2-82 修改电源模式

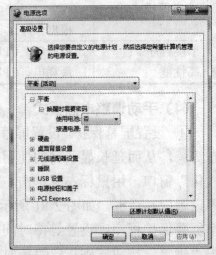

图 2-83 "电源选项"对话框

2.5.4 Windows 7 系统管理

1. 用户账户的配置与管理

Windows 7 允许多个用户设置和使用账户，不同的账户可以给使用计算机的每个用户提供单独的桌面环境以及个性化的应用程序设置，以避免多个用户相互干扰。

（1）新建用户账户 打开控制面板中"用户账户和家庭安全"｜"用户账户"窗口，如图 2-84 所示。用鼠标左键单击"管理其他账户"选项，弹出"管理账户"

窗口，如图 2-85 所示。

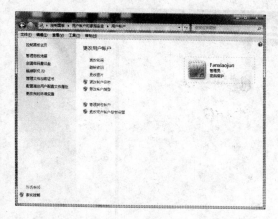

图 2-84 "用户账户"窗口

图 2-85 "管理账户"窗口

在图 2-85 窗口中用鼠标左键单击"创建一个新账户"链接，弹出"创建新账户"窗口，如图 2-86 所示。默认标准账户，输入账户名，如"陆光明"（引号不输入）。用鼠标左键单击"创建账户"按钮，在图 2-87 窗口中可以看到刚刚创建的用户账户，表示新建账户操作成功。

图 2-86 创建新账户

图 2-87 新账户创建成功

（2）**管理用户账户** 用鼠标左键单击图 2-87 窗口中新创建的账户，此例为"陆光明（标准账户）"，弹出更改陆光明的账户窗口，如图 2-88 所示。在此可以进行为账户创建密码、更改图片和更改账户类型等操作。

设置家长控制，目的是利用计算机的该功能对使用计算机的孩子们在时间限制、游戏等级和运行程序设置上加以控制，以保障孩子们的健康成长。如果要创建家长控制子账户，必须使当前用户拥有管理员权限。

计算机设置了用户账户之后，每当开机时，都要显示用户账户，如果该账户有密码，还必须输入正确密码才能启动计算机。如果系统设置了多个账户，可用

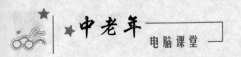

"关机"右侧的"切换用户"选项切换不同的账户。

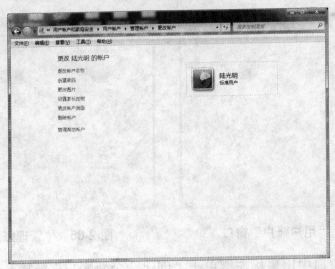

图 2-88　更改用户账户

　　针对设置密码由于时间长、密码复杂等原因造成遗忘的问题，Windows 7 提供了密码重设盘功能，可以将密码保存在 U 盘中，一旦遗忘了密码也不用着急，用 U 盘就可以恢复密码。首先，创建密码重设盘。在控制面板中选择"用户账户"选项，用鼠标左键单击"创建密码重设盘"链接，弹出"忘记密码向导"对话框，如图 2-89 所示。用鼠标左键单击"下一步"按钮，进入"创建密码重置盘"界面，如图 2-90 所示。在下拉列表中选择"可移动磁盘"选项，用鼠标左键单击"下一步"按钮，进入"当前用户账户密码"界面，如图 2-91 所示。在"当前用户账户密码"文本框中输入创建用户账户时创建的密码，用鼠标左键单击"下一步"按钮，进入"正在创建密码重置盘"界面，如图 2-92 所示。待进度条 100%已完成后，用鼠标左键单击"下一步"按钮，进入"正在完成忘记密码向导"界面，如图 2-93 所示。用鼠标左键单击"完成"按钮，完成创建密码重设盘操作。

　　有了密码重设盘，当用户将账户密码遗忘时，就可以使用该密码重置盘重新设置账户密码了。当用户多次尝试输入密码均以失败告终时，在 Windows 7 的登录界面中将出现"重设密码"链接。这时可以插入存有账户密码的 U 盘，用鼠标左键单击该链接，按照"重置密码向导"提示逐步完成重置账户密码的操作。完成重置账户密码操作之后，重新返回 Windows 7 登录界面，输入重新设置的账户密码，就可以登录使用 Windows 7 操作系统了。不要忘记给重新设置的新密码再创建一个密码重置盘。

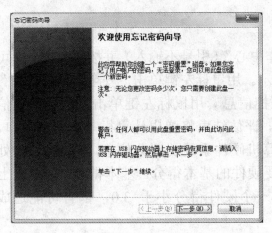

图 2-89　"忘记密码向导"对话框

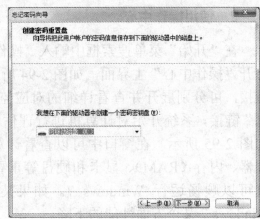

图 2-90　"创建密码重置盘"界面

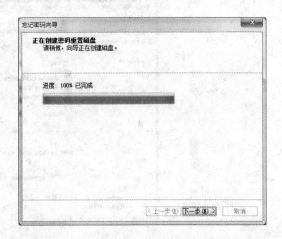

图 2-91　"当前用户账户密码"界面

图 2-92　"正在创建密码重置磁盘"界面

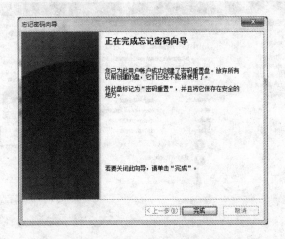

图 2-93　完成创建密码重置盘操作

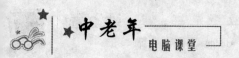

2．使用操作中心

在"开始"菜单搜索框中输入"操作中心"（引号不输入）并按回车键，即可打开"操作中心"主界面，如图 2-94 所示。用鼠标左键单击"安全"或"维护"链接，可分别展开并查看详细的对应监控信息。用鼠标左键单击"查看性能信息"链接，系统开始对计算机进行评估，评估结束将弹出计算机基本信息窗口，如图 2-95 所示。在窗口中可以查看计算机硬件系统的评分信息，包括 CPU 处理器、内存（RAM）、显卡和硬盘等重要硬件的基本得分。基本得分在 3.0 以上就可以顺畅运行 Windows 7。如果某一个硬件得分小于 3.0，都有可能造成 Windows 7 某个方面性能的下降。

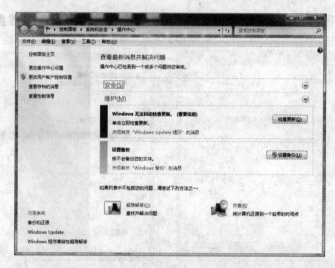

图 2-94　操作中心主界面

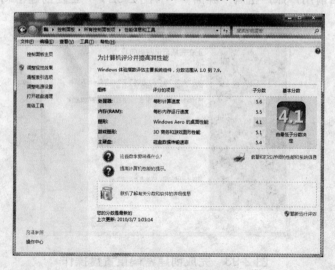

图 2-95　计算机基本信息窗口

3．使用任务管理器

当系统运行缓慢或遇到停止响应的程序时，就需要调用任务管理器来关闭停止响应的程序。在 Windows 7 中调用任务管理器有两种方法。方法一是用鼠标右键单击任务栏空白处，在弹出的快捷菜单中执行"启动任务管理器"命令；方法二是按 Ctrl＋Shift＋Esc 组合键。打开的任务管理器窗口如图 2-96 所示。

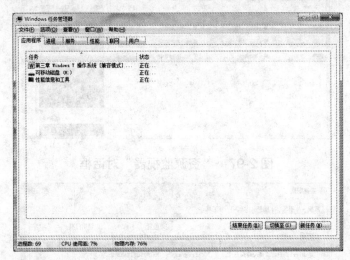

图 2-96　任务管理器

若遇到停止响应的应用程序，首先打开任务管理器，在"应用程序"选项卡中找到状态标注为"未响应"的应用程序，然后用鼠标左键单击"结束任务"按钮，即可将停止响应的应用程序关闭。

4．使用资源监视器

在 Windows 7 中调用资源监视器也有两种方法。方法一是在"开始"菜单搜索框中输入"资源监视器"（引号不输入）并按回车键；方法二是在任务管理器中用鼠标左键单击"性能"选项卡中的"资源监视器"按钮。打开的"资源监视器"窗口如图 2-97 所示。在"概述"选项卡中可以了解当前各项进程在 CPU、磁盘、网络及内存方面的运行情况，也可以通过右侧部分以"折线"形式了解各选项运行情况。如果需要查看 CPU、磁盘、网络及内存某选项详细的信息，可以选择相应的选项卡切换到指定的界面具体了解。

5．减少 Windows 7 启动加载项

在"开始"菜单搜索框中输入"系统配置"（引号不输入）并按回车键，打开"系统配置"对话框，如图 2-98 所示。在"启动"选项卡中取消不希望登录自动运

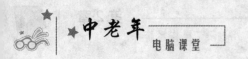

行的项目。这样，在使用 Windows 7 登录桌面后即可展开操作，无需长时间等待。

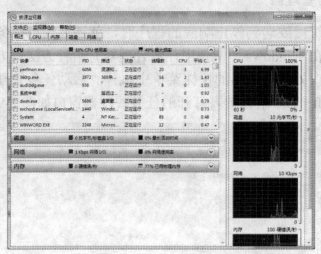

图 2-97 "资源监视器"对话框

图 2-98 "系统配置"对话框

6. 关注消息提示

（1）关注关键级别的消息提示 关键级别的消息提示是指，当 Windows 7 中尚未安装计算机病毒防护程序或无计算机病毒防护程序的监控功能，而 Windows 自带的防火墙、反间谍程序又处于彻底关闭状态时，"操作中心"给出的提示。例如，当"操作中心"检测到计算机病毒防护程序的实时监控功能处于关闭状态，在任务栏通知区域会弹出仅有一次的提示气泡。此时，只要用鼠标左键单击该提示气泡即可让已关闭的 Windows 7 自带的防火墙等程序重新启用，无需用专门对计算机病毒防护程序进行相关操作，非常方便。如果用户错过了这仅有一次的气泡提示，系统还会在任务栏通知区域显示"操作中心"小旗子图标上的一个错误标记，用户发现后，即可着手处理。

（2）关注非紧要消息和一般性建议提示 除上述关键级别以外的消息或一般性建议，"操作中心"会通过更加平和的方式提醒用户，而不会弹出提示气泡，只是在任务栏通知区域出现一个小旗子图标，图标上没有任何标记。

（3）关闭自带的防火墙、反间谍软件 当安装第三方安全防护程序的计算机，为防止同类的软件运行出现冲突，一般要将 Windows 7 自带的防火墙、反间谍软件关闭。关闭方法除了用鼠标左键单击在任务栏通知区域出现的提示气泡自动关闭外，还可以手动进行关闭。

① 关闭反间谍软件。在"开始"菜单搜索框中输入"Defender"（引号不输入）并按回车键，打开"Windows Defender"窗口，如图 2-99 所示。执行"工具" |"选项"命令，用鼠标左键单击"管理员"选项，取消勾选"使用此程序"复选框，用鼠标左键单击"保存"按钮，即可关闭 Windows 7 自带的反间谍软件。

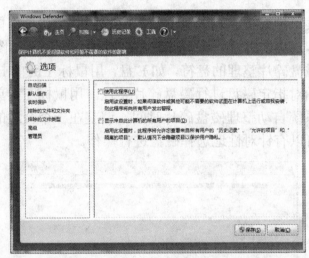

图 2-99　关闭反间谍软件

② 关闭防火墙。在"开始"菜单搜索框中输入"Windows 防火墙"（引号不输入）并按回车键，打开"Windows 防火墙"窗口，用鼠标左键单击"打开或关闭 Windows 防火墙"选项，进入关闭 Windows 防火墙界面，如图 2-100 所示。分别选中"家庭或工作（专用）网络位置设置"和"公用网络位置设置"下方的"关闭 Windows 防火墙（不推荐）"单选框，用鼠标左键单击"确定"按钮，即可关闭 Windows 防火墙。

7．定期整理硬盘磁盘碎片

在 Windows 7 中，磁盘碎片整理功能被纳入自动计划任务中，帮助用户定期对数据碎片进行整理。但由于各种原因，磁盘自动整理功能不一定能够发挥作用。如果在计算机使用过程中发现程序启动所需时间越来越长，则应该手动执行磁盘碎片整理操作了。

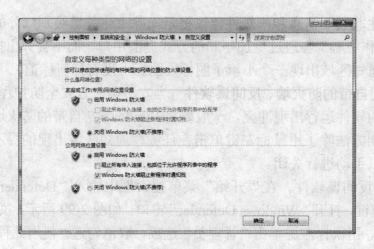

图 2-100　关闭 Windows 防火墙

在"开始"菜单搜索框中输入"磁盘"（引号不输入），用鼠标左键单击"磁盘碎片整理程序"选项，打开"磁盘碎片整理程序"窗口，如图 2-101 所示。选择一个需要进行磁盘碎片整理的盘符，如 F 盘，用鼠标左键单击"磁盘碎片整理"按钮，系统即开始对指定磁盘进行磁盘碎片整理。用鼠标左键单击"配置计划"按钮，可以修改系统自动整理磁盘碎片时间，调整在一个合适的时间进行磁盘碎片整理，同时还可以有针对性地选择磁盘进行操作。

图 2-101　磁盘碎片整理程序面板

8. 清理磁盘

在"开始"菜单搜索框中输入"磁盘"（引号不输入），用鼠标左键单击"磁盘清理"选项，弹出"磁盘清理：驱动器选择"对话框，如图 2-102 所示。在"驱动器"下拉列表中选择要清理的磁盘，如 C 盘。用鼠标左键单击"确定"按钮后，弹出"磁盘清理"对话框，如图 2-103 所示。计算完毕，自动弹出"（C:）的磁盘清理"对话框，如图 2-104 所示。确认要清理的文件后，用鼠标左键单击"确定"按钮，系统开始进行磁盘清理，如图 2-105 所示。

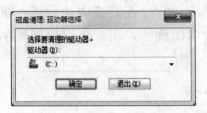

图 2-102　选择清理磁盘

图 2-103　计算清理磁盘

图 2-104　确认清理文件

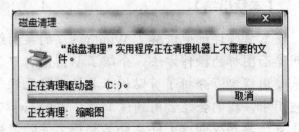

图 2-105　磁盘清理

9．删除 Windows 7 更新文件

Windows 7 自身在更新补丁时会由于保留安装文件而占用磁盘空间，删除这些安装文件即可释放一部分系统空间。在资源管理器窗口地址栏中输入"C:\Windows\SoftwareDistribution\Download"（引号不输入），选中所有项目，按 Shift＋Delete 组合键将这些项目彻底删除。

2.5.5　安装和卸载应用程序

1．安装应用程序

在 Windows 7 操作系统中，应用软件的安装过程都是大同小异的。一般情况下，应用软件的安装启动有两种方式。一种是从光盘直接安装，当将某个应用程序的安装光盘放入光驱后，系统就会自动启动安装程序；另一种是通过双击相应的安装图标安装，一般图标的名称为 Setup 或 Install。

在安装过程中，会出现安装向导，用户可以按照安装向导一步一步操作。安装成功后系统会给出提示，表示安装成功。有些应用程序在安装成功后需要重新启动计算机才能生效。若安装不成功计算机也会给出提示，用户可以根据提示重新安装。

2. 卸载应用程序

有些无用的应用程序应该从计算机中将其卸载，以获取被占用的磁盘空间，操作方法如下。

程序
卸载程序

图 2-106　卸载程序图标

① 打开控制面板窗口。用鼠标左键双击"卸载程序"图标，如图 2-106 所示，打开"添加或删除程序"窗口。
② 在"当前安装的程序"列表中选择要卸载的应用程序，被选中的应用程序呈亮蓝色。用鼠标左键单击"删除"按钮即可将该应用程序从计算机中卸载。

【本章小结】

本章较详细地讲解了 Windows 7 的桌面组成，以及在 Windows 7 中管理和使用桌面图标的操作方法；介绍了 Windows 7 窗口的组成和操作方法、菜单的种类和使用规定；分析了剪贴板工具的用途及操作方法。在以后的学习和办公软件的应用中，我们会经常用到该工具。Windows 7 文件和文件夹的管理是本章学习的重点。要养成创建文件夹分类整理文件的习惯，正确使用文件名称的有关规定，熟练掌握文件的各种操作方法；了解运用 Windows 7 管理计算机设备和管理计算机系统操作方法；学会 Windows 7 自带应用程序和自带输入法的使用操作方法。

第 3 章　计算机汉字输入

【学习目标】
➢ 了解汉字输入方法中的主要输入方式和各自特点
➢ 掌握利用拼音方式和利用笔画方式输入汉字的方法，并能较熟练地使用其中一种方法输入汉字（推荐使用搜狗拼音输入法）

【知识要点】
◆ 计算机汉字输入简述
◆ 搜狗拼音输入法
◆ 德深鼠标输入法

§3.1　计算机汉字输入简述

计算机汉字输入，也叫电脑打字，是中老年朋友学习计算机操作过程中非常重要的环节。掌握了计算机汉字输入的方法，就能自如地与计算机"交流对话"了。

3.1.1　计算机汉字输入方法类别

计算机汉字输入的方法很多，但从输入方式上看，基本上可分为两大类，即键盘方式和非键盘方式。每一类中又分为若干种不同的输入方法，目前在计算机中比较成熟的汉字输入方法有"搜狗拼音输入法"和可以快速输入汉字的"五笔字型汉字输入法"等。计算机汉字输入方法的类别如图 3-1 所示。

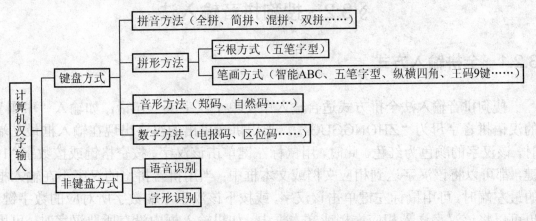

图 3-1　计算机汉字输入方法类别

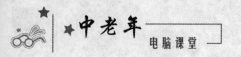
3.1.2　常用汉字输入方法特点

1．拼音方法

拼音方法是根据我国汉语拼音方案研制的一种计算机汉字输入方法。这种方法的最大优点是容易掌握，特别是汉语拼音基础好的中老年朋友，经过简单学习即可以在计算机上打出汉字来。

2．拼形方法

拼形方法是根据汉字的自身特点，采用类似偏旁部首组合方式研制的一种汉字输入方法。这种方法的最大优点是输入速度快，如使用"五笔字型汉字输入"，一分钟可以输入 200 多个汉字，基本上可以满足一些行业和单位的需要。但是这种方法比较难掌握，需要记忆很多内容，适合有一定基础的中老年朋友学习和使用。

3．笔画方法

笔画方法也是根据汉字的自身特点，按照书写顺序和固定笔画研制的一种简单易学的汉字输入方法。这种方法的最大优点是会正确写字就能输入相应的汉字，特别适合汉语拼音基础较差的中老年朋友使用。

4．数字方式

在计算机上曾出现过用一组数字表示一个汉字或符号的汉字输入方法。这种方法的最大优点是每个汉字都有唯一的编码，基本杜绝了重码字。缺点是难于记忆，使用不方便。

§3.2　搜狗拼音输入法

3.2.1　全拼输入方式

搜狗拼音输入法全拼方式适合输入中文单个汉字或一句话，如输入"中国"的汉语拼音字母为"ZHONGGUO"。当用拼音拼出的汉字出现在输入框最左端时，该汉字的颜色为红色。此时，用鼠标左键单击该汉字、按空格键或按数字"1"键，都可以将该汉字送到相应文档或文本框中；当用拼音拼出的汉字不在输入框的最左端时，可用鼠标左键单击该汉字，或按下该汉字左端数字所对应的数字键，也可以将该汉字送入相应文档或文本框中。如果输入框中没有所要汉字时，可用按"。"键翻下一页或按"，"键翻上一页的方法查找。在搜狗拼音输入法中还同时保留了按"＋"键或"－"键翻下一页和翻上一页的方法。

----- 小知识：-----

因为在英文键盘上没有汉语拼音字母"ü"，在拼"女"、"吕"等字时，要用字母"v"替代字母"ü"，如"nv"；而当"ü"与声母 j、q、x 相拼时，用字母"u"替代字母"ü"。因为在汉语中，没有 j、q、x 与 u 相拼的音节，隔音符号在键盘的"，"键上。

3.2.2 简拼输入方式

搜狗拼音输入法简拼方式适合输入中文词汇。拼读时用组成中文词汇每个汉字的首字母组成。例如，输入"中国"的简拼为"ZG"，输入"北京"的简拼为"BJ"。还可以将全拼和简拼混合使用，如"计算机"可用"JISUANJI"、"JISJI"或"JSJ"三种方式拼写。用简拼方式输入词汇时，也应注意隔音符号的应用。

3.2.3 英文输入方式

在搜狗拼音输入法中输入英文有下面三种方法。

方法一： 按 Shift 键进行中英文转换，将输入方式转换为英文状态后，开始输入英文。

方法二： 输入完英文字符之后，按回车键，英文字符即可插入文档中。

方法三： 首先按 V 键，然后输入包括英文字符在内的特殊符号，如@、#、$、%……最后按下空格键或相关数字键。

----- 小知识：-----

将插入点放在输入的英文单词上，连续按 Shift＋F3 组合键，观察该英文单词在"全部为小写字母"、"全部为大写字母"和"首字母为大写字母"三种方式之间轮流转换。该功能对输入英文很有用，在输入英文时，我们的注意力应放在准确拼写单词上，就不用考虑什么时候该用大写字母，什么时候该用小写字母了，待校对时再进行英文字母大小写的转换。

3.2.4 V 模式下的中文数字输入方式

1. 输入中文数字

例：在搜狗输入法中输入"V12345"后，在输入框中分别选择"一二三四五"、

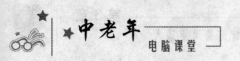

"壹贰叁肆伍"……

2. 输入中文金额大小写

例：在搜狗输入法中输入"V424.52"后，在输入框中分别选择"四百二十四元五角二分"或"肆佰贰拾肆元伍角贰分"。

3. 输入罗马数字（限于阿拉伯数字 99 以内）

例：在搜狗输入法中输入"V12"后，在输入框中选择"XII"（罗马数字"12"）。

4. 日期自动转换

例：在搜狗输入法中输入"V2014-3-1"后，在输入框中选择"2014 年 3 月 1日"或"二〇一二年三月一日(星期四)"。分别在搜狗输入法中输入"V2014. 3.1"和"V2014/3/1"后，进行日期的自动转换。

5. 日期快速输入

例：在搜狗输入法中输入"V2012n3y1r"后，在输入框中选择"2014 年 3 月1 日"或"二〇一四年三月一日"。

3.2.5 输入当前日期、时间与星期

① 在搜狗输入法中输入"RQ"，在输入框中选择当前日期，如"2014 年 3月 1 日"。

② 在搜狗输入法中输入"SJ"，在输入框中选择当前时间，如"2014 年 3月 1 日 16:00:00"。

③ 在搜狗输入法中输入"XQ"，在输入框中选择当前星期，如"2014 年 3月 1 日星期六"。

3.2.6 简繁汉字切换

用鼠标左键或右键单击输入条上"扳手"按钮，选择"简繁切换"选项或按Ctrl＋Shift＋F 组合键，然后输入"JH"，在输入框中选择汉字"機會"或"計劃"；用同样操作再切换回简体汉字，仍然输入"JH"，在输入框中选择汉字"机会"或"计划"。

3.2.7 使用自定义短语输入汉字

在搜狗拼音输入法中随意输入一个汉语拼音字母后，将鼠标指针移至该字母

串上，用鼠标左键单击弹出的"添加短语"选项，弹出"搜狗拼音输入法-添加自定义短语"对话框，如图 3-2 所示。

在对话框中修改输入框中的字母串（不超过 21 个字符），在文字框中输入文字（不超过 30 000 个汉字），修改完毕，用鼠标左键单击"确定添加"按钮，以后即可用该字母串输入该短语了。

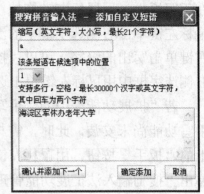

图 3-2 "添加自定义短语"对话框

3.2.8 人名智能输入

在搜狗拼音输入法中输入某个人名的拼音，如"LUGUANGMING"，输入框中即显示相应的人名，用鼠标左键单击"更多人名"选项，会显示所有同音的姓名供选择。当成功输入一个姓名的全拼拼音后，在该台电脑上就可以使用简拼方式输入姓名了。

3.2.9 生僻字输入

遇到类似于"犇"、"羴"、"鱻"、"嫑"……生僻字时，可在搜狗拼音输入法中输入该生僻字组成部分文字的拼音，如，"NIUNIUNIU"、"YANGYANGYANG"、"YUYUYU"、"BUYAO"……在输入框的顶部即可显示相应的生僻字。

3.2.10 U 模式下的笔画输入方式

以"李"字为例，在搜狗拼音输入法中输入字母"U"后，可用下面三种输入汉字笔画方法输入该汉字。

① 按汉字笔顺，用鼠标左键依次单击输入框中的 一 丨 丿 丶 一 五个笔画输入，如"一丨丿、乙、丨、一"。

② 用 H（横）、S（竖）、P（撇）、N（捺）、Z（折）按汉字笔顺依次输入，点还可以用字母 D 来输入，如"HSPNZSH"。

③ 按汉字笔顺，用小键盘上的 1（横）、2（竖）、3（撇）、4（捺、点）、5（折）依次输入，如"1234521"。

3.2.11 手写板输入方式

用鼠标左键或右键单击输入条上的"扳手"按钮，用鼠标左键单击"扩展功能"中的"手写输入"选项，弹出搜狗拼音输入法中的手写板，如图 3-3 所示。在手写板中，用鼠标左键拖拽"写"出汉字来，用鼠标左键双击写出的汉字或用鼠标左键单击右侧选字框中的汉字，该汉字即可输入到文档或文本框中。用鼠标右键单击写出的汉字，可以"擦"去写错的笔画。在不输入汉字状态下，可以在右侧选字框中用鼠标左键单击选择标点符号或英文字母。

若"扩展功能"中的"手写输入"选项为灰色时，表示搜狗拼音输入法中的手写功能尚未安装，此时，需与计算机网络连接，用鼠标左键或右键单击输入条上的"扳手"按钮，用鼠标左键单击"扩展功能"中的"扩展功能管理"选项，弹出"搜狗输入法扩展功能管理器"对话框，如图 3-4 所示。在对话框中用鼠标左键单击"安装"按钮，即可安装手写输入法。

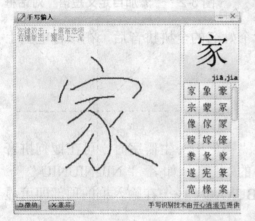

图 3-3　搜狗拼音输入法中的手写板

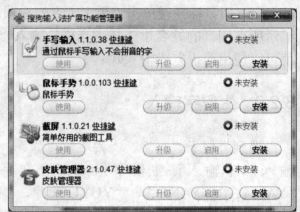

图 3-4　搜狗输入法扩展功能管理器

3.2.12　模糊音输入方式

为适应某些普通话暂时掌握不够好的人员，在搜狗拼音输入法中设置了模糊音输入方式。用鼠标左键或右键单击输入条上的"扳手"按钮，用鼠标左键单击"设置属性"选项，在弹出的窗口中用鼠标左键单击"高级"选项，再用鼠标左键单击"模糊音设置"按钮，弹出"搜狗拼音输入法-模糊音设置"对话框，如图 3-5 所示。在对话框中勾选要启用的模糊音，如"l=n"。设置完成后，用鼠标左键连续单击"确定"按钮。当在搜狗拼音输入法中拼出"LV"时，在输入框中会同时出现汉字"女"和汉字"吕"供选择。

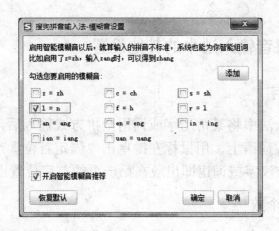

图 3-5　"搜狗拼音输入法–模糊音设置"对话框

3.2.13　在网络中应用搜狗拼音输入法

1．网址输入模式

若与网络连接，当输入 xilele.com 网址后，用鼠标左键单击"搜索：xilele.com"，即可进入"喜乐乐"网。

2．在网上搜索词语

例如，在搜狗拼音输入法中输入"耄耋"后，用鼠标左键单击"搜索：耄耋"，在弹出的搜索网页中找到百度百科中的相关词条解释：

"耄耋（mào dié）：八九十岁。耄，形声字，上形下声，音'冒'。耋，音'迭'。耄耋是指年纪很大的人。"

3.2.14　快速筛选定位汉字

1．用笔画筛选定位

例如，在搜狗拼音输入法中输入"珍"字的全拼字母"ZHEN"后，按下 Tab 键，然后用 H（横）、S（竖）、P（撇）、D（点）、N（捺）、Z（折）依次输入该字的笔顺笔画"HHSHPNPPP"，一般输入前两个笔画即可找到该汉字。

2．用拆字筛选定位

例如，在搜狗拼音输入法中输入"娴"字的全拼字母"XIAN"后，按下 Tab 键，再输入组成"娴"字的两部分"女"字和"闲"字的首字母"N"和"X"，即可找到该汉字。此法只适用于合体字，独体字由于不能拆成两个以上汉字部分，不能用拆字方法筛选定位。

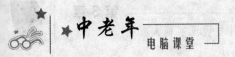

3.2.15 在搜狗拼音输入法中的其他设置

1. 设置固定首字

在搜狗拼音输入法中将某常用字或词用全拼方式输入后，将鼠标指针移到输入框中显示的汉字或词语上，用鼠标左键单击"固定首位"选项，以后，在拼写该汉字或词语时，该汉字或词语即出现在第一页的首字位置上。

2. 修改候选词个数

用鼠标左键或右键单击输入条上的"扳手"按钮，用鼠标左键单击"设置属性"选项，在弹出的窗口中用鼠标左键单击"外观"选项，在"候选项数"下拉列表框中设置候选词 3～9 个，系统默认候选词为 5 个。

3. 改变输入框的大小

用鼠标左键或右键单击输入条上的"扳手"按钮，用鼠标左键单击"设置属性"选项，在弹出的窗口中用鼠标左键单击"外观"选项，勾选"重设字体"复选框并设置不同的字号大小，即可改变输入框的大小。

4. 更换皮肤

用鼠标左键或右键单击输入条上的"扳手"按钮，用鼠标左键单击"更换皮肤"命令组中的某一命令，即可更换输入条的皮肤（外观）。建议使用搜狗输入法的"默认皮肤"。

5. 应用软键盘

用鼠标左键单击输入条上的软键盘中的"软键盘（Ctrl＋Shift＋K）"按钮，弹出软键盘，如图 3-6 所示。若想隐藏屏幕上的软键盘，只需再次用鼠标左键再单击一次输入条上的软键盘即可。

图 3-6 软键盘

软键盘除了与硬键盘有同样的主键盘区和功能外，还具有输入特殊符号和其他字母符号的功能。用鼠标右键单击输入条上的软键盘，会弹出特殊功能键盘列表，如图 3-7 所示。选择其中任意一种键盘，屏幕上就会显示该功能的软键盘。如图 3-8 所示即是一个能够输入各种符号的标点符号软键盘。需要注意的是，当用完某一特殊功能的软键盘后，必须返回 PC 键盘。

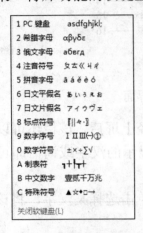

图 3-7　各种特殊功能键盘列表　　　　图 3-8　标点符号虚拟键盘

§3.3　德深鼠标输入法

德深鼠标输入法是一种以汉字笔画和汉语拼音为基础的输入方法，既可以输入汉字，也可以输入英文字母或其他字符。该输入方法操作简单、方便实用，不必使用键盘，只需用鼠标左键单击就可以满足所有输入需求。

3.3.1　笔画输入

1. 笔画输入规则

按汉字书写顺序输入笔画，怎么写字就怎么输入汉字。

2. 程序界面及相关说明

德深鼠标汉字输入法应用程序操作界面如图 3-9 所示。

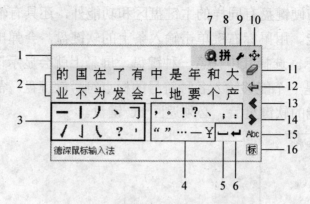

图 3-9　德深鼠标汉字输入法操作界面

（1）输入栏　显示输入的笔画。当输入的汉字已经上屏后，该栏还可以显示下一个联想汉字或词语，直接用鼠标左键单击该栏中显示的汉字或词语即可快速输入。

（2）汉字窗　显示汉字。在汉字窗中用鼠标左键单击选择某汉字，将该汉字输入文档或文本框中。

（3）笔画键　包含"一、丨、丿、丶、乛"五个基本笔画。按汉字书写顺序输入笔画即可输入汉字；"?"代表任何一笔；"'"录入词组时用于分隔单字拼音。

（4）标点　包含常用的 12 个标点符号，用鼠标左键单击即可直接输入。

（5）空格　用鼠标左键单击该符号实现空格输入。

（6）回车　用鼠标左键单击该符号实现回车输入。

（7）搜索选中的文本　在已经输入的汉字中，用鼠标左键选取想要搜索的字或词，然后用鼠标左键单击该图标即可对被选中的汉字或词语进行网上搜索。

（8）切换到拼音输入模式　用鼠标左键单击该按钮即可切换到拼音输入方式。

（9）设置　对该输入法的一些基本参数进行设置。

（10）移动　用鼠标左键拖拽该按钮可以移动该输入界面。

（11）清除　清除输入栏里所有内容。

（12）退格/删除　逐步删除用户已输入的笔画。

（13）向前翻　使界面内容向前翻页。

（14）向后翻　使界面内容向后翻页。

（15）字母　输入英文大小写字母。

（16）标点　输入各种标点。

3．基本笔画及笔画样式

（1）基本笔画及样式示例　五个基本笔画及笔画样式见表 3-1。

表 3-1　五个基本笔画及笔画样式

基本笔画	一	丨	丿	、	乛
代表的书写笔画	一 ✓	丨 ⎸	丿	、 丶	乛フ乁乙凵乚乀乁ㄣㄋ乁乛乁ㄋ （除丨外所有带弯折钩的笔画）

（2）实例练习

"德"　丿　丿　丨　一　丨　丨　　　德
"深"　、　、　一　、　乛　　　　　深
"输"　一　乛　丨　一　丿　、　　　输
"入"　丿　、　　　　　　　　　　　入
"法"　、　、　一　一　丨　一　　　法

（3）输入技巧

① 直接输入该字的笔画。

例如，"儿、七、几、九、义、及、久"等字，直接输入该字的笔画。

② 词组通过智能联想输入。

联想字在输入过程中优先显示。例如，输入"我"字后，"们的爱是在和"等能和"我"字组词的字会优先显示。

4．笔画及笔顺容易错的汉字

在使用德深鼠标汉字输入法输入汉字时，笔画及笔顺容易错的汉字部首见表 3-2～表 3-5。

表 3-2　两个笔画容易错的汉字

汉字	规范笔画	例字	汉字	规范笔画	例字
九	丿乛	杂旭鸠轨氿	乃	乛丿	盈孕仍扔秀
七	一乛	柴切	匕	一乛	比皆切顷倾
匕	一乛	疑旨化指仑	力	乛丿	加边办动功
阝	乛丨	陈都险防限	卩	乛丨	却叩卫即卸
丷	、丿	敝火米半美	冫	、一	冷净将将脊匀
宀	、乛	农军浓沈鹤	廴	乛、	建延健廷颐
几	丿乛	饥极风凡朵	卩	乛丿	迎昂卯卵仰
丩	乛丨	收叫纠	乛	乛一	叼
了	乛丨	承丞辽函函	又	乛、	对邓仅戏叉

表 3-3　三个笔画容易错的汉字

汉字	规范笔画	例字	汉字	规范笔画	例字
及	丿𠃌、	汲极岌圾吸	万	一丁丿	迈劢厉方迋
与	一丁一	屿钦写泻	山	丨𠃌丨	崔岁峙峰峻
女	𡿨丿一	如汝好妈姿	纟	𠃋𠃋一	红约续线缔
忄	、、丨	情惊憎惭忙	宀	、、𠃌	字灾宜演挖
丬	、一丨	将奖壮装妆	丬	丨一一	北冀邶
扌	一丨一	把势渐打扫	夂	丿𠃌、	各冬处条务
孑	𠃌丨一	孩孙逊孜孢	彑	𠃌𠃋一	缘象彝互椽
⺌	丨、丿	当常光倘敞	⺌	、、丿	兴学誉举觉
小	丨丿、	尖尘少沙抄	氵	、、一	活海法江沈
犭	丿𠃌丿	狼狗狠犹猪	弓	𠃌一𠃌	费张佛弗弱
己	𠃌一𠃌	改忌邔改	己	𠃌𠃋𠃌	改忌邔改
门	、丨𠃌	们闷闹问闻	马	𠃌𠃋一	冯骑闯驱骏
卩	𠃌丨一	卯柳卿	叉	𠃋、、	汉权蚤搔
辶	、𠃌丶	这边遇随远	之	、𠃌丶	泛乏芝
卪	丿𠃌一	印	义	、丿、	仪舣
尢	一丿𠃌	尴尬尬尤龙	𠘧	丿𠃌𠃋	饭饥饱馄饨
也	𠃌丨𠃌	他驰池她弛	习	𠃌、一	栩羽翼翠诩
卂	𠃌一丨	迅讯	飞	𠃌𠃋、	

表 3-4　四个笔画容易错的汉字

汉字	规范笔画	例字	汉字	规范笔画	例字
车	一𠃌丨一	轻转渐渐软	车	一𠃌一丨	连轰侟
牜	丿一丨一	特物牡牺犒	牛	丿一一丨	件牟哞荦
火	、丿丿、	爆炒烦燊伙	片	丿丨一𠃌	牌版牍牖
方	、一𠃌丿	仿舫施旋旗	爿	𠃌丨一丿	戕奘将状
攵	丿一𠃌、	散攸攻枚撒	牙	一𠃌丨丿	雅伢挪邪迓
为	、丿𠃌、	伪妫沩	办	𠃌丿、、	协苏
长	丿一𠃌、	伥胀账帐怅	五	一𠃌一一	伍语吾梧牾
丹	丿𠃌、一	彤刑枬	心	、𠃌、、	态槑蕊沁志
水	丨𠃌丿、	淼冰冰函沓	丩	𠃌丨丨丿	虫噛
丑	𠃌丨一	扭扭纽妞忸	巨	一𠃌一𠃌	佢拒柜渠
凶	丿、丶丨	汹	互	一𠃌𠃋一	佤洼
毋	𠃌𠃋丿一	毒	瓦	一𠃌𠃋、	瓶瓴瓸瓱
升	丿一丿丨	昇陞	斤	丿丿一丨	近析忻欣顾
专	一一𠃌、	传砖转	鸟	丿𠃌、𠃌	岛枭凫袅
鸟	丿𠃌𠃌一	鸣鸮坞	止	丨一丨一	此步嘴歧齿
毌	𠃌𠃌丨一	贯惯	少	丨丿、丿	省劣雀

续表 3-4

汉字	规范笔画	例字	汉字	规范笔画	例字
及	㇆丨㇆丶	报服	哥	一丨㇆一	或可哥事速
尸	㇆丨一丿	眉媚鹛鄙湄	邑	㇆丨一㇆	把肥吧邑色

表 3-5　五个笔画以上容易错的汉字

汉字	规范笔画	例字	汉字	规范笔画	例字
出	㇄丨丨㇄丨	屈枭咄拙	母	㇆㇆丶一丶	每驰侮姆繁
皮	㇆丿丨㇏丶	披被颇波坡	鸟	丿㇆丶㇆一	鸡鸭鹅鸵鹳
癶	㇇丶丿㇏	登癸揆	㐬	丿㇆丶㇆	留贸溜榴遛
永	丶㇆㇙丿丶	咏泳	民	㇕一㇆一㇆	眠岷愍
疋	㇆丨一丨一	疏蔬疎	𠂤	丿丨一一一	段煅
发	㇆㇆丿丶丶	泼	世	一丨丨㇆	泄渫蝶
凹	丨㇆丨㇆一	兕	凸	丨一丨㇆一	
目	丨㇆一一一	官追耤皁	叚	㇆一㇆一	霞假葭
冉	丨㇆一一	再冓	必	丶㇂丶丿	泌秘
亘	一日	惠更匣	可	一口丨	河何舸苛
臼	丿丨一㇆一	毁插鼠臾叟	西	一丨㇆丿㇆	洒迺
兆	丿丶一㇆丿	桃逃姚挑挑	协	一丨㇆丿丶丶	
臣	一丨㇆一㇆	卧臦拒鑑	臣	一丨口一㇆	熙颐赜配苣
舟	丿丿㇆一丶	船般航盘艇	那	㇆一一丨阝	哪娜
⺌	丷丨㇆丨丨丶	敝弊蔽	镸	一丨一一厶	肆鬓欹
非	丨一一丨一一	绯悲辈	过	一丨丶辶	挝
朿	一丨㇆丶丿一丨丿	谏練	里	日丨一一	量俚埋捏锂
兜	白丿㇆㇆一儿	菟	垂	千卄一	捶锤
卵	丿㇆丶丿㇌	孵	求	一丨丶一丿丶丶	救俅球
氺	冫人丿丶	脊瘠	重	丿一日丨一一	董嫸锤

5. 设置的详细说明

用鼠标左键在应用程序操作界面上单击"设置"按钮,出现如图 3-10 所示界面。

(1) 软键盘　用鼠标左键单击设置选项中的"软键盘"选项,在子命令中选择一种键盘方式,如图 3-11 所示。

(2) 快速切换　用鼠标左键单击设置选项中的"快速切换"选项,在子命令中选择一种输入方式,如图 3-12 所示。

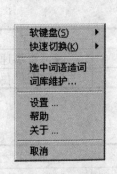  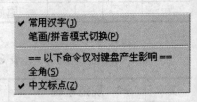

图 3-10 设置选项　　　　图 3-11 软键盘样式　　　　图 3-12 快速切换选项

① 常用汉字。在该方式下输入的汉字为简体常用汉字。

② 大字库集。在该方式下输入的汉字包括繁体汉字。

③ 全角。用键盘输入时，勾选该选项为全角模式下输入，没有勾选该选项为半角模式下输入。

④ 中文标点。用键盘输入时，勾选该选项为中文标点输入，没有勾选该选项为英文标点输入。

（3）选中词语造词　在文档中选中已经输入的词语，然后用鼠标左键单击该选项，系统便会自动对选中的内容造词，并根据选中的内容分别出现造词成功或失败的提示，如图 3-13 所示。

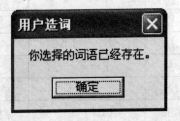 

图 3-13 词语造词提示

（4）词库维护　该功能可以对用户自定义的词库进行维护。操作界面如图 3-14 所示。

① 删除选中：删除选中的词语。

② 上移：将选中的词组向上移动。

③ 下移：将选中的词组向下移动。

④ 保存词库：对操作后的词库进行保存。

⑤ 增加词库：完成对大量自定义词库的增加。导入文件格式为.txt。

⑥ 备份词库：对词库中的内容进行备份，保存格式为.txt。

⑦ 恢复词库：对已经备份的词库进行恢复。

⑧ 增加词条：在文本框中增加词语后，用鼠标左键单击该按钮可完成对词条的增加。

（5）设置 "设置"选项用于对全/半角、中/英文标点、外挂版退出时询问用户确认、词组排序采用词语长度从短到长排序、光标跟随以及对所使用的搜索引擎的设置，其界面如图 3-15 所示。

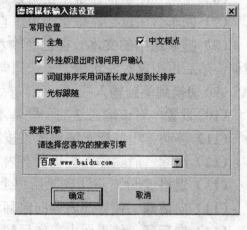

图 3-14　词库维护操作界面　　　　图 3-15　输入法设置界面

（6）帮助 该部分详细介绍了该输入法的相关内容。

（7）关于 该部分包括制作团体、用户反馈、最新信息和许可协议等。

3.3.2　拼音输入

1．程序界面及相关说明

德深鼠标拼音输入操作界面如图 3-16 所示。

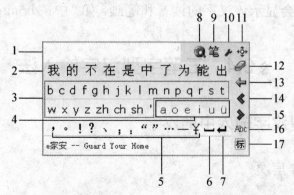

图 3-16　德深鼠标拼音输入操作界面

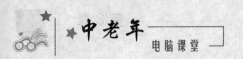
（1）输入栏　显示输入的拼音。当输入的汉字已经上屏后，该栏清空。

（2）汉字窗　显示汉字。在汉字窗中用鼠标左键单击某汉字，将该汉字输入文档或文本框中。

（3）声母键　包含 23 个声母和一个拼音分隔符。

（4）单韵母键　包含 6 个单韵母。

（5）常用标点　包含常用的 12 个标点符号，用鼠标左键单击即可直接输入。

（6）空格　用鼠标左键单击可以直接输入空格。

（7）回车　用鼠标左键单击可以直接输入回车。

（8）搜索选中的文本　在已经输入的汉字中，用鼠标左键选取想要搜索的字或词，然后再用鼠标左键单击该按钮即可对被选中字或词进行搜索。

（9）切换到笔画输入模式　用鼠标左键单击该按钮即可切换到笔画输入方式。

（10）设置　对该输入法的一些基本参数进行设置，设置方法与笔画输入相同。

（11）移动　用鼠标左键拖拽该按钮可以移动该输入界面。

（12）清除　清除输入栏里所有内容。

（13）退格/删除　逐步删除用户录入的笔画。

（14）向前翻　使界面内容向前翻页。

（15）向后翻　使界面内容向后翻页。

（16）字母　使用户可以输入英文大小写字母。

（17）标点　使用户可以输入各种标点。

2．拼音输入规则

先选择声母，然后选择单韵母，再根据单韵母所提示的复韵母，如图 3-16 中 5、6、7 位置所示。当选择完复韵母后又会重新显示常用标点符号、空格和换行符等。

无论笔画输入或是拼音输入，在德深鼠标输入法中将鼠标移到待选汉字上，在操作界面下方均会显示该汉字的读音和笔画，如"中：zhōng；zhǒng │ 丨一丨"。

§3.4　五笔字型汉字输入法

3.4.1　五笔字型汉字输入中的汉字

1．汉字的三个层次

中文汉字不是拼音文字，而是用各种方法组合起来的文字，在组合的过程中，形成了汉字的三个层次，即一个个的汉字为第一个层次；组成每个汉字的字根（也叫字元）为第二个层次；组成字根的每一笔画为第三个层次。例如，汉字"李"字由字根"木"和"子"组成；而字根"木"又由笔画"一"、"丨"、"丿"、"、"组成。

2．汉字的五种笔画

在五笔字型汉字输入法中规定汉字由五种笔画组成。汉字中的"提"笔画归到"横笔画"中，而"竖左钩"笔画则归到"竖"笔画中。

横1	竖2	撇3	捺4	折5
一	丨	丿	、	乛

3．汉字的三种结构

在五笔字型汉字输入中将汉字的结构分为以下三种。

（1）左右型（一型） 例：汉、邓。

（2）上下型（二型） 例：字、李。

（3）杂合型（三型） 例：电、国、园、进、连。

3.4.2 基本字根和字根键盘

在五笔字型汉字输入法中共设计了 130 余个基本字根，并将这些基本字根科学地分配到了键盘上。

1．基本字根

（1）一些字根由汉字组成 例：王、土、大……

（2）一些字根就是偏旁部首 例：邓、打……

（3）一些字根是生造出来的 例：祖、补中的部分字根。

2．字根键盘

在五笔字型汉字输入中按照横、竖、撇、捺、折将键盘分成了五个区，五笔字型字根键盘如图 3-17 所示。

ASDFG 五个键为一区：G11 F12……A15。

HJKLM 五个键为二区：H21 J22……M25。

TREWQ 五个键为三区：T31 R32……Q35。

YUIOP 五个键为四区：Y41 U42……P45。

NBVCX 五个键为五区：N51 B52……X55。

① 首笔单笔画与区号一致，次笔单笔画与位号一致。例：王、土、大。

② 字根与键名字形态相近，与主要字根渊源一致。例：心与懒、手与打。

③ 由单笔画组成的字根数目与位号一致。例：横区中的一在一位、二在二位、三在三位……

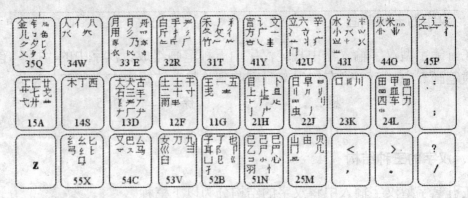

图 3-17 五笔字型字根键盘

3. 字根助记词

为了帮助初学者记忆五笔字型字根键盘中的基本字根，五笔字型汉字输入的研制者编了如下 25 句字根助记词。其中有几句为复句。

11. G 王旁青头戈五一 12. F 土士二干十寸雨 13. D 大犬三羊古石厂

14. S 木丁西   15. A 工戈草头右框七 21. H 目具上止卜虎皮

22. J 日早两竖与虫依 23. K 口与川，字根稀 24. L 田甲方框四车力

25. M 山由贝，下框几 31. T 禾竹一撇双人立，反文条头共三一

32. R 白手看头三二斤 33. E 月衫乃用家衣底 34. W 人和八，三四里

35. Q 金勹缺点无尾鱼，犬旁留叉儿一点夕，氏无七

41. Y 言文方广在四一，高头一捺谁人去   42. U 立辛两点六门病

43. I 水旁兴头小倒立 44. O 火业头，四点米 45. P 之宝盖，摘示衣

51. N 已半巳满不出己，左框折尸心和羽   52. B 子耳了也框向上

53. V 女刀九臼山朝西   54. C 又巴马，丢失矣

55. X 慈母无心弓和匕，幼无力

3.4.3 五笔字型汉字输入规则

1. 键面上有的汉字输入

（1）键名字的输入 键名字的输入方法是：将键名字"王土大木工目日口B

山禾白月人金言立水火之已子女又"所在的键连击四下，如王—GGGG、女—VVVV、金—QQQQ。

（2）成字根的输入　除了键名字以外能独立成为汉字的字根叫成字根，如 1 区 2 位上的"士"、"二"、"干"、"十"、"寸"、"雨"。成字根汉字的输入方法是：报户口（即将成字根所在键击一下）→首笔单笔画→次笔单笔画→末笔单笔画（不够四键的补空格键），如"石"DGTG、"厂"DGT 空格。

（3）"乙"字的输入　"乙"字的输入方法是：报户口→报户口→L→L 或报户口→报户口→L→空格。

2．键面上没有的汉字输入

（1）拆字规则

① 书写顺序。如："连"LPK。

② 取大优先。如："平"GUH。

③ 能连不交。如："天"GD。

④ 兼顾直观。如："自"THD。

（2）输入规则

① 超过四键：按 1、2、3、末输入。例："赣"UJTM。

② 正好四键：按 1、2、3、4 输入。例："照"JVKO。

③ 不够四键：一般可按空格，如所要字出不来，需补打一个"末笔字型识别码"。例："杜"SFG、"齐"YJJ、"等"TFFU。

末笔字型识别码由末笔码和字型码两部分组成。末笔码是指某汉字的最后一笔画是横、竖、撇、捺、折中哪一个笔画，并用数字 1、2、3、4、5 表示对应的笔画；字型码是指某汉字属于三种字型结构中的哪一种，并用对应的数字 1、2、□ 表示对应的结构。例如，"杜"字末笔为横，字型结构为左右型，因此"杜"字□末笔字型识别码为 11（G），"杜"字的完整五笔字型汉字输入编码即 SFG。

.4.4　五笔字型的快速输入

1．简码字输入

（1）一级简码汉字　一级简码汉字由"一地在要工上是中国同和的有人我主□不为这民了发以经"25 个汉字组成。由于一级简码汉字在文章中出现的频率较□，因此，也将一级简码汉字称为高频字。一级简码汉字的输入方法是将一级简□汉字所在键击一下，再按一个空格键，该汉字即被输入计算机。

（2）二级简码汉字　二级简码汉字共有 625 个，由下面两种状况组成。

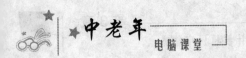
① 一般两个字根的汉字属于二级。例：汉、字、邓……

② 有些常用超过两个字根的汉字也被列入二级简码汉字。例：给、说、进、就、行……

二级简码汉字的输入方法是将组成二级简码汉字的前两个字根输入后，再按一个空格键，该汉字即被输入到计算机中。

（3）三级简码汉字　三级简码汉字共有 15 625 个，三级简码汉字由下面两种状况组成。

① 一般三个字根的汉字属于三级。例：华……

② 有些常用超过三个字根的汉字也列入三级简码汉字。例：给……

三级简码汉字的输入方法是将组成三级简码汉字的前三个字根输入后，再按一个空格键，该汉字即被输入计算机中。

2．词输入

（1）两字词　将两个汉字前两个字根输入。例："微机"TMSM。

（2）三字词　前两字各打第一个字根，后一字打前两个字根。例："计算机" YTSM。

（3）四字词　每个字各打第一个字根。例："提高警惕"RYAN。

（4）多字词的输入　按 1、2、3、末各打第一个字根。例："中华人民共和国"KWWL。

（5）手工造词　用鼠标右键单击五笔字型输入法状态窗口，执行"手工造词"命令，弹出"手工造词"对话框，如图 3-18 所示。在"词语"文本框中输入新建词，如"涛声依旧"。在"外码"文本框中自动显示该新词的外码，用鼠标左键单击"添加"和"关闭"按钮，该新词即保存在计算机中了。若删除该新造词，可在对话框中点选"维护"单选按钮，然后选中该新造词，再用鼠标左键单击"删除"按钮，即可将选中的词从计算机中删除。

图 3-18　"手工造词"对话框

3．键盘指法

实现"盲打"是提高打字速度的基础，而熟练的键盘指法是实现"盲打"的必由之路。在打字键区中间位置的 10 个键为键盘指法的基准键，它们分别是 A、S、D、F、G、H、J、K、L、；。各键与手指的对应关系如图 3-19 所示。

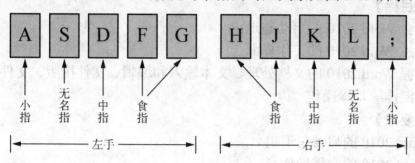

图 3-19　键盘指法基本键位

3.4.5　补充问题

1．关于末笔码的补充

① 当"九"、"刀"、"力"、"匕"在末笔时，用折笔作为末笔，如"叨"KVN。

② 带走之汉字，取走之里面末笔作为末笔，如"连"LPK。

③ 包围型汉字取被围部分末笔作为末笔，如"圆"LKMI。

④ "我"、"咸"一类汉字用撇作为末笔，如"藏"ADNT。

2．关于三型（杂合型）字的补充

由单笔画和一个字根组合成的汉字视为三型字，如"自"THD、"千"TFK。

【本章小结】

本章较详细地讲解了搜狗拼音输入法、德深鼠标输入法和五笔字型汉字输入法三种计算机文字输入方法。为便于中老年朋友掌握这些汉字输入方法，在每一种操作中都采用了一些实例来说明。在学习时既要根据自身特点，选择一种最适合自己学习的汉字输入方法，又要突出重点，找到自己在计算机文字输入过程中存在的薄弱环节。学有余力的中老年朋友，还可以多学习一些本章各部分内容中介绍的一些汉字输入技巧，同时多练一练键盘指法，掌握了这些汉字输入技巧和初步具有较熟练的键盘指法后，中老年朋友输入汉字速度的就会越来越快。

本章介绍的三种计算机文字输入方法，均可在网络上免费下载并安装使用。

第 4 章　字表处理软件 Word 2010

【学习目标】
➢ 学会 Word 2010 的启动与退出
➢ 熟悉 Word 2010 的工作界面
➢ 掌握 Word 2010 的文档处理、文本输入和编辑、文件排版、文件表格和图文混排等基本操作

【知识要点】
◆ Word 2010 的启动与退出
◆ Word 2010 的文档操作
◆ Word 2010 的文本输入和编辑
◆ Word 2010 的文档排版
◆ Word 2010 的表格处理
◆ Word 2010 的图文混排和艺术字处理
◆ Word 2010 文档的高级编排

§4.1　Word 2010 的启动与退出

4.1.1　Word 2010 的启动

Word 2010 的启动同 Windows 7 操作系统中启动其他应用程序一样，也有多种方法。

1. 从"开始"菜单启动

执行"开始"|"所有程序"|"Microsoft Office"|"Microsoft Word 2010"命令。

2. 从桌面上启动

用鼠标左键双击桌面上已创建快捷方式的 Word 2010 应用程序的快捷图标。

3. 从任务栏锁定的 Word 2010 应用程序启动

用鼠标右键单击任务栏上锁定的 Word 2010 图示，在弹出的快捷菜单中执行

"Microsoft Word 2010"命令。

4．从"运行"对话框启动

执行"开始"|"所有程序"｜"附件"｜"运行"命令，弹出"运行"对话框，如图 4-1 所示。在"打开"文本框中输入"WINWORD"，用鼠标左键单击"确定"按钮。

图 4-1　"运行"对话框

4.1.2　Word 2010 的退出

同 Windows 7 操作系统中其他应用程序一样，Word 2010 应用程序的退出也有多种方法。

1．使用"关闭"按钮退出

用鼠标左键单击 Word 2010 应用程序窗口右上角的"关闭"按钮，如果已对应用程序中的文件进行了操作，系统将弹出询问是否将该文件保存的对话框，如图 4-2 所示。此时，用鼠标左键单击"保存"或"不保存"按钮，都将退出 Word 2010 应用程序；若用鼠标左键单击"取消"按钮，则将取消退出应用程序的操作。

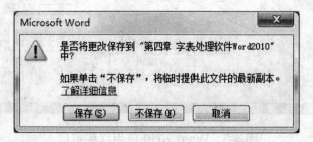

图 4-2　确认文档是否保存对话框

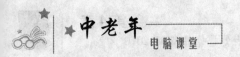

2．使用"退出"命令退出

执行"文件"|"退出"命令，若已对应用程序中的文件进行了操作，系统也会弹出如图 4-2 所示的对话框。通过用鼠标左键单击"保存"或"不保存"按钮，退出 Word 2010 应用程序。

3．使用任务栏上的 Word 图标退出

用鼠标右键单击任务栏上的 Word 图标，在弹出的快捷菜单中执行"关闭所有窗口"命令，若已对应用程序中的文件进行了操作，系统也会弹出如图 4-2 所示的对话框。通过用鼠标左键单击"保存"或"不保存"按钮，退出 Word 2010 应用程序。

4．使用组合键退出

在 Windows 7 中，所有的应用程序和窗口都可以使用 Alt＋F4 组合键退出。退出时，若已对应用程序中的文件进行了操作，系统也会弹出如图 4-2 所示的对话框。通过用鼠标左键单击"保存"或"不保存"按钮，退出 Word 2010 应用程序。

4.1.3　Word 2010 应用程序的工作界面

Word 2010 应用程序窗口如图 4-3 所示。

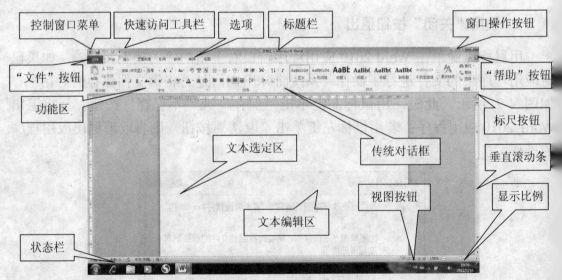

图 4-3　Word 2010 应用程序窗口

"文件"按钮——用鼠标左键单击该按钮，在弹出的菜单中可以对文档执行新建、保存、打印等操作。

快速访问工具栏——该工具栏集成了多个常用工具，默认状态下包括"保存"、"撤销"、"恢复"等工具。根据需要可以向快速访问工具栏中添加"常用工具"或"不在功能区中的工具"，也可以将添加到快速访问工具栏中的工具删除。

标题栏——显示文件的标题和类型。

窗口操作按钮——进行窗口的最小化、最大化（向下还原）和关闭操作。

"帮助"按钮——用鼠标左键单击该按钮，可以打开相应的帮助窗口。

选项——用鼠标左键单击相应的选项，可以切换到相应选项，不同选项提供了不同的操作功能。

功能区——在每个选项下均划分了不同的功能区，在各个功能区中集成了不同的功能图标。

文本工作区——对文档进行编辑、排版等操作的区域。

文本选定区——文本选定区在文本工作区的左侧，鼠标由工作区向左移动过程中，当鼠标指针形状由"I"变为"⬧"时，就表明已经进入文本选定区了。在文本选定区可以进行选定文本操作。

滚动条——浏览文档的全部内容。

状态栏——显示文件当前的状态信息。

视图按钮——切换到相应的视图方式。

显示比例——控制文件的显示比例。

传统对话框——显示低版本应用程序中的"字体"、"段落"等对话框。

§4.2 Word 2010 的文档操作

Word 2010 中的文件被称做文档。文档操作是 Word 2010 的基本操作。

4.2.1 建立新文档

1. 建立空白文档

启动 Word 2010 时，系统会自动建立一个名为"文档 1"的空白文档。在操作过程中，用户还可以随时新建一个空白文档。执行"文件"|"新建"命令，在打开的"可用模板"设置区中选择"空白文件"选项，用鼠标左键单击"创建"按

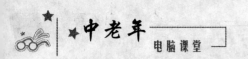

钮，或者直接用鼠标左键双击"空白文件"选项，即可新建一个空白文档。新建一个文档后，Word 2010会自动给该文档暂时命名为"文档2"、"文档3"……用户在保存文件时，可以将其更改为一个有意义的名字。

2. 利用模板和向导新建文档

模板是一类特殊的文档，是Word 2010提供的一些按照应用文规范建立的文档。在其中已经填写了相关文体的通用文字，并定义了标题格式、背景图案和少量表格等。使用模板新建文件，可以快速得到已经填写了部分内容的文件，达到减轻文字输入负担、规范文档格式的目的。

向导是一类特殊的模板，由一系列对话框组成，用户只要按照指定步骤逐一完成，就可以得到符合要求的文档。

(1) 使用各类模板创建文档

① 利用"可用模板"创建。执行"文件"|"新建"命令，在打开的"可用模板"设置区中选择一个模板，如图4-4所示的"书法字帖"。用鼠标左键双击该模板，弹出该模板操作窗口，如图4-5所示。在"字体"区域设置字体、排列顺序；在"字符"区域左边"可用字符"列表中选择所要的文本，用鼠标左键单击"添加"按钮或用鼠标左键双击选择的文本，将其送到右边"已用字符"方格中，用鼠标左键单击"确定"按钮，即可快速创建一个书法字帖文档，如图4-6所示。

书法字帖

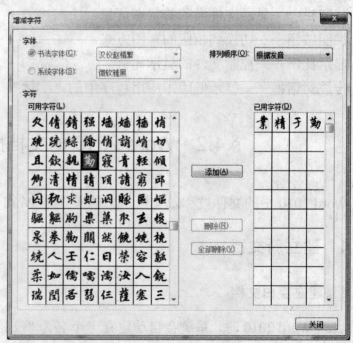

图4-4　可用模板　　　　　　　　图4-5　可用模板操作窗口

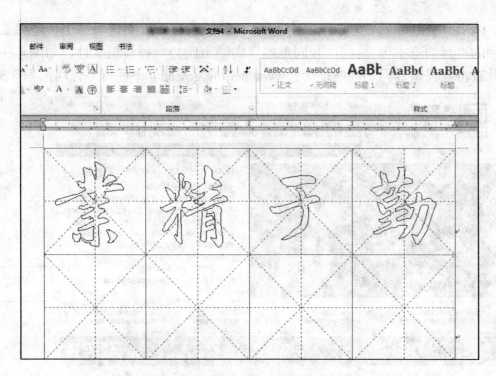

图 4-6 用可用模板创建的文档

② 利用"Office.com 模板"创建。与计算机网络连接，执行"文件"|"新建"命令，在打开的"Office.com 模板"设置区中选择一个模板，如图 4-7 所示的"日历"。用鼠标左键单击"下载"按钮，在计算机网络中进行下载并进行相应操作，利用"Office.com 模板"创建的日历文档如图 4-8 所示。

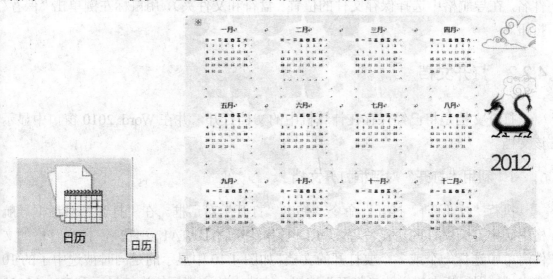

图 4-7 日历模板　　　　**图 4-8 利用"Office.com 模板"创建的文档**

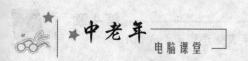

③ 利用相关网站下载模板创建。在计算机网络一些相关网站上，提供了一些常用的"合同范本"。这些"合同范本"实际上就是一种模板文件。如图 4-9 所示的北京市人民政府网站（网址为：www.beijing.gov.cn）中便有"合同范本"选项。

图 4-9　北京市人民政府网站首页

（2）创建和保存自己的模板文档　创建一个比较规范的含有一些通用文字和固定格式的文档，执行"文件" | "另存为"命令，在"另存为"对话框保存类型列表中选择"Word 模板"，在文件名列表框中输入或在文件名列表中选择一个文件名，在导航格中选择保存文件的位置（盘符和文件夹），用鼠标左键单击"保存"按钮。

4.2.2　打开文档

打开文档是将已经保存在计算机中的文档打开，并在 Word 2010 窗口中显示该文档。

1. 利用"打开"对话框打开文档

执行"文件" | "打开"命令，弹出"打开"对话框。在"打开"对话框导航格中确定打开文件的所在位置，如 D 盘作业素材 DATA1 文件夹，在内容格的文件清单中选择一个或多个要打开的文档，如图 4-10 中显示的是同时被选中了的 10个文档。用鼠标左键单击"打开"按钮。被选中的文档便依次被显示到 Word 2010的窗口中。

图 4-10 "打开"对话框

在 Word 2010 文档窗口中，一般只需显示一个文档，并允许对其进行操作。如若对其他已经打开的文档进行浏览或操作，可用鼠标左键单击任务栏上图标区域中的 Word 图标，在打开横向显示的预览窗口中用鼠标左键单击相应文档即可。选择"视图"选项卡"窗口"功能区"新建窗口"选项，可以打开一个包含当前文档的新窗口，以进行"并排查看"等操作。

2．打开最近操作过的文档

Word 2010 具有记忆功能，可以将最近几次使用的文档名称保存在指定位置。

执行"文件"|"最近所用文件"命令，弹出最近使用的文档操作界面，如图 4-11 所示。在"最近使用的文档"区域列出了最近打开并操作过的文档，在"最近的位置"区域列出了最近使用文档所在的文件夹。用鼠标左键单击某个文档名称，即可打开该文档。对于相对固定操作的文档，可用鼠标左键单击该文档名称右侧的"图钉"图标，将其固定在该区域。选择"最近使用的文档"区域的"快速访问此数目的'最近使用的文件'"选项（可设定数目 n[1]，默认为 4 个文档），将在"文件"列表中显示从上至下 n 个数目的文档名称。

---

1 n—表示任意一个数字，下同。

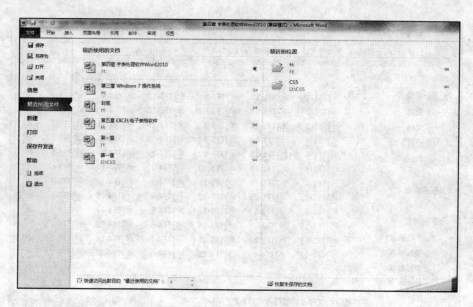

图4-11　最近使用的文档和位置

　　对于经常操作的文档，还可以用鼠标左键单击快速访问工具栏右端下拉按钮，在弹出的下拉列表中选择"打开最近使用过的文件"选项，在快速访问工具栏上新增加一个"打开最近使用过的文件"按钮。用鼠标左键单击该按钮，即可快速进入"文件"|"最近所用文件"选项中。

3. 以只读或副本方式打开文档

　　为了保护Word 2010文档不被修改，可以选择以只读方式或副本方式打开文档。以只读方式打开文档时，如果在编辑过程中对文档进行了修改，则在保存文档时不允许以原来的文件名保存文档。以副本方式打开文档是在原文档所在的文件夹中创建原文档的一个副本，并将其打开。以副本方式打开的文档带有"副本"字样，对副本所做的任何修改都不会影响到原始文档的内容。

　　以只读方式或副本方式打开文档的方法步骤如下。

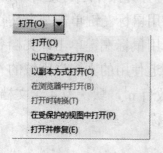

图4-12　选择不同的文档打开方式

　　① 执行"文件"|"打开"命令，弹出"打开"对话框。

　　② 在对话框中选中需要打开的文档。

　　③ 用鼠标左键单击"打开"下拉按钮，在弹出的下拉列表中用鼠标左键单击"以只读方式打开"或"以副本方式打开"选项，如图4-12所示。选中文档即以只读方式或以副本方式打开。

4.2.3 保存文档

保存文档是一项十分重要的工作，因为用户所做的编辑工作都是在内存中进行的，一旦计算机突然断电或者系统发生意外而非正常退出 Word 2010，这些内存中的信息将无法得到，所做的操作也可能付诸东流了。为了永久地保存所创建的文档，就应该及时将它们保存到磁盘上。

1. 保存新建的文档

执行"文件"|"保存"、"另存为"命令或者单击快速访问工具栏上的"保存"按钮，弹出"另存为"对话框，如图 4-13 所示。

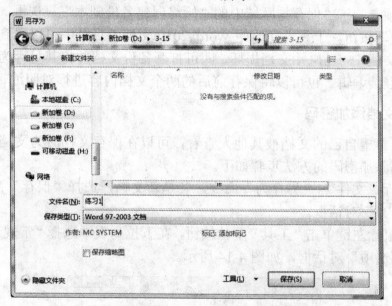

图 4-13 "另存为"对话框

在对话框"文件名"文本框中输入一个新的文件名，如"练习 1"。若不输入，Word 2010 会以"文档 n"作为文件名保存。在导航格中选择保存文档的位置（盘符和文件夹），如 D 盘 3-15 文件夹。在"保存类型"列表框中选择一种文件类型，如"Word 97-2003 文档"。最后用鼠标左键单击"保存"按钮，新建文档即被保存到磁盘指定位置上了。

2. 保存已有的文档

如果当前编辑的文档已经被保存过，在操作的过程中还可以随时保存。执行"文件"|"保存"命令或用鼠标左键单击快速访问工具栏上的"保存"按钮，Word 2010 将不再弹出"另存为"对话框。文档被又一次保存后，仍然处于编辑状态，

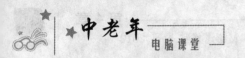

可以继续对其进行编辑。为使系统自动保存正在编辑中的已有文档，可执行"文件"｜"Word 选项"命令，在弹出的"Word 选项"窗口中选择"保存"选项卡，将"保存自动恢复信息时间间隔"右边数值框中的时间设置为 5 分钟较为合适。用鼠标左键单击"确定"按钮，系统便每隔 5 分钟自动保存文档一次。

3．自动创建备份文档

一个文档需要经过多次修改才能定稿。在定稿过程中，又需要多次保存该文档。每一次保存，修改后的文档内容都将覆盖修改前的文档内容。能否在保存新内容时将旧内容也同时保留呢？利用 Word 2010 自动创建备份文档功能，可以做到这一点。

执行"文件"｜"Word 选项"命令，弹出"Word 选项"窗口。在窗口中选择"高级"选项卡勾选"保存"区域中的"始终创建备份副本"复选框。用鼠标左键单击"确定"按钮。于是，在原始 Word 2010 文档的目录中可以看到自动创建的 Word 备份文档。一旦原始文档损坏，即可打开备份文档并将其另存为一个正常的 Word 文档继续编辑。也可以将保存前后的两个文档内容进行对照编辑。

4．为文档添加密码

如果不希望自己的文档被其他人查看，可以在保存文档时为文档添加一个密码。为文档添加密码的方法步骤如下。

① 执行"文件"｜"另存为"命令，若是新文档，选择"保存"命令也可以。弹出"另存为"对话框。

② 用鼠标左键单击"工具"下拉按钮，在下拉列表中选择"常规选项"选项，弹出"常规选项"对话框，如图 4-14 所示。

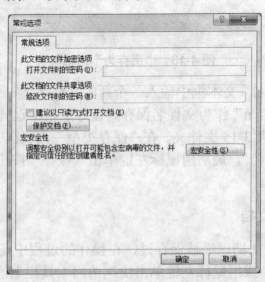

图 4-14　"常规选项"对话框

③ 在"打开文件时的密码"文本框中输入打开文档密码。密码可以是字母、数字、空格和符号的任意组合，最多可以输入 15 个字符。如果选择高级选项，还可以使用字符数更多的密码。

在"修改文件时的密码"文本框中输入修改文件密码。该密码的作用是允许用户打开文档，但不允许对该文档进行修改。

④ 用鼠标左键单击"确定"按钮，系统先后弹出两个要求确认密码的对话框，如图 4-15 所示的是要求确认打开文档时的密码窗口。按要求在"确认密码"对话框中再一次输入与打开文档和修改文档时密码相同的密码，用鼠标左键单击"确定"按钮。当返回"另存为"对话框后，再用鼠标左键单击"保存"按钮，即可将有密码的文档保存起来。以后打开该文档时，就会出现如图 4-16 所示的"密码"对话框。在"请键入打开文件所需的密码"文本框中输入正确的密码，然后用鼠标左键单击"确定"按钮才能打开该文档。

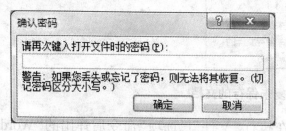

图 4-15 "确认密码"对话框

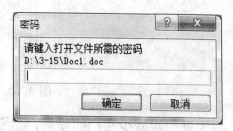

图 4-16 "密码"对话框

5. 将 Word 文档保存为 PDF 格式的文档

PDF 格式可以在任何操作系统中使用。这一特点使它成为在 Internet 上进行电子文件发行和数字化信息传播的理想文件格式。

在 Word 2010 中将已编辑好的文档打开，执行"文件"|"保存并发送"|"创建 PDF/XPS"命令，弹出"发布为 PDF 或 XPS"对话框。在对话框中对文档命名后，用鼠标左键单击"发布"按钮。

4.2.4 文档的恢复

方法一： 在编辑文档时，一旦遇到意外错误造成文档突然关闭，可以在下一次启动 Word 2010 时，执行"文件"|"最近所用文件"命令，用鼠标左键单击最近使用的文档操作界面中"恢复未保存的文档"按钮，如图 4-17 所示。就可以将已经"丢失了"的文档恢复，从而使文档的损失降到最低程序。

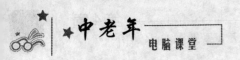

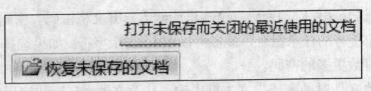

图 4-17　恢复未保存的文档

方法二：执行"文件"|"信息"命令，用鼠标左键单击"管理版本"下拉按钮，在下拉列表中选择"恢复未保存的文档"选项，如图 4-18 所示，弹出"打开"对话框。在对话框中选择未保存文件后，用鼠标左键单击"打开"按钮，未保存的文档即显示在文档窗口中供继续编辑。

图 4-18　恢复未保存的文档

　　为进一步减少文档的损失，还应该在执行"文件"|"选项"命令后弹出的"Word 选项"窗口选择"保存"选项，将"如果我没保存就关闭，请保留上次自动保留的版本"选项选中。

4.2.5　文档的打印

　　一篇文档经过文本输入、编辑和排版后，一般都要打印到纸张上，供阅读和保存。

1．打印预览

　　为了查看打印效果，可以在文档正式打印之前，对文档进行打印预览，发现有不满意的地方，随时修改，以节省纸张和时间。

　　执行"文件"|"打印"命令，进入打印和打印预览操作界面，如图 4-19 所示。该操作界面由左右两部分组成，左边为设置打印选项部分，右边为打印预览窗口。在打印预览窗口中，随着显示比例的调整，既可以单页预览，也可以多页预览。

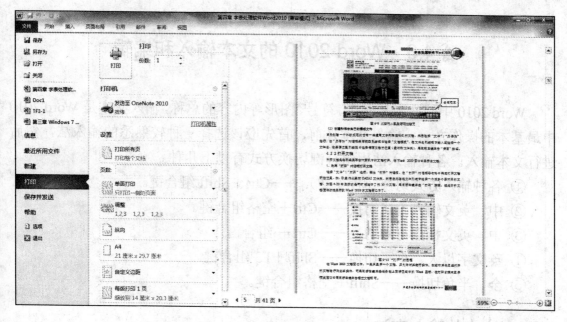

图 4-19　打印和打印预览操作界面

选择"开始"选项卡，返回文档窗口。选择"页面布局"选项卡"页面背景"功能区"页面颜色"选项，改变文档背景颜色，如红色。执行"文件"｜"打印"命令，进入打印和打印预览操作界面，在该操作界面上用鼠标左键单击"页面设置"链接，弹出"页面设置"对话框。在"纸张"选项卡中用鼠标左键单击"打印选项"按钮，弹出"Word 选项"窗口。在"显示"状态下，在"打印选项"区域中勾选"打印背景和图像"复选框。用鼠标左键连续单击"确定"按钮，就可以在预览窗口中看到文档的背景颜色了。

2．打印

在打印和打印预览操作界面左边为设置打印选项部分，主要打印选项如下。

（1）打印机　在列表框中选择或添加打印机及发送打印文件位置。

（2）打印机属性　若添加有打印机，在对话框"完成"选项卡"打印质量"区域中可选择"EconoMode（节省墨粉）"选项，适用于打印对打印要求不高的文档。

（3）份数　该选项用于设置打印份数。利用数字增减按钮调整设置或直接在文本框中输入打印份数。

（4）设置　该选项用于设置打印区域、单双面、多份按页顺序或取消排序、纸张方向、纸张尺寸、调整边距、每版打印页数等。

（5）"打印"按钮　完成各打印选项设置后，用鼠标左键单击"打印"按钮开始打印。

§4.3 Word 2010 的文本输入和编辑

Word 2010 中的文本是文字、符号、图形等内容的总称,输入文本是 Word 2010 中最基本的操作之一。输入文本之前,首先应该选择一种较熟悉的输入法,然后进行文本输入。各种输入法用组合键切换方式有以下几种。

① 各种输入方式切换(含英文)——Ctrl+Shift 组合键。

② 中、英文输入方式切换——Ctrl+空格组合键。

③ 中、英文标点符号切换——Ctrl+·组合键。

④ 英文字母大、小写切换——Shift+F3 组合键。

⑤ 全、半角切换——Shift+空格组合键。

4.3.1 文本的输入方法

1. 插入点定位

插入点是在文档中输入文本的具体位置,形状为一个不断闪烁的竖线,用于定位输入文本的位置。定位插入点的方法有以下几种。

① 用鼠标左键单击定位。

② 用箭头键移动定位。

③ 用快捷键和组合键定位。

a. 将插入点快速移到行首——Home 键。

b. 将插入点快速移到行尾——End 键。

c. 将插入点快速移到文首——Ctrl+Home 组合键。

d. 将插入点快速移到文尾——Ctrl+End 组合键。

④ 用文档导航窗口定位。

a. 在文档中输入几个标题,例如"第一节 ****"、"第二节 ****"……并选中各标题,选择"开始"选项卡"样式"功能区中"标题 2"选项。

b. 选择"视图"选项卡"显示"功能区"导航窗格"选项,打开"导航"窗格。

c. 用鼠标左键拖拽导航窗格中"第四节 ****"到"第二节 ****"位置,观察文档变化。

2．输入文本的基本方法

在空白文档中输入文本时，插入点自动从左向右移动，这样用户就可以连续不断地输入文本了。当到一行的右端时系统将向下自动换行。如果在一行没有输入完就想换一个段落继续输入，需要按一次回车键，这时不管插入点是否到达页面边界，新输入的文本都会从新的段落继续输入。而且，一般情况下每个自然段的首行都会自动缩进两个字符。

在输入文本过程中，难免会出现输入错误，在非选中文本情况下，可以通过以下操作来删除输入错误的文本。

① 按退格键可以删除插入点之前（左边）的字符。

② 按 Delete 键可以删除插入点之后（右边）的字符。

③ 按 Ctrl＋退格组合键可以删除插入点之前（左边）的词。

④ 按 Ctrl＋Delete 组合键可以删除插入点之后（右边）的词。

3．输入特殊文本

在输入文本时有时会遇到键盘上没有的符号和当前的日期与时间等，这些均属于特殊文本。

（1）插入符号　选择"插入"选项卡"符号"功能区"符号"下"其他符号"选项，弹出"符号"对话框，如图 4-20 所示。在"字体"下拉列表中选择一种字体集，如"（普通文本）"；在符号列表框或"近期使用过的符号"列表框中选中要插入的符号，如"★"；用鼠标左键单击"插入"按钮或用鼠标左键双击该符号，该符号即被插入到文档中。操作后要将"符号"对话框关闭。

（2）插入系统日期和时间　选择"插入"选项卡"文本"功能区"日期和时间"选项，弹出"日期和时间"对话框，如图 4-21 所示。在"语言（国家/地区）"下拉列表中选择"中文（中国）"选项；在"可用格式"列表框中选择一种日期或时间格式，如"二〇一二年一月十九日星期四"，用鼠标左键单击"确定"按钮，选中的日期或时间就以指定的格式插入到文档中。

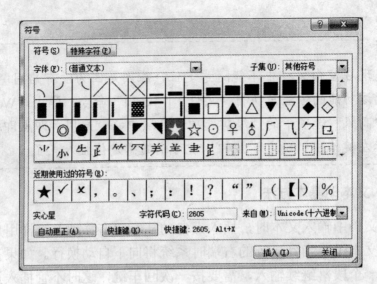

图 4-20　"符号"对话框

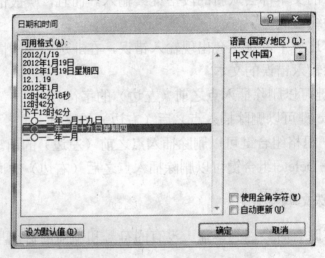

图 4-21　"日期和时间"对话框

(3)插入动态的日期和时间　按 Alt＋Shift＋D 组合键，输入动态的当前日期；按 Alt＋Shift＋T 组合键，输入动态的当前时间。所谓动态的日期和时间，是指用鼠标左键单击输入的动态日期或动态时间后，按 F9 功能键，就可以刷新该动态日期或动态时间。

(4) 插入文档中的文字　选择"插入"选项卡"文本"功能区"对象"下"文件中的文字"选项，弹出"插入文件"对话框，如图 4-22 所示。在对话框导航格中选择插入文档所在位置，如 D 盘作业素材 DATA1 文件夹，在内容格中找到要插入文档，如 TF3-16。用鼠标左键单击"插入"按钮，该文档中的文字即被插入到当前文档中。利用这种方法对原始文档不会造成损坏。

图 4-22　"插入文件"对话框

（5）插入屏幕截图　除当前文档外，再打开一个应用程序窗口。选择"插入"选项卡"插图"功能区"屏幕截图"下"可用视图"选项，即可将该应用程序窗口粘贴到当前文件中。若选择"屏幕截图"功能中的"屏幕编辑"选项，屏幕进入截图编辑状态。此时，用鼠标左键拖拽出一个窗口区域，释放鼠标后，在文档中即可显示被拖拽区域的屏幕截图部分。

（6）给汉字添加汉语拼音　在文档中选中要添加汉语拼音的汉字，选择"开始"选项卡"字体"功能区"拼音指南"选项，弹出"拼音指南"对话框，如图 4-23 所示。用鼠标左键单击"确定"按钮，即可在文档中显示被选中汉字的汉语拼音字母；若用鼠标左键单击"清除读音"按钮，则将已经标注到汉字上方的汉语拼音字母清除。

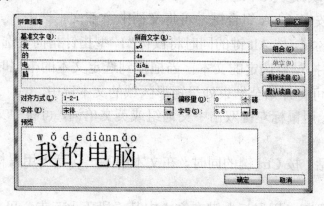

图 4-23　"拼音指南"对话框

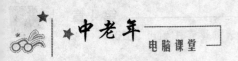

> **小知识：**
>
> Word 2010 预设的输入文本方式为"插入模式"，即在两个文本之间的插入点输入一个文本后，插入点后边（右边）的文本不会丢失。如丢失了，就有可能将"插入模式"改为"改写模式"了。按 Insert 键可以在"插入模式"与"改写模式"之间进行切换。

4.3.2 编辑文本

编辑文本是指对文本内容进行修改。Word 2010 有一套完整的对文本编辑的方法。

1. 选定文本

选定文本是编辑文本中最基本的操作，也是移动、复制、剪切、格式化文本等操作的必要准备工作。在 Word 2010 中可以用鼠标或键盘选定文本。

（1）在文本编辑区选定

① 用鼠标拖拽。将鼠标"I"形指针指向要选定文本的开始处，按住鼠标左键并拖过要选定的文本，当拖拽到选定文本的末尾时，释放鼠标，选定的文本以蓝色背景显示在屏幕上。

② 选定长文本。用鼠标左键在选定文本开始处单击，再利用 Word 窗口中的垂直滚动条移到选定文本结束的位置，按 Shift 键的同时用鼠标左键单击该结束位置，可以将开始位置至结束位置的文本选中。此时，继续按 Shift＋方向键，可以向指定方向扩展或减少文本选区。

③ 全选。按 Ctrl＋A 组合键，可将文档中全部文本选中。

④ 选矩形区域。按 Alt 键的同时将鼠标"I"型指针指向要选定文本的开始处，按住鼠标左键并拖过要选定的文本，当拖拽到选定文本的末尾时，释放鼠标，再释放 Alt 键，即可将开始至结束处呈矩形区域的文本选中。

⑤ 选词组。用鼠标左键双击中文词组或英文单词，可将中文词组或英文单词选中。

⑥ 选一句话。按 Ctrl 键的同时，在文本中某一句话上用鼠标左键单击，可将该句话选中。

⑦ 选一个段落。用鼠标左键在文本中某一段落上三击，可将该段落选中。

⑧ 选不连续的文本。用以上方法之一先选中一个文本后，按 Ctrl 键的同时用

鼠标左键逐个选择（包括拖拽、双击），形成"跳选"文本。

（2）在文本选定区选定　文本选定区在文本编辑区的左侧，鼠标由文本编辑区向左移动过程中，当鼠标指针形状由"Ⅰ"变为"⌐"时，就表明已经进入文本选定区了。在文本选定区中，可以用以下方法选定文本。

① 选一行。用鼠标左键单击文本中某一行的左端，可将该行选中。

② 选一个段落。用鼠标左键双击文本中某一个段落的左端，可将该段落选中。

③ 选多行或多个连续的段落。按下鼠标左键上下拖拽，将文本中多行或连续的多个段落选中。

④ 全选一。用鼠标左键三击，可将文档中全部文本选中。

⑤ 全选二。按 Ctrl 键的同时用鼠标左键单击，也可将文档中全部文本选中。

⑥ 选择不连续的行与段落。用以上方法之一先选中一个文本后，按 Ctrl 键的同时用鼠标左键在不连续的行与段落左端逐个选择（包括拖拽、单击和双击），形成"跳选"文本。

用鼠标左键在文本编辑区的空白处单击，可将选定文本的操作取消。

2. 删除文本

（1）在非选中文本状态下删除文本

① 按退格键，删除插入点前面（左边）一个字符。

② 按 Delete 键，删除插入点后面（右边）一个字符。

（2）在选中文本状态下删除文本　将要删除的文本选中，按退格键或 Delete 键都可将选定文本删除。

3. 改写文本

将被改写文本选中，输入新的文本。

4. 移动和复制文本

移动和复制文本是编辑文本中最常用的操作。例如，对于重复出现的文本不必反复输入，可以利用复制的方法快速输入；而对在不同位置或不同文件中的同一内容文本，也可以用复制的方法快速输入，或者快速地移动位置。

（1）利用鼠标移动或复制文本　如果在当前文档中短距离移动或复制文本，可以用鼠标拖拽的方法进行。

首先将要移动的文本选中，将鼠标移到选中的文本中，待鼠标指针变成"⌐"形状时，用鼠标左键拖拽选中文本到新的位置，完成移动文本的操作。如果在拖

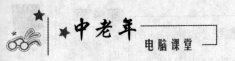

拽鼠标之前，按 Ctrl 键，则将执行复制文本的操作。输入一个字符、词语后，按 Ctrl＋Y 组合键，可以复制该字符或该词语。

小知识：

用户还可以通过用鼠标右键拖拽进行移动或复制文本的操作。方法是用鼠标右键拖拽选中的文本，到达新的位置后释放鼠标，在弹出的快捷菜单中执行一项具体操作命令，如图 4-24 所示。

图 4-24　用鼠标右键操作

（2）利用剪贴板移动或复制文本　长距离移动或复制文本，以及在文档之间进行文本传递，应利用剪贴板来进行操作。首先选中要移动的文本，执行"剪切"命令或按 Ctrl＋X 组合键，将选中文本送入剪贴板。再将插入点移到新的位置或另一文件中，执行"粘贴"命令或按 Ctrl＋V 组合键，剪贴板中的文本被粘贴到了新的位置或其他文件中。如果要进行复制操作，在送入剪贴板时执行"复制"命令或按 Ctrl＋C 组合键。

5．查找和替换文本

Word 2010 提供的查找和替换功能可以帮助用户快速查找文本中的指定内容，还可以同时对多处相同内容的文本进行替换操作。

（1）查找文本　选择"开始"选项卡"编辑"功能区"查找"下"查找"选项，弹出"导航"任务窗格。在搜索框中输入要查找的文本，如"文本"。在"导航"任务窗格中马上显示搜索结果，并在文本工作区中与搜索结果匹配的文本上以黄色背景显示出来。

（2）高级查找　选择"开始"选项卡"编辑"功能区"查找"下"高级查找"选项，弹出"查找和替换"对话框，如图 4-25 所示。在"查找"选项卡中可按"区分大小写"、"全字匹配"、"使用通配符"、"同音（英文）"、"查找单词的所有形式（英文）"和"区分全/半角"等方式进行查找。

（3）查找特殊字符　在高级查找状态下，取消勾选"使用通配符"复选框，用鼠标左键单击"特殊格式"下拉按钮，在下拉列表中选择要查找的特殊字符，如"省略号"。用鼠标左键单击"查找下一处"按钮，在文件中即可将找到的特殊字符选中。

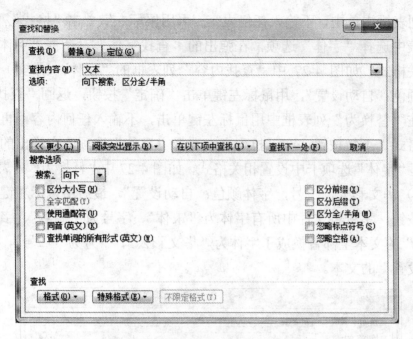

图 4-25　"查找和替换"对话框

（4）替换文本　选择"开始"选项卡"编辑"功能区"替换"选项，弹出"查找和替换"对话框，如图 4-26 所示。在"替换"选项卡的"查找内容"列表框中输入要查找的内容，如"你"；在"替换为"列表框中输入要替换的文本，如"您"，用鼠标左键单击"替换"按钮，只替换一次；用鼠标左键单击"全部替换"按钮，可以将文档中相同内容文本，如"你"，全部替换为要替换文本，如"您"。

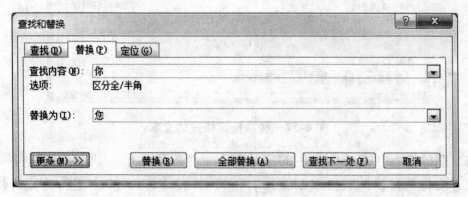

图 4-26　替换操作对话框

　　如果在"替换为"列表框中不输入任何内容，用鼠标左键单击"全部替换"按钮，则将文件中相同内容文本全部删除。

（5）替换指定格式的文本　在"查找和替换"对话框"替换"选项卡中用鼠标左键单击"更多>>"按钮，将对话框扩展，如图 4-27 所示。用鼠标左键在"查找内容"列表框中单击，不输入任何内容。再用鼠标左键单击"格式"下拉按钮，在下拉列表中选择"字体"选项，在弹出的"查找字体"对话框"字体"选项卡中设置相关格式，如图 4-27 中"查找内容"列表框的"字体：（中文）宋体，二号，字体颜色：自动设置"，用鼠标左键单击"确定"按钮，返回"查找和替换"对话框；在"替换为"列表框中用鼠标左键单击，不输入任何内容，再用鼠标左键单击"格式"下拉按钮，在下拉列表中选择"字体"选项，在弹出的"查找字体"对话框"字体"选项卡中设置相关格式，如图 4-27 中"替换为"列表框的"字体：（中文）华文彩云，二号，字体颜色：自动设置"，最后用鼠标左键单击"全部替换"按钮，系统将文件中所有字体为"宋体"、字号为"二号"、字体颜色为"自动设置"的文本全部替换成了字体为"华文彩云"、字号为"二号"，字体颜色为"自动设置"的文本。

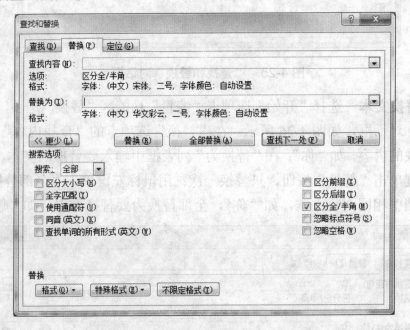

图 4-27　替换指定格式的文本

（6）删除空行　文档中产生的空行都有一个段落标记，利用查找和替换特殊符号的方法将其替换掉就可以删除其所在的空行。例如，从计算机网络上下载的文档上经常有一些空行出现，可用下面方法将其全部删除。

在"查找和替换"对话框"替换"选项卡中用鼠标左键单击"更多>>"按钮，将对话框扩展。在"查找内容"列表框中输入两个特殊符号"^p^p"（段落标记）；在"替换为"列表框中输入一个特殊符号"^p"（段落标记），如图 4-28 所示。用鼠标左键单击"全部替换"按钮，将文件中的空行全部删除。

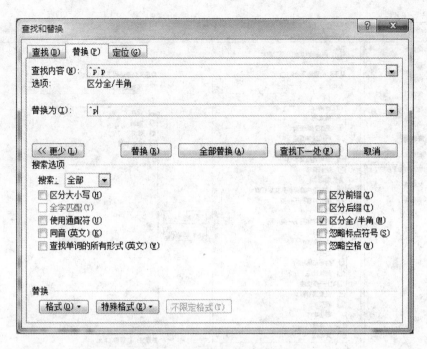

图 4-28　删除文档中的空行

4.3.3　常用编辑文本的工具、功能和方法

学会使用 Word 2010 各种编辑文本的工具、功能和方法，可以使编辑文本操作效率更高，达到事半功倍的效果。

1. 向快速访问工具栏中添加工具

用鼠标左键单击快速访问工具栏右端下拉按钮，选择"在功能区下方显示"|"其他命令"选项，弹出"Word 选项"，如图 4-29 所示。"从下列位置选择命令"列表框中包括"常用命令"和"不在功能区中的命令"等选项。以添加"常用命令"中"格式刷"工具为例，操作方法如下。

在对话框左边列表框中选择插入的工具"格式刷"，用鼠标左键单击"添加>>"按钮，"格式刷"工具即出现在右边列表框中；相反，如果选中右边列表框中某个工具，再用鼠标左键单击"<<删除"按钮，即可将该工具从快速访问工具栏中删除。设置完成后，用鼠标左键单击"确定"按钮，在快速访问工具栏中可以看到新增加的工具。

在快速访问工具栏上，用鼠标右键单击某个工具，在弹出的快捷菜单中执行"从快速访问工具栏删除"命令，也可以将该工具从快速访问工具栏中删除。

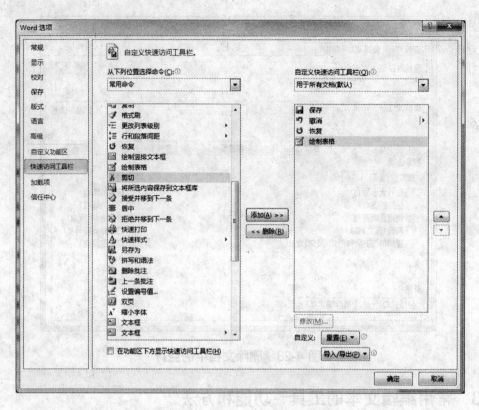

图 4-29 "Word 选项"对话框

2．使用 Word 2010 的浮动工具栏

将鼠标指针移到选中的文本上，在随即弹出的浮动工具栏中选择要使用的工具，如设置字体、字号……如果将鼠标指针移到选中的文本上没有弹出浮动工具栏，说明浮动工具栏已被关闭。重新启动的方法是执行"文件"|"选项"命令，弹出"Word 选项"对话框。在对话框中选择"常规"|"选择时显示浮动工具栏"选项，用鼠标左键单击"确定"按钮。

3．撤销工具

当在编辑过程中出现了误操作时，用鼠标左键单击该工具，便可将错误操作撤销。若出现了连续的错误，连续用鼠标左键单击该工具可以逐次撤销，直至恢复正确的操作界面为止。

4．拼写和语法功能

在编辑文本过程中，有时在文本下方会出现许多红色或绿色的波浪线，警示使用者在文本中出现了词语或语法方面的错误。红色波浪线为警示错误词语的标志，绿色波浪线为警示错误语法的标志。该警示波浪线只在屏幕上显示，并不参加打印。使用者根据警示可以更改，也可以忽略。选中要进行拼写和语法检查的文本后，选择"审阅"选项卡"校对"功能区中的"拼写和语法"功能，弹出"拼写和语法：中文（中国）"或"拼写和语法：英语（美国）"对话框，如图 4-30 所示。

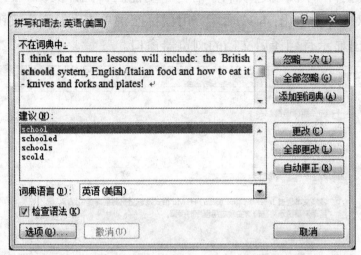

图 4-30　"拼写和语法：英语（美国）"对话框

该功能将文本中的错误词语或语句选中，并在对话框中"不在词典中"列表框中用红色显示该错误词语或语句；在"建议"列表框中显示正确的词语或语句。若修改该错误词语或语句，可用鼠标左键单击"更改"、"全部更改"、"自动更正"中的任意一个按钮；若不想更改错误，可用鼠标左键单击"忽略一次"或"全部忽略"中的任意一个按钮。操作完毕，系统将弹出一个信息提示对话框，提示操作完毕，如图 4-31 所示。

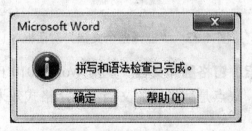

图 4-31　拼写和语法操作完成提示对话框

5. 将中文转换为外文

（1）在线翻译文档　在线翻译文档时，将会连接到计算机网络中，对所选中文本进行编辑。其优点是翻译的内容格式不会改变，缺点是受网络的限制。如果用户没有连接到网络，则无法使用该方法。

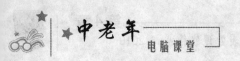

打开需要翻译的文档，选择"审阅"选项卡"语言"功能区"翻译"下"选择转换语言"选项，弹出"翻译语言选项"对话框，如图4-32所示。在对话框"翻译为"列表框中选择"英语（美国）"选项，用鼠标左键单击"确定"按钮，返回文档中。再次选择"审阅"选项卡"语言"功能区"翻译文档"选项，弹出"翻译整个文档"对话框，如图4-33所示。用鼠标左键单击"发送"按钮，待几秒后，系统会自动弹出显示有翻译后文档的浏览器窗口。

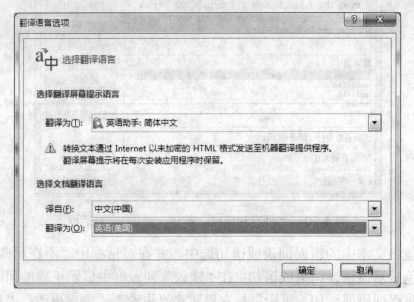

图4-32 "翻译语言选项"对话框

图4-33 "翻译整个文档"对话框

（2）用"信息检索"窗格翻译文档 使用 Word 2010 自带的翻译功能进行翻译，优点是翻译及时，缺点是翻译出的文档不显示格式效果。例如，翻译下面一段文本。

有人安于某种生活，有人不能。因此能安于自己目前处境的不妨就如此生活下去，不能的只好努力另找出路。你无法断言哪里才是成功的，也无法肯定当自己到达了某一点之后，会不会快乐。有些人永远不会感到满足，他的快乐只建立在不断地追求与争取的过程之中，因此他的目标不断地向远处推移。这种人的快乐可能少，但成就可能大。

选中该段文本，选择"审阅"选项卡"语言"功能区"翻译"下"翻译所选文件"选项，弹出"信息检索"窗格。用鼠标左键单击"信息检索"窗格中的"插入"按钮，翻译后的英文文本如下。

What so ever of life, it was not. Therefore may wish to enjoy your own current situation so live, not had to strive to find a way out. Where you cannot assert is successful, and was not sure when he arrived after a point, be happy. Some people will never be satisfied, to pursue his happiness on constantly and the process of seeking, so over his goals keep the distance. This person's happiness might be less, but achievements possible.

(3) 用"翻译屏幕提示"翻译文本 选择"审阅"选项卡"语言"功能区"翻译"下"翻译屏幕提示"选项，将鼠标移到中文词组或英文单词上，稍候便会在文本附近出现一个半透明的文本框，将鼠标移入该框，半透明的文本框变得清晰，显示翻译结果。用鼠标左键单击"播放"按钮，系统还会发出相应读音。

6．简繁转换

阅读或制作在使用简体中文和繁体中文两个地区之间通用的文档时，经常要使用简繁转换功能，而一些由于地区的差异形成的不同称谓，也可以通过简繁转换进行转换。

(1) 简单转换 选中目标文本，选择"审阅"选项卡"中文简繁转换"功能区"简转繁"或"繁转简"选项。

(2) 自定义转换 例如，将大陆的"U 盘"改为台湾的"随身碟"（繁体字），操作方法如下。

选择"审阅"选项卡"中文简繁转换"功能区中"简繁转换"功能，弹出"中文简繁转换"对话框，如图 4-34 所示。用鼠标左键单击对话框中的"自定义词典"按钮，弹出"简体繁体自定义词曲"对话框。在"添加或修改"文本框中输入要修改的文本，如"U 盘"，在"转换为"文本框中输入修改后的文本，如"随身碟"，用鼠标左键单击"添加"按钮，系统开始进行转换操作，并提示用户此词已被添加到自定义词库中。若系统不支持该功能，可用查找和替换方法进行全部替换后再进行简繁转换。

7．统计字数功能

在编写某些对文档字数有一定要求和限制的文档时，为了及时控制文档字数

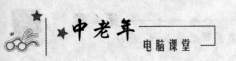

的数量，可以使用字数统计功能随时查看文件的字数。

选择"审阅"选项卡"校对"功能区中"字数统计"功能，弹出"字数统计"对话框，如图 4-35 所示。在对话框中可以了解文件的"页数"、"字数"、字符数（不计空格）、"字符数（计空格）"、"段落数"、"行数"、"非中文单词"等信息。

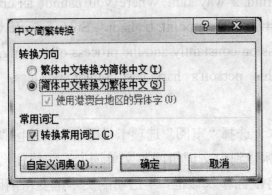

图 4-34　"中文简繁转换"对话框　　　图 4-35　"字数统计"对话框

在状态栏中也可以粗略了解当前文档的统计字数。

8．插入批注

对文档提出编辑意见可以用插入批注的方式进行标记，这样既不会改乱文档，又可以醒目地显示所提出的意见。

选中需要添加批注的文本，选择"审阅"选项卡"批注"功能区"新建批注"选项，弹出批注输入框，输入相关文本后。选择"审阅"选项卡"修订"功能区中相关选项，显示"批注"标记。

（1）最终显示标记/最终状态　显示修改后文本的标记/修改后的文本。

（2）原始显示标记/原始状态　显示修改前文本的标记/修改前的文本。

（3）显示标记。标记的样式，如"批注框"中的"在批注框中显示修订"/"以嵌入方式显示所有修订"。

（4）审阅窗格　以审阅窗格方式显示修订结果，分为垂直审阅窗格和水平审阅窗格。

用鼠标右键单击添加有标注的文本，在弹出的快捷菜单中执行"删除批注"命令，可将文本上的批注删除。执行"编辑批注"命令，可对批注内容进行修改。

9．书签工具

利用 Word 2010 中的书签工具，可以在文本指定位置作标记，供下一次打开文档时快速定位。

（1）做书签　将插入点定位在放置书签的文本处，插入并选中一个作为书签的符号，如"★"。选择"插入"选项卡"链接"功能区"书签"选项，弹出"书签"对话框，如图 4-36 所示。在"书签名"文本框中输入书签名，如"勿忘我"。用鼠标左键单击"添加"按钮。

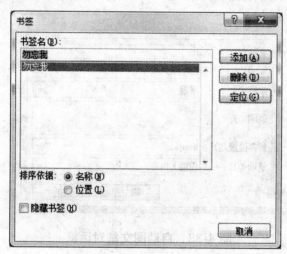

图 4-36　"书签"对话框

（2）使用书签　将插入书签的文档保存，再一次打开该文档，选择"开始"选项卡"编辑"功能区"查找"下"转到"选项，在弹出的"查找和替换"对话框"定位"选项卡"定位目标"列表框中选择"书签"选项，如图 4-37 所示。在"请输入书签名称"列表框中选择书签名，如"勿忘我"。用鼠标左键单击"定位"按钮，系统将书签符号选中并自动跳转到设置书签所在文本的位置上。

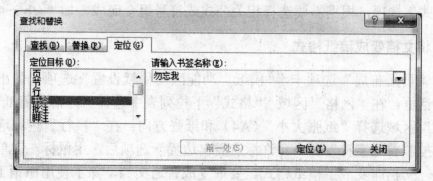

图 4-37　使用书签定位文本位置

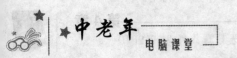
10．自动图文集工具

自动图文集是用个别文本代替一个长文本，用于提高文本的输入速度和在不同位置快速输入同一文本的方法。建立自动图文集的方法如下。

在文档中输入并选中一段较长文本或一篇文章。选择"插入"选项卡"文本"功能区"文档部件"下"自动图文集"的"将所选内容保存到自动图文集库"选项，弹出"新建构建基块"对话框，如图 4-38 所示。在"名称"文本框中输入一句短语，甚至一个阿拉伯数字，如"1"。用鼠标左键单击"确定"按钮。

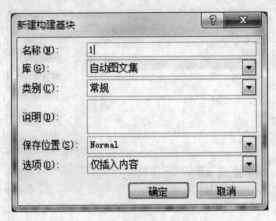

图 4-38　自动图文集对话框

在该台计算机 Word 文档中使用该自动图文集时，首先输入已定义的短语甚至一个阿拉伯数字，如"1"，然后按 F3 键，该自动图文集所对应的长文本或一篇文章即出现在文档之中。

11．插入公式

用鼠标左键在文档中需要插入公式处单击，选择"插入"选项卡"符号"功能区"公式"选项，根据需要选择相关公式或符号组合而成，如"$\sqrt{b^2-4ac}$"。

12．将文档变成稿纸格式

选择"页面布局"选项卡 "稿纸"功能区"稿纸设置"选项，弹出"稿纸设置"对话框。在"网格"区域 "格式"下拉列表中选择"方格式稿纸"选项；在"页面"区域选择"纸张大小"（A4）和纸张方向；在"换行"区域选择"按中文习惯控制首尾字符"和"允许标点溢出边界"选项后，用鼠标左键单击"确定"按钮，文档即变成了稿纸格式。要恢复成普通文档，除了使用撤销工具外，还可以在"稿纸设置"对话框中选择"格式"下拉列表中的"非稿纸文档"选项。

13. 朗读校对

将"朗读"工具添加到快速访问工具栏中。用鼠标左键单击选中文本，再用鼠标左键单击"朗读"工具，实施朗读校对。

§4.4　Word 2010 的文档排版

4.4.1　设置字符格式

默认状态下，在新建的文档中输入的文本是以正文文本，即宋体五号字的格式输入。根据需要，可对字符进行以下格式设置。

1. 设置字体

选中要设置字体的文本，选择"开始"选项卡"字体"功能区，在"字体"列表框选择一种字体，如"黑体"。还可以用浮动工具栏中的"字体"列表框进行快速设置。

2. 设置字号

选中要设置字号的文本，选择"开始"选项卡"字体"功能区，在"字号"列表框选择一种字号，如"二号"。还可以用浮动工具栏中的"字号"列表框进行快速设置。也可以在"字号"列表框中通过改写数值后按回车键的方法设置，最小字号可设为 1，最大字号可设至 1 638。不需要精确设置字号大小时，可以用 Ctrl ＋]和 Ctrl＋[组合键将选中的文本进行"无级缩放"。

3. 设置字形

选择"开始"选项卡"字体"功能区"加粗"**B**功能，可以将选中的文本加粗；选择"倾斜"*I*功能，可以将选中的文本变倾斜；选择"下划线"**U** ·功能，可以给选中的文本添加下划线，用鼠标左键单击该工具下拉按钮，可以选择不同的底线；选择"段落"功能区"中文版式" ·下"字符缩放"选项，通过改变百分比，可以设置"长字"（小于 100%）和"扁字"（大于 100%）。

4. 设置字体颜色

选择"开始"选项卡"字体"功能区"字体颜色" **A** ·功能，可以改变选中文本的颜色，用鼠标左键单击该工具下拉按钮，可以设置字体的不同颜色。

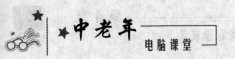

5. 设置其他效果

首先将"字体…"工具添加到快速访问工具栏。然后用鼠标左键单击快速访问工具栏上的"字体…"工具，弹出"文字"对话框，如图 4-39 所示。在对话框中对选中文本设置其他效果，如"阴影字"、"空心字"、"阴文"、"阳文"、"上标"（组合键为 Ctrl+Shift++）、"下标"（组合键为 Ctrl+=）、"着重号"等。用"字体"功能区中传统"字体"对话框也可以进行上述设置。

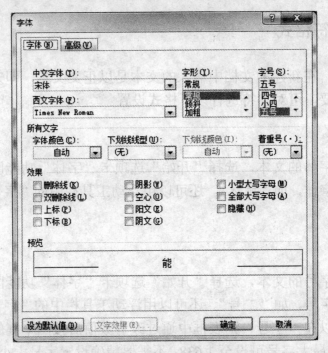

图 4-39 "字体"对话框

6. 设置字符间距

调整字符间距的目的是压缩或疏开一行中文本之间的距离，以达到在一行中显示指定数量文本的目的。用鼠标左键单击已在快速访问工具栏上的"字体…"工具，弹出"字体"对话框。在"高级"选项卡"间距"列表中选择"加宽"或"紧缩"选项，设置相应的磅值后用鼠标左键单击"确定"按钮。

4.4.2 设置段落格式

段落在文档中是以段落标记结尾的一段文本。在设置段落格式时，若对某段落进行操作，不需要将该段落选中；而若对多个段落或整个文档进行操作时，则必须将被操作段落或文档全部选中。

1. 重分段落

在文档某段落中按回车键可以将该段落分成两段；在文档某两个段落上一段末尾按 Delete 键，或在下一段首按退格键，均可以将两个段落合为一段。

2. 设置段落缩进

段落缩进可以调整段落与页边距间的关系，区分段落层次，方便阅读。Word 2010 中的段落缩进分为左缩进、右缩进、首行缩进和悬挂缩进 4 种。

（1）利用水平标尺设置段落缩进　水平标尺上有 4 个缩进滑块，如图 4-40 所示。

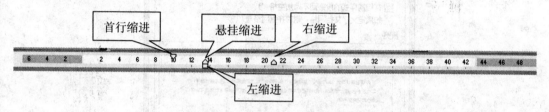

图 4-40　水平标尺与缩进滑块

将插入点置于要设置缩进的段落内，用鼠标左键拖拽水平标尺上相应的缩进滑块即可将该段落设置为"左缩进"、"右缩进"、"首行缩进"或"悬挂缩进"。在拖拽过程中，在工作区中会出现一条虚线，虚线所在位置即段落的缩进位置。按 Alt 键的同时拖拽可以使缩进位置更准确。

（2）利用对话框设置段落缩进　首先将"段落"工具添加到快速访问工具栏。然后用鼠标左键单击快速访问工具栏上的"段落"工具，弹出"段落"对话框，如图 4-41 所示。在"缩进和间距"选项卡"缩进"区域中可设置"左缩进"或"右缩进"，默认缩进单位为"字符"；在"特殊格式"列表框中可设置"首行缩进"或"悬挂缩进"，默认缩进单位为 2 字符。设置完毕，用鼠标左键单击"确定"按钮。

在默认文档正文文本格式状态下，在某个段落段首按 Tab 键，可以将该段落首行缩进 2 字符。

3. 设置行距和段落间距

（1）设置行距　行距是指文档中文本行与行之间的距离，Word 2010 文档默认行距为"单倍行距"，根据需要可将行距加高或缩小。在"段落"对话框选择"缩进和间距"选项卡，在"间距"区域的"行距"列表框中可以选择 1.5 倍行距、2 倍行距……若选择固定值或最小值，行距的单位为"磅"，此处的"磅"为长度单位。

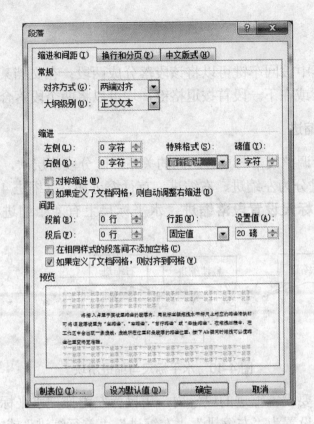

图 4-41　"段落"对话框

（2）设置段落间距　调整段落间距可以改善版面的外观效果，例如，文档标题与其下面文本之间的距离通常要大于正文中段落和段落之间的距离。

在"段落"对话框"缩进和间距"选项卡的"间距"区域中可以设置"段前"或"段后"的间距，间距单位为"行"。

4．设置段落对齐

段落的对齐分为水平对齐和垂直对齐。水平对齐控制段落在页面水平方向上的排列；垂直对齐则可以控制文档中未满页文本的排版。Word 2010 还提供了在一行中设置不同对齐的排版方法。

（1）设置水平对齐　段落的水平对齐包括"左对齐"、"右对齐"、"两端对齐"、"居中"和"分散对齐"5 种方式。通过用鼠标左键单击"开始"选项卡"段落"功能区中的相应对齐工具或在"段落"对话框中选择对齐方式的方法，对指定段落进行对齐方式的设置。

① 左对齐。段落中每行文本一律以文档的左边界为基准向左对齐。对于中文文本，左对齐和两端对齐没有太大的区别。但如果在文档中穿插有英文文本，左

对齐可能会使文本右边缘参差不齐，此时，应改为两端对齐。

② 右对齐。文本在文档右边界对齐，而左边界是不规则的，一般文章的落款多采用右对齐。

③ 两端对齐。段落中除最后一行外，文本的两端分别以文档的左右边界为基准向两端对齐。这种对齐方式是文档中最常用的，也是系统默认的对齐方式。

④ 居中。文本位于左右边界中间，一般文章标题都采用这种对齐方式。

⑤ 分散对齐。在文本选定区选中某行文本或用鼠标左键在某行文本上单击，会使该行文本在文档两端之间等距离分散；若将该行文本用鼠标左键拖拽从右向左单独选中，使用分散对齐时，系统会询问按几个字符或宽度分散。

（2）设置垂直对齐　如果一个文档中的文本未达到一满页，可以将字数较少的文本设置成垂直居中。选择"页面设置"选项（可以在"页面布局"选项卡"页面设置"功能区"页边距"、"纸张大小"选项中打开，也可以执行"文件"｜"打印"命令，在打印和打印预览面板中打开），弹出"页面设置"对话框，如图 4-42 所示。在"版式"选项卡"页面"区域的"垂直对齐方式"列表框中选择一种垂直对齐方式，如"居中"。用鼠标左键单击"确定"按钮。

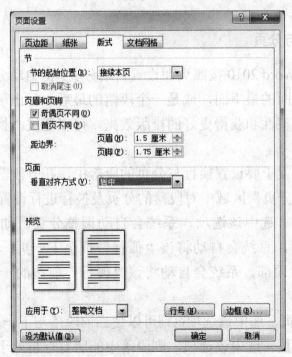

图 4-42 "页面设置"对话框

（3）在一行中设置不同的对齐　有时上下数行的文本需要在一列上显示，或者在文本中插入一个无线表格，可以通过在一行中设置不同的对齐方式来操作。

① 选制表符号，设置制表位。在标尺左上端有一个制表符号按钮，用鼠标左键单击该按钮可以在各种制表符号之间切换，如"⌊"（左对齐）、"⊥"（居中）、"⌋"（右对齐）、"⊥"（小数点对齐）等。选择一个制表符号以后，在水平标尺的相应位置上用鼠标左键单击，设置制表位。如图 4-43 所示，在水平标尺上分别设置了居中、左对齐和右对齐三种对齐方式。

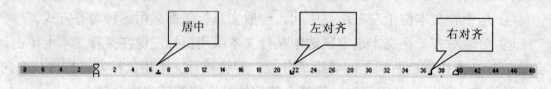

图 4-43　在水平标尺上设置制表位

② 按 Tab 键（制表位键）定位插入点，输入文本，换行用回车键。如下样文即是用在一行中设置不同的对齐制表符号制作的。

类别	收缩压（毫米汞柱）	舒张压（毫米汞柱）
正常血压	＜120	＜80
高血压	≥140	≥90

5. 设置换行与分页

默认情况下，Word 2010 按照页面设置自动分页，但自动分页有时会使一个段落的第一行排在页面的最下面，或是一个段落的最后一行出现在下一页的顶部。为了保证段落的完整性和获得更好的排版效果，可以通过"换行与分页"来控制段落的分页。

首先将插入点置于要设置换行与分页的段落中，在"段落"对话框"换行与分页"选项卡的"分页"区域中对段落的分页及换行进行设置，如图 4-44 所示。

（1）孤行控制　选中该选项，系统会自动调整分页。如果段落第一行出现在页面的最后一行，系统会自动将该"孤行"推至下一页；如果段落的最后一行出现在下一页的顶部，系统会自动将该"孤行"前边的一行也推至下一页与之"做伴"。

（2）与下段同页　选中该选项，则可以使当前段落与下一段落同处于一页中。

（3）段中不分页　选中该选项，则段落中的所有行将处于同一页中，中间不能分页。

（4）段前分页　选中该选项，可以使当前段落排在新页的开始。

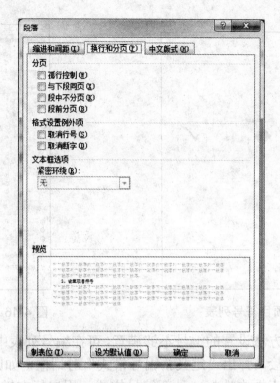

图 4-44　对段落设置换行及分页

4.4.3　设置项目符号和编号

为了增加文档的可读性，使段落条理更清楚，可以在文档各段落前添加有序的编号或项目符号。

1．设置项目符号

用鼠标左键单击要设置项目符号的段落，单击"开始"选项卡"段落"功能区"项目符号"下拉按钮，在项目符号列表中选择一种项目符号，如图 4-45 所示。该段落便成为带有该项目符号的文本，按回车键后，在新的段落左端会自动生成与上一段落同样的项目符号。

2．设置编号

用鼠标左键单击要设置编号的段落，选择"开始"选项卡"段落"功能区"编号"下拉按钮，在编号列表中选择一种编号，如图 4-46 所示。该段落便成为带有该编号的文本，按回车键后，在新的段落左端会自动生成与上一段落同样的连续编号。选择"段落"功能区"编号"或"项目符号"功能，可以给当前段落设置系统默认的编号和项目符号。

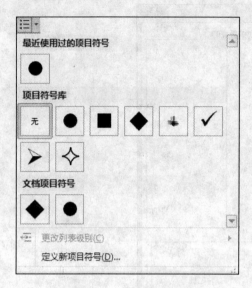

图 4-45　项目符号列表

图 4-46　编号列表

　　如果对用上述方法设置的编号不够满意，可在编号列表中用鼠标左键单击"定义新编号格式"链接，弹出"定义新编号格式"对话框，如图 4-47 所示。在对话框"编号样式"列表框中选择一种新编号样式，用鼠标左键单击"确定"按钮；如果对用上述方法设置的项目符号不够满意，可在项目符号列表中用鼠标左键单击"定义新项目符号"链接，弹出"定义新项目符号"对话框，如图 4-48 所示。在对话框中用鼠标左键单击"符号"按钮，弹出"符号"对话框，选择并插入一个符号后，用鼠标左键单击"确定"按钮。

　　项目符号和编号可用连续按回车键、退格键方法，或用鼠标左键单击"段落"功能区"编号"功能或"项目符号"功能方法将其消除。若系统自动产生的编号和项目符号，可用"撤销"工具取消。

图 4-47　"定义新编号格式"对话框

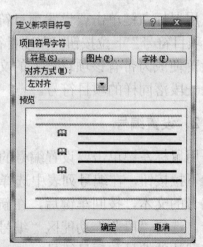

图 4-48　"定义新项目符号"对话框

4.4.4　设置边框和底纹

在文档中常常有一些特殊的文本或段落，可以为这些文本或段落添加边框和底纹。

1．添加边框

选中需要添加边框的文本，选择"开始"选项卡"段落"功能区"边框和底纹"下"边框和底纹"选项，弹出"边框和底纹"对话框，如图 4-49 所示。在"边框"选项卡"设置"区域可以选择边框的类型；在"样式"列表中可以设置不同的线型；在"颜色"列表中可以选择边框的颜色；在"宽度"列表中可以选择线型的宽度；在"预览"窗口中除了可以观察设置边框的效果，还可以通过用鼠标左键单击对文本或段落进行各个方向上边框的手动设置；在"应用于"列表中可以选择对文本还是对段落进行边框的设置。设置完毕，用鼠标左键单击"确定"按钮。

图 4-49　给字符添加边框

2．添加底纹

如图 4-50 所示，在"底纹"选项卡"填充"功能区可以选择一种底纹颜色；在"图案"列表中可以选择一种图案并为选中的图案添加颜色；在"预览"窗口中可以观察设置底纹的效果；在"应用于"列表中可以选择对文本还是对段落进行底纹的设置。设置完毕，用鼠标左键单击"确定"按钮。

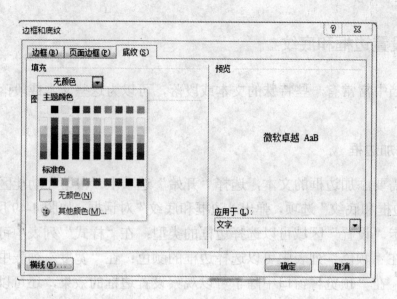

图 4-50　给字符添加底纹

4.4.5　设置文档页面

在创建一篇新文档时，系统会默认给出纸张大小、页面边距、纸张的方向等。如果对制作文档页面有特殊要求，就需要对文档页面进行重新设置。

1．设置纸张大小

选择"页面设置"选项（可以在"页面布局"选项"页面设置"功能区"页边距"、"纸张大小"选项中打开，也可以执行"文件"｜"打印"命令，在打印和打印预览面板中打开），弹出"页面设置"对话框，如图 4-51 所示。在"纸张"选项卡"纸张大小"列表中默认的纸张大小为"A4"，其他选项取默认值，用鼠标左键单击"确定"按钮。如果列表中没有所要的纸型，可以选择"自定义大小"选项，根据需要设定纸张的宽度和高度。

2．设置页边距

页边距是文本与页面边缘之间的距离。在页边距中允许存在页眉、页脚和页码等图形、图片或文字。只有在"页面视图"中才能看到页边距的效果。

选择"页面设置"选项，弹出"页面设置"对话框，在"页边距"选项卡"页边距"功能区中设置"上"、"下"、"左"、"右"页边距的宽度，单位为厘米；在"方向"区域可将纸张方向设置成"纵向"或"横向"；在"页码范围"区域"多页"列表中可选择不同要求的页边距，如"对称页边距"等，如图 4-52 所示。

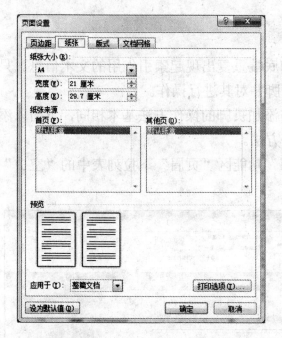

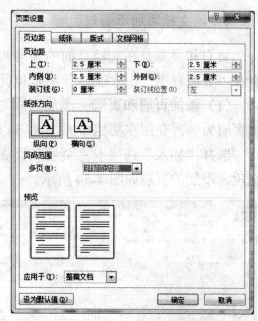

图 4-51　"页面设置"对话框　　　　　　图 4-52　设置页边距

3．给页面加边框

选择"开始"选项卡"段落"功能区"边框和底纹"下"边框和底纹"选项，弹出"边框和底纹"对话框，在"页面边框"选项卡"艺术型"样式列表中选择一种页面边框类型，如图 4-53 所示。其他类型设置和对文本或段落加边框方法相同。

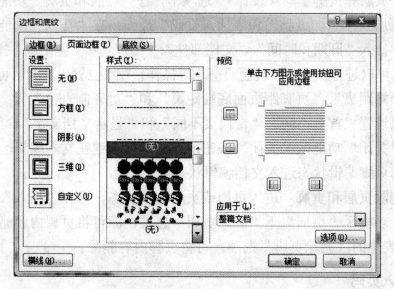

图 4-53　设置页面边框

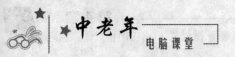

4．给文档添加页眉与页脚

页眉和页脚是在文档页面的顶端和底端重复出现起索引作用的文本信息。只有在"页面视图"中才能显示页眉和页脚并对其进行操作。

（1）添加页眉和页脚　添加页眉与添加页脚的操作方法基本相同，下面以添加页眉为例，介绍在文档中添加页眉的方法。

选择"插入"选项卡"页眉和页脚"功能区"页眉"下拉列表中的"空白"选项。添加的页眉如图 4-54 所示。

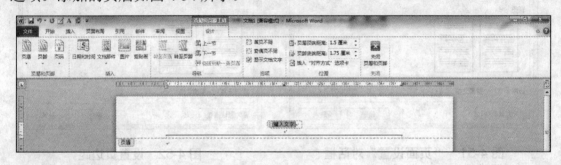

图 4-54　为文档添加页眉和页脚

（2）编辑页眉和页脚内容　添加完页眉和页脚后，即可在页眉区域或页脚区域输入相关文字，并对字体进行格式化操作。在文档编辑状态若对页眉或页脚中内容进行修改，可用鼠标左键双击页眉或页脚区域，进入页眉和页脚编辑状态。

选择"页眉和页脚工具（设计）"选项卡，在"页眉和页脚"功能区中可以进行"添加页眉"、"添加页脚"和"插入页码"操作；在"插入"功能区中可以进行向页眉中插入"日期和时间"、"文档部件"、"图片"和"剪贴画"操作；在"导航"功能区可以进行由页眉"转至页脚"等操作；在"位置"功能区可以设置"页眉距页面顶端距离"、"页脚距页面底端距离"和"对齐制表位"等；在"选项"功能区可以设置"首页不同"、"奇偶页不同"和"显示文档文字"。

单击"关闭"功能区"关闭"按钮，或用鼠标左键在文本编辑区双击，均可退出页眉和页脚编辑状态进入文档编辑状态。

（3）删除页眉和页脚　进入页眉或页脚编辑状态，选择"插入"选项卡"页眉和页脚"功能区"页眉"下"删除页眉"选项，即可将页眉内容删除；若选择"页脚"列表中的"删除页脚"选项，可将页脚内容删除。

5．插入页码

选择"插入"选项卡"页眉和页脚"功能区"页码"下"页面顶端"、"页面底端"、"当前位置"选项……用来设置页码在文档中的位置；选择"设置页码格式"选项，会弹出"页码格式"对话框，如图4-55所示。在对话框中可以设置"编号格式"、"页码编号"中的"起始页码"等。设置完毕，用鼠标左键单击"确定"按钮。

6．设置分栏

分栏，是将整篇文档或文档的一部分设置成相同宽度或不同宽度的多个栏目，使文档更便于阅读。若对整篇文档进行分栏，不需要将文本选中；若对文档中个别段落分栏，则必须将要分栏的段落选中。

选择"页面布局"选项卡"页面设置"功能区"分栏"列表中的"一栏"、"二栏"……若选择"更多分栏"选项，则会弹出"分栏"对话框，如图4-56所示。在"预设"区域中选择一种分栏样式，如"两栏"。如果选择"左"或"右"样式，还可以设置各栏宽度和间距，但必须取消勾选"栏宽相等"复选框。需要栏间分隔线还应勾选"分隔线"复选框。设置完毕，用鼠标左键单击"确定"按钮。

 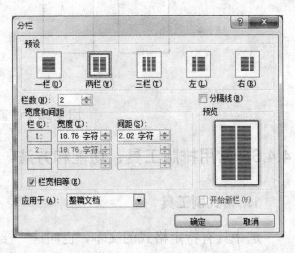

图4-55 "页码格式"对话框　　　图4-56 "分栏"对话框

根据排版要求，可以对分栏作等长处理或控制栏中断。

（1）设置等长栏 对文档进行分栏后，在文档的最后一页往往出现两栏或多栏长度不等的现象，为使文档排版美观，可使各栏底沿平齐。将插入点置于文尾，选择预先添加到快速访问工具栏上的"分隔符"工具，弹出"分隔符"对话框，如图4-57所示。在"分节符类型"区域选中"连续"单选框，用鼠标左键单击"确定"按钮，处理后的分栏效果如图4-58所示。

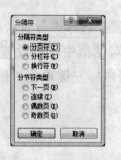

图 4-57 "分隔符"对话框

（2）设置栏中断 如果希望某段文本处于下一栏的开始处，可以采用栏中断方法。

用鼠标左键在希望处于下一栏开始处单击，选择快速访问工具栏上的"分隔符"工具，在弹出的"分隔符"对话框"分隔符类型"区域中选中"分栏符"单选框，用鼠标左键单击"确定"按钮，处理后的分栏效果如图 4-59 所示。

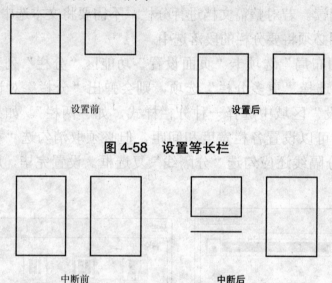

设置前　　　　　　　　设置后

图 4-58 设置等长栏

中断前　　　　　　　　中断后

图 4-59 设置栏中断

4.4.6 常用排版工具、功能和方法

1. 格式刷工具

选中具有特定格式的文本，也叫选"样板字"。选择快速访问工具栏上的"格式刷"工具，在其他文本上拖拽，被拖拽文本格式就变成与"样板字"相同的格式了；如若"反复刷"，应用鼠标左键双击"格式刷"工具，拖拽被复制格式文本后，再用鼠标左键单击一次"格式刷"工具便会停止"反复刷"的操作。

2. 文本框

（1）插入文本框 选择"插入"选项卡"文本"功能区"文本框"列表中的"绘制文本框"（或"绘制竖排文本框"）选项，鼠标指针会变成"十"字形状，将十字光标移到页面的适当位置，用鼠标左键拖出一个方框并输入文本。

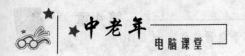

（2）编辑文本框

① 调整文本框的尺寸和位置。选中文本框后，用鼠标左键拖拽文本框上的控点可以调整文本框的尺寸；当鼠标指针在文本框中变为“✣”时拖拽鼠标左键、按方向键或按 Ctrl＋方向键组合键均可移动文本框的位置。

② 调整文本框边框颜色和填充颜色。选择“文本框工具”(格式)选项卡“文本框样式”功能区“形状填充”和“形状轮廓”选项，分别选择“无填充颜色”和“无轮廓”选项，需要时再为文本框填充色块或添加彩色边框。

③ 调整文本框与其他图片或文字的关系。用鼠标右键单击文本框，在弹出的快捷菜单中执行“设置文本框格式”命令，弹出“设置文本框格式”对话框，如图 4-60 所示。在对话框“版式”选项卡中选择一种环绕方式，可以处理文本框与其他图片或文本之间的环绕关系，如“紧密型”。用鼠标右键单击文本框，在弹出的快捷菜单中执行“叠放次序”命令中的某个子命令，可以调整文本框与其他图片或文本的叠放次序，如“衬于文字下方”。

④ 添加带标注的文本框。在“插入”选项卡“插图”功能区“形状”下“标注”选项中选择一种“标注”样式，用鼠标左键拖拽可创建带指向的标注文本框，如图 4-61 所示。

图 4-60　“设置文本框格式”对话框

图 4-61　带标注的文本框

⑤ 链接文本框，实现文本框之间的文字流关系。创建两个没有文本内容的文本框并选中第 1 个文本框，选择“文本框工具（格式）”选项卡“文本”功能区“创建链接”选项，当鼠标指针变成“杯子”形状时，在第 2 个文本框中单击，两个文本框便建立了文字流关系。当在第 1 个文本框中输入文本“充满了”时，便会自动转到第 2 个文本框继续输入；选择已经创建了链接关系的第 1 个文本框，用鼠标左键单击“断开链接”工具，可使已经建立了链接关系的两个文本框断开链接。

3. 利用样式排版

样式包括字体、字号、字体颜色、行距、缩进等。运用样式可以快速改变文档中选定文本的格式，从而方便用户进行排版，提高工作效率。

（1）使用 Word 2010 预设样式　在文档中选中需要应用样式的段落，选择"开始"选项卡"样式"功能区中"标题 1"选项，如图 4-62 所示。

图 4-62　"样式"功能区

经上述操作之后，所选文本就应用了"标题 1"的样式，在该文本首行的左端会显示应用样式后的小黑点（不参加打印和打印预览）。

（2）修改和自定义样式　在文档中选中已经应用了样式的段落，选择"开始"选项卡"字体"功能区"字体"、"字号"、"字体颜色"等选项对应用的样式进行修改。

用户还可以自定义样式以方便使用。用鼠标左键单击"样式"功能区"显示样式窗口"按钮，弹出"样式"任务窗格。将鼠标指针移到某样式上，如"标题 1"，用鼠标右键单击该样式，在弹出的快捷菜单中执行"修改"命令，弹出"修改样式"对话框，如图 4-63 所示。在对话框中"属性"区域修改样式名称；在"格式"区域对字体、字号、字体颜色等进行重新设置后，用鼠标左键单击"确定"按钮。

（3）新建样式　对于用户需要而程序中没有的样式，可以自己创建。新建的样式会保存到当前文档的任务窗格中，应用时直接用鼠标左键单击该样式即可。

图 4-63　"修改样式"对话框

在要应用样式的段落中用鼠标左键单击，用鼠标左键单击"样式"功能区"显示样式窗口"按钮，弹出"样式"任务窗格。用鼠标左键单击"样式"任务窗格中的"新建样式"按钮，弹出"根据格式设置创建新样式"对话框，如图 4-64 所示。在对话框"名称"文本框中输入一个样式的名称，如"题注一"；在"格式"区域设置字体为"幼圆"、字号为"五号"后，用鼠标左键单击"确定"按钮。在"样式"列表中便出现了一个名为"题注一"的新样式。

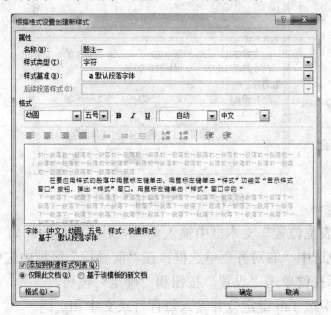

图 4-64　"根据格式设置创建新样式"对话框

4．生成目录

（1）自动生成目录　打开一个需要自动生成目录的文档。选择"视图"选项卡"显示"功能区"导航窗格"选项。将插入点置于文首，选择"引用"选项卡"目录"功能区"手动表格"选项，弹出如下文本，根据文档标题由用户自己填写。

目录

键入章标题（第 1 级）…………………………………………………………1

键入章标题（第 2 级）…………………………………………………………2

键入章标题（第 3 级）…………………………………………………………3

键入章标题（第 1 级）…………………………………………………………4

键入章标题（第 2 级）…………………………………………………………5

键入章标题（第 3 级）…………………………………………………………6

（2）利用制表位生成目录

① 将插入点置于要制作目录的空行中。

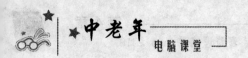

② 单击已添加到快速访问工具栏上的"制表位"工具，弹出"制表位"对话框，如图 4-65 所示。

图 4-65 "制表位"对话框

③ 在"制表位位置"文本框中输入页码右对齐的位置，如 36 字符；在"对齐方式"区域中选中"右对齐"单选框；在"前导符"区域中选中"5……"单选框；陆续用鼠标左键单击"设置"按钮和"确定"按钮。

④ 在文档中按 Tab 键定位并输入每行目录文本和页码。

5. 添加脚注和尾注

脚注和尾注用于对文档中的文本进行注释，其不同之处在于它们所在位置不同，脚注位于被注释文本当前页下方，而尾注位于文档的结尾或章节结尾处。

（1）添加脚注 选中需要添加脚注的文本，选择"引用"选项卡"脚注"功能区"插入脚注"功能，插入点自动移动到该页文档的底端，并显示默认的脚注符号，直接输入需要的脚注内容。此时，将鼠标指针移到文档内添加有脚注符号的文本上，系统会自动在该文本边缘显示脚注的内容。删除脚注时只需将文本旁边的脚注符号删除即可，文档中的脚注符号和位于底端的脚注内容都将被删除。

（2）添加尾注 选中需要添加尾注的文本，选择"引用"选项卡"脚注"功能区"插入尾注"功能，插入点自动移动到文档的末尾，并显示默认的脚注符号，直接输入需要的尾注内容。此时，将鼠标移到文档内添加有脚注符号的文本上，系统会自动在该文本边缘显示脚注的内容。删除脚注时只需将文本旁边的尾注符号删除即可，文档中的尾注符号和位于文档末尾的尾注内容都将被删除。

用鼠标左键单击"脚注和尾注对话框"按钮，弹出"脚注和尾注"对话框，如图 4-66 所示。在对话框中可以设置编号的格式、编号的连续或每节单独编号，还可以进行脚注和尾注的全部转换。

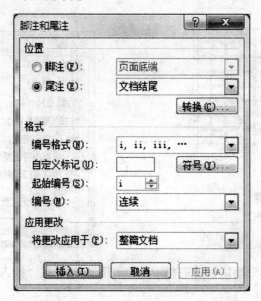

图 4-66　"脚注和尾注"对话框

§4.5　Word 2010 的表格处理

4.5.1　创建 Word 表格

1. 用表格功能创建

用鼠标左键拖拽"插入"选项卡"表格"功能区"表格"列表中表格的行与列，如图 4-67 所示。同时观察在文档中显示的预览表格，当符合要求后用鼠标左键单击完成创建表格操作。用此方法创建的表格宽度与文本编辑区同宽。

2. 用插入表格对话框创建

选择"插入"选项卡"表格"功能区"表格"下"插入表格"选项，弹出"插入表格"对话框，如图 4-68 所示。在"表格尺寸"区域确定行数与列数；在"'自动调整'操作"区域"固定列宽"右端的数字增减框中设置列宽，如将列宽改为 2 厘米；若单击"自动套用格式"按钮，会自动生成固定格式的表格。用鼠标左键单击"确定"按钮，完成表格创建。

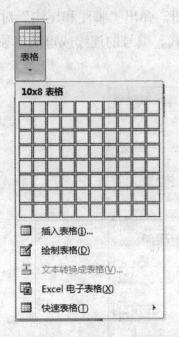

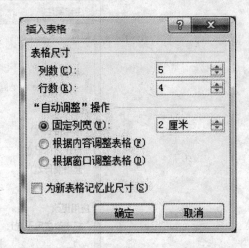

图 4-67 用 "表格" 功能创建表格　　　图 4-68 用 "插入表格" 对话框创建表格

3. 用 "快速表格" 选项创建

选择 "插入" 选项卡 "表格" 功能区 "表格" 列表 "快速表格" 某一选项，如 "带副标题 1"，弹出自动生成固定格式的表格。

4. 用 "绘制表格" 选项创建

选择 "插入" 选项卡 "表格" 功能区 "表格" 列表中 "绘制表格" 选项，此时，鼠标指针变成一支笔形状。用鼠标左键拖拽出表格外框，再画出内部表格横线与纵线。在绘制过程中，选择 "表格工具（设计）" 选项卡 "绘图边框" 功能区 "表格擦除器" 工具，可擦去不需要的线。

4.5.2 编辑 Word 表格

1. 移动插入点

插入点出现在哪个单元格中，哪个单元格便成为当前单元格。在当前单元格中可输入文本和进行编辑等操作。在 Word 2010 表格中，可用以下三种方法移动插入点。

① 用鼠标左键单击单元格方法移动。

② 用方向键移动。

③ 用 Tab 键或 Shift＋Tab 组合键移动。

2．选定表格

① 选 1 行。当鼠标指针在表格某行左端呈“↗”形状时单击。

② 选连续多行。选中 1 行后上下拖拽。

③ 选 1 列。当鼠标指针在表格某一列顶端呈“↓”形状时单击。

④ 选连续多列。选中 1 列后左右拖拽。

⑤ 选不连续行与列。按 Ctrl 键，逐个单击行左端或列顶端。

⑥ 选单元格。当鼠标指针在单元格左端呈“➚”形状时用鼠标左键单击。选连续多个单元格时，选中 1 个单元格后不要松开鼠标，继续拖拽其他单元格；选不连续多个单元格，按 Ctrl 键，逐个选择单元格。

⑦ 选中整个表格。将鼠标指针移动到表格中时，在表格左上角会出现“田”符号，用鼠标左键单击该符号，即可将整个表格选中。

3．插入行

（1）一般行的插入方法 一般行的插入规则是“选几行插几行”。选择“表格工具（布局）”选项卡“行和列”功能区“在上方插入”或“在下方插入”选项。

（2）底行的插入方法

① 在右下单元格中按 Tab 键。

② 在右下单元格外按回车键。

③ 首先将“插入行”工具添加到快速访问工具栏，然后将插入点置于表格左下单元格外，选择“插入行”工具，弹出“插入行”对话框，如图 4-69 所示。在对话框“行数”数值框中输入要插入行数，用鼠标左键单击“确定”按钮。

4．插入列

列的插入规则是“选几列插几列”。选择“表格工具（布局）”选项卡“行和列”功能区“在左侧插入”或“在右侧插入”选项。

5．插入单元格

单元格的插入规则是“选几个单元格插几个单元格”。选中表格中一个或连续多个单元格，选择“表格工具（布局）”选项卡“行和列”功能区中传统对话框，弹出“插入单元格”对话框，如图 4-70 所示。在对话框中选中“活动单元格右移”或“活动单元格下移”单选框，用鼠标左键单击“确定”按钮。

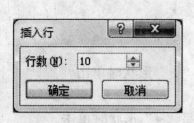

图 4-69 "插入行"对话框

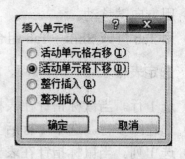

图 4-70 "插入单元格"对话框

6. 删除表格、行、列、单元格

选中被删除表格、行、列或单元格，选择"表格工具（布局）"选项卡"行和列"功能区"删除"下"删除单元格"、"删除列"、"删除行"或"删除表格"选项。其中除删除单元格系统会提示外，其他删除均无提示。

7. 改变行高与列宽

（1）自动调整行高与列宽 Word 2010 提供了自动调整行高与列宽的功能。首先将要调整高度与宽度的行与列分别选中，然后选择"表格工具（布局）"选项卡"单元格大小"功能区"自动调整"选项或在如图 4-71 所示的"高度"、"宽度"调整框设置，各选项功能如下。

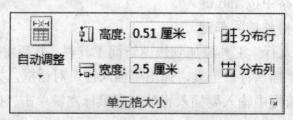

图 4-71 "单元格大小"功能区

① 根据内容调整表格。表格按每一列的文本内容重新调整列宽，使每一列的宽度变得更紧凑。

② 根据窗口调整表格。表格中每一列的宽度将按照相同的比例扩大，调整后的表格宽度与正文区域宽度相同。

③ 固定列宽。保持原设置列宽不变。

④ 分布行。将选定的整个表格或若干行设置为相同的高度。对于合并或拆分单元格后的表格，此操作无效。

⑤ 分布列。将选定的整个表格或若干列设置为相同的宽度。对于合并或拆分单元格后的表格，此操作无效。

（2）调整行高

① 用鼠标拖拽调整。将鼠标指针移到调整行的下边框线，待鼠标指针变成"＝"形状时，用鼠标左键上下拖拽改变行高。用该方法每次只能调整一行的行高。

② 用表格属性功能调整。选中要调整行高的整个表格或若干行，选择"表格工具（布局）"选项卡"表"功能区"表格属性"选项，弹出"表格属性"对话框，如图 4-72 所示。在"行"选项卡"尺寸"区域中勾选"指定高度"复选框，在"行高值"列表框中选择"最小值"或"固定值"选项，在数字增减框中输入厘米数，用鼠标左键单击"确定"按钮。

（3）调整列宽

① 用表格属性功能调整。选中要调整列宽的整个表格或若干列，选择"表格工具（布局）"选项卡"表"功能区"表格属性"选项，弹出"表格属性"对话框，如图 4-73 所示。在"列"选项卡"字号"区域中勾选"指定宽度"复选框，在"列宽单位"列表框中选择"厘米"或"百分比"选项；在数字增减框中输入厘米数或百分数。百分数是指选定列占整个表格宽度的百分比，如一个 4 列的表格列宽设为 25%，即每列宽度占整个表格宽度的 1/4。用鼠标左键单击"确定"按钮。

图 4-72　"表格属性"对话框　　　　图 4-73　调整列宽

② 用鼠标拖拽调整。将鼠标指针移到调整列的右边框线，待鼠标指针变成"╫"形状时，用鼠标左键左右拖拽改变列宽。用该方法每次只能调整相邻两列的列宽，且这两列的总宽度和表格的总宽度不变。

按 Shift 键，将会改变边框左侧一列的宽度，其右侧各列宽不变；按 Ctrl 键，将会改变边框左侧一列的宽度，其右侧各列宽按比例扩大或缩小，整个表格宽度

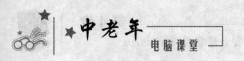
不变。

8. 改变单元格宽度

选中要改变宽度的单元格，将鼠标指针移到左边框线或右边框线，待鼠标指针变成"⸾⮀⸾"形状时，用鼠标左键左右拖拽改变单元格的宽度。拖拽时若按 Alt 键，可使上下单元格边框线对得更整齐。

9. 合并和拆分单元格

（1）合并单元格　选中要合并的连续单元格，选择"表格工具（布局）"选项卡"合并"功能区"合并单元格"功能，即可将多个连续单元格合并为一个单元格。使用"表格工具（设计）"选项卡"绘图边框"下"擦除"工具擦除两个单元格之间边框线，也可以实现两个单元格的合并。

（2）拆分单元格　将插入点置于要拆分的单元格内，选择"表格工具（布局）"选项卡"合并"功能区"拆分单元格"功能，弹出"拆分单元格"对话框，如图 4-74 所示。在对话框中设置拆分列数与行数，用鼠标左键单击"确定"按钮。使用"表格工具（设计）"选项卡"绘图边框"下"绘制表格"工具在单元格中"画线"，也可以实现对单元格的拆分。

图 4-74　"拆分单元格"对话框

10. 拆分表格

将插入点置于要拆分表格位置的行（该行拆分后将进入下面表格），选择"表格工具（布局）"选项卡"合并"功能区"拆分表格"功能，则原来一个完整的表格就被从上至下被分为两个表格了。

11. 并列表格

有时要将两个以上表格左右排列，可用下面方法实现。

① 创建左边表格后，插入一个文本框，在文本框中创建右边的表格，编辑两个表格。或者直接用两个文本框来各自创建一个表格。

② 创建两个表格后，选中包含两个表格上下各一行文本在内的部分，选择"页面设置"选项卡"页面设置"功能区"分栏"下"更多分栏"选项，弹出"分栏"对话框，将栏数设为两栏或三栏，用鼠标左键单击"确定"按钮。

③ 创建一个与文本区域同宽的表格后，用去除或添加边框线的方法将"两个表格"从视觉上左右分开，而实际上"两个表格"仍然为一个表格。

4.5.3 Word 表格中的文本处理

1．表格内文本对齐

用鼠标右键单击要设置文本对齐的单元格、整个表格、整行、整列或多个单元格，在弹出的快捷菜单中执行"单元格对齐方式"命令，如图 4-75 所示。选择 9 个选项中的任意一个，如"中部居中"。

2．设置表格对齐

选中整个表格（不要用选单元格的方法选中），选择"开始"选项卡"段落"功能区中的对齐功能。或者选择"表格工具（布局）"选项卡"表"功能区"表格属性"选项，弹出的"表格属性"对话框。在"表格"选项卡的"对齐"区域中选择一种表格对齐方式，如图 4-76 所示。

图 4-75　单元格对齐方式　　　　　图 4-76　设置表格对齐

3．表格内移动和复制文本

将表格内的文本从一个单元格移动到另一个单元格，或者从一个单元格复制到另一个单元格的操作，与编辑文本中移动和复制文本的操作方法相同。

4．整行或整列文本交换

（1）整行文本交换　选中要交换位置的下一行（不要用选单元格的方法选中）或多行，用鼠标左键拖拽最左端单元格至上一行所在位置，释放鼠标后，行与行

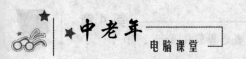

之间的文本即被交换了。

（2）整列文本交换 选中要交换位置的某一列（不分左右）或多列，用鼠标左键拖拽到其他列的位置，列与列之间的文本即被交换了。

4.5.4 Word 表格的格式化处理

1．给表格加边框

选中要添加边框的整个表格、行、列或单元格，选择"表格工具（设计）"选项卡"表格样式"功能区"边框"列表中某边框，或者选择"边框和底纹"选项，弹出"边框和底纹"对话框，如图 4-77 所示。对表格的各个部位添加不同粗度或者不同颜色的线型后，用鼠标左键单击"确定"按钮。

图 4-77 "边框和底纹"对话框

2．给表格加底纹

选中要添加底纹的整个表格、行、列或单元格，单击"表格工具（设计）"选项卡"表格样式"功能区"底纹"下拉按钮，弹出底纹色板，如图 4-78 所示。还可以选择"边框"功能下的"边框和底纹"选项，弹出"边框和底纹"对话框。对表格的各个部位添加不同颜色或者不同图案的底纹后，用鼠标左键单击"确定"按钮。

3．给表头加斜线

一般的斜线表头可以用"表格工具（设计）"选项卡"绘图边框"功能区"绘制表格"工具在单元格中"画线"的方法实现，也可以选择"表格工具（设计）"选项卡"表格样式"功能区"边框"列表中"边框和底纹"选项，弹出"边框和底纹"对话框,在"边框和底纹"对话框"边框"选项卡中对表头单元格设置斜线。

复杂的斜线单元格需要选择"插入"选项卡"插图"功能区"形状"下"线条"中的"直线"功能,用手绘方法得到,如图 4-79 所示。

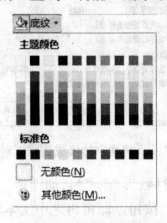

图 4-78　底纹色板

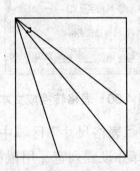

图 4-79　复杂的斜线表头

4．使用预设的表格样式

将插入点置于表格内,选择"表格工具(设计)"选项卡"表格样式"功能区中某一样式,或用鼠标左键单击"表格样式"中"其他"下拉按钮,在弹出的下拉列表中选择一种表格样式即可。

4.5.5　Word 表格与文本互换

1．将表格转换为文本

① 将插入点置于表格中任意单元格。

② 选择"表格工具(布局)"选项卡"数据"功能区"转换为文本"功能,弹出"表格转换成文本"对话框,如图 4-80 所示。

③ 在"文字分隔符"区域选择一种文字分隔符,如"制表符"。单击"确定"按钮,表格将转换为普通的文本,并在水平标尺上自动生成制表位。

2．将文本转换为表格

① 选中需要转换成表格的文本。

② 选择"插入"选项卡"表格"功能区"表格"中"文本转换成表格"选项,弹出"将文字转换成表格"对话框,如图 4-81 所示。

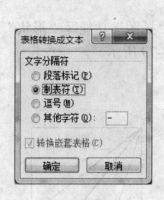

图 4-80　表格转换成文本

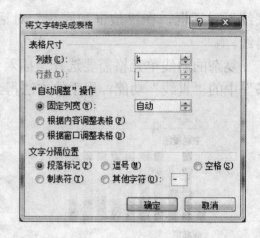

图 4-81　"将文字转换成表格"对话框

　③ 在"表格尺寸"区域中设定"列数"与"行数";在"'自动调整'操作"区域中选择并设置列宽。用鼠标左键单击"确定"按钮,即可将选中文本转换成表格。

4.5.6　Word 表格排序与计算

1. Word 表格排序

　① 将插入点置于表格内任意单元格内。

　② 选择"表格工具(布局)"选项卡"数据"功能区"排序"功能,弹出"排序"对话框,如图 4-82 所示。

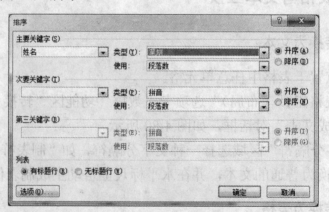

图 4-82　"排序"对话框

　③ 在对话框"主要关键字"列表框中选择用于排序依据的主关键字,如"姓名";在"类型"列表框中选择"笔划"、"数字"、"日期"、"拼音"等排序方法;

选择"升序"或"降序"等。用鼠标左键单击"确定"按钮。表格中主关键字内容即按照不同的排序方法重新排序。

2．Word 表格计算

应用 Word 2010 的"公式"功能，可对表格中的数值部分进行计算。

① 将插入点置于需要进行数值计算表格中的显示计算结果单元格内。

② 选择"表格工具（布局）"选项卡"数据"功能区"公式"功能，弹出"公式"对话框，如图 4-83 所示。

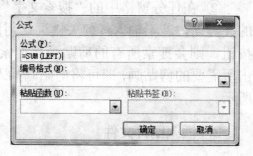

图 4-83　"公式"对话框

③ 在对话框"粘贴函数"列表框中选择用于不同运算的函数，如"SUM（求和）"、"AVERAGE（求平均）"等。在"公式"文本框中除了输入函数名外，还必须输入括号、运算范围，如"LEFT（左侧数据）"、"ABOVE（上面数据）"、"A1：A3（A1 至 A3 数据）"、"A1，A3（A1 和 A3 数据）"，以及运算符号，如"＋"、"－"、"＊"、"/"等。显示计算结果的 Word 表格如图 4-84 所示。

姓名	语文	数学	英语	总分
李建民	72	75	69	216
王丽敏	72	75	69	216
赵丽娟	76	67	90	233
刘丽	76	67	90	233
李刚	76	85	84	245
平均分	74.4	73.8	79.5	

图 4-84　显示计算结果的表格

§4.6　Word 2010 的图文混排

Word 2010 是一个图文并茂的图文混排文档，在文档中可以插入图片、图形、艺术字等。

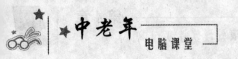

4.6.1 插入图片

1．插入剪贴画

Word 2010 提供了一个内容丰富的剪贴画库，其中包含了大量图片。

① 选择"插入"选项卡"插图"功能区"剪贴画"功能，弹出"剪贴画"任务窗格。

② 在任务窗格中的"搜索文字"搜索框中输入剪贴画的关键词，若不输入任何关键词，用鼠标左键单击"搜索"按钮，则会搜索所有的剪贴画。搜索完毕，用鼠标左键单击所需要的剪贴画，即可将剪贴画插入到文档中，如图 4-85 所示。

2．插入图片文件

图 4-85　插入的剪贴画

除剪贴画外，其他图片在计算机中都是以文件形式保存的，插入图片即打开图片文件的过程。

① 选择"插入"选项卡"插图"功能区"图片"功能，弹出"插入图片"对话框，如图 4-86 所示。

图 4-86　"插入图片"对话框

② 在导航格中选择要插入图片所在的盘符和文件夹，在内容格的文件清单中选择要插入的图片文件。双击该图片文件或用鼠标左键单击"插入"按钮，被选

中的图片文件就被插入文档中了。

3．设置图片格式

刚被插入文档中的图片，有时显示得不够完整，又不能被移动。因此，必须对该图片进行版式处理，才能进行移动、缩放图片等操作。

用鼠标右键单击插入文档中的图片，在弹出的快捷菜单中执行"大小和位置"命令，弹出"布局"对话框，如图 4-87 所示。在对话框"文字环绕"选项卡"环绕方式"区域显示了常用的几种环绕方式。

① 嵌入型。默认的插入方式，不能完整显示图片，且不能做移动图片等操作。

② 四周型。文本将排列在图片的四周，选中图片后，可对其进行移动、缩放等操作。

③ 紧密型。文本紧密排列在图片的四周，选中图片后，可对其进行移动、缩放等操作。

④ 穿越型。文本更紧密排列在图片的四周，选中图片后，可对其进行移动、缩放等操作。

⑤ 上下型。文本将排列在图片的上下，选中图片后，可对其进行移动、缩放等操作。

⑥ 浮于文字上方。文件中的图片将覆盖其下方的文本。

⑦ 浮于文字下方。图片作为文本的底衬，在文本的空白处可将图片选中。

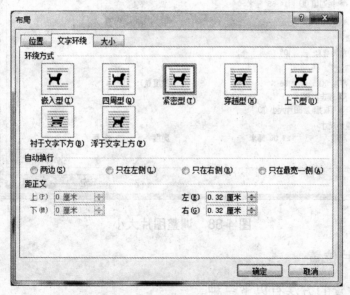

图 4-87　"布局"对话框

利用"图片工具（格式）"选项卡"排列"功能区"换行"列表中的"文字环

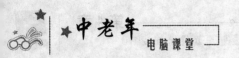

绕"选项也可以对图片版式进行设定。

4．调整图片大小

（1）利用鼠标左键拖拽图片大小　选中图片后，在图片的四周将出现 8 个控点，将鼠标放在任意一个边的控点上，当鼠标指针变成"$\updownarrow$"或"$\leftrightarrow$"形状时用鼠标左键拖拽控点，即可调整图片的高度、宽度；将鼠标放在任意一角的控点上，当鼠标指针变成"$\searrow$"或"$\swarrow$"形状时拖拽控点，可以按比例缩放图片。

（2）利用"布局"对话框调整图片大小　利用"布局"对话框可以对图片大小进行精确的调整，如图 4-88 所示。在"布局"对话框"大小"选项卡"高度"区域中可以设置图片的高度，单位为厘米；在"宽度"区域中可以设置图片的宽度，单位为厘米；在"缩放"区域中可以设定相对于原始图片尺寸的百分比。

"锁定纵横比"选项的作用是限制所选图片的高与宽的比例，以便图片能保持原始的高、宽比例。"相对原始图片大小"选项的作用是根据图片原始尺寸计算"缩放"区域中的百分比。

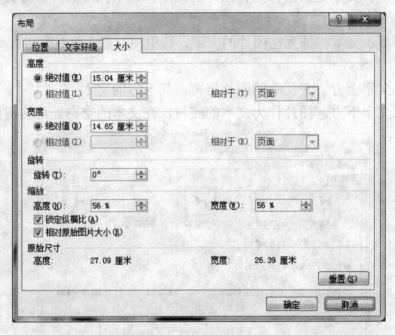

图 4-88　调整图片大小

5．调整图片位置

移动图片位置的方法有以下三种。

① 移动鼠标指针在选中图片过程中，当鼠标指针变成"$\oplus$"形状时用鼠标左键拖拽图片，可以将图片移动到文本区的任何位置。

② 选中图片后，按方向键可以使图片沿指定方向移动，每按一次移动 10 个像素的距离。

③ 选中图片后，按 Ctrl＋方向键组合键，可以使图片沿着指定方向微动，每按一次移动 1 个像素的距离。

6. 裁剪图片

如果只需要图片中的某一部分，可以利用裁剪图片的方法将多余的部分裁剪掉。

选中图片后，选择"图片工具（格式）选项卡"大小"功能区"裁剪"选项，此时鼠标指针变成"🔲"形状。将鼠标指针移到图片的裁剪控点上，待鼠标指针变成"┓"或"╋"形状时用鼠标左键拖拽，按 Alt 键的同时拖拽鼠标可以使裁剪操作更稳定、位置更准确。裁剪后的图片并未缩小，用裁剪工具还可以将其"拖大"。同样，裁剪后的图片文件与裁剪前的图片文件大小一样。要想减小图片文件，可以通过以下方法实现。

① 选中要减小文件的图片。

② 选择"图片工具（格式）"选项卡"调整"功能区"压缩图片"选项 🔲，弹出"压缩图片"对话框，如图 4-89 所示。

③ 在"应用于"区域中选中"选中的图片"单选框；在"更改分辨率"区域中选择不同的显示分辨率，如"Web/屏幕"的分辨率为 96dpi、"打印"的分辨率为 200dpi。通过改变分辨率的方法改变图片文件大小。

④ 若选择"压缩图片"复选框将对图片颜色进行压缩以减小图片文件。

⑤ 若选择"删除图片的剪裁区域"复选框，将通过舍弃图片上的被剪切区域以减小图片文件。

⑥ 用鼠标左键单击"确定"按钮完成操作。

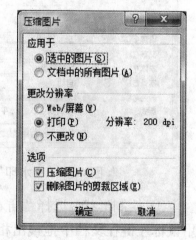

图 4-89　"压缩图片"对话框

7. 给图片设置透明色

有些图片带有背景色，在彩色背景中显得很不协调，可用"设置透明色"工具 将背景色变得透明。

选中图片，选择"图片工具（格式）"选项卡"调整"功能区"重新着色"下设置透明色"选项，此时，鼠标指针变成该工具样式，将鼠标指针移到图片背景

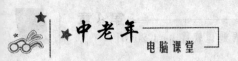

色处用鼠标左键单击，图片背景色即变透明而"消失"了。

8. 设置水印和"冲蚀"图片

选中图片，选择"图片工具（格式）"选项卡"调整"功能区"重新着色"下"冲蚀"选项，被选中图片即变成浅色的冲蚀图片。

选择"页面布局"选项卡"页面背景"功能区"水印"下某一水印选项，或选择"自定义水印"选项，弹出"水印"对话框，如图 4-90 所示。在对话框中选择"文字水印"；在"文字"框中输入水印文字，如"内部资料"；将"版式"选择为"斜式"，用鼠标左键单击"确定"按钮，在文档每页中均出现了水印效果，如图 4-91 所示。

9. 插入形状

利用形状功能可以在文本编辑区绘制一些简单的图形，如直线、矩形、椭圆、各种箭头等。

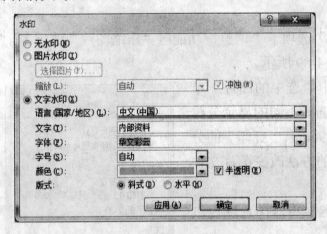

图 4-90　"水印"对话框　　　　　　图 4-91　水印效果文档

① 绘制形状。选择"插入"选项卡"插图"功能区"形状"下某个形状选项，用鼠标左键在文档中拖拽出相应的图形，如"五角星"（若绘制正方形、正圆和正五角星等，需按 Shift 的同时用鼠标左键拖拽）。

② 选定形状。若选定一个图形，用鼠标左键单击该形状即可；若同时选中多个图形，首先按 Shift 键，然后分别用鼠标左键单击要选定的图形；如果选定的多个图形位置比较集中，用鼠标拖拽将要选中的多个形状同时框住即可。

③ 修改形状。选中形状后，用鼠标左键拖拽形状周围的"控制点"可以调整其形状、大小、长短等。移动形状的方法与移动文本框的方法相同。选择"绘图工具（格式）"选项卡"排列"功能区"旋转"下某选项，可对形状进行旋转或翻

转操作，用鼠标左键拖拽选中形状上绿色的控点，也可将形状做旋转操作。用鼠标右键单击形状，在弹出的快捷菜单中执行"叠放次序"命令中的某个子命令。可处理形状与其他形状或文本的关系，还可以对形状线条粗细、颜色、阴影与三维效果等进行设置。

④ 组合和取消组合。同时选中多个形状之后，用鼠标右键单击选中的某形状，在弹出的快捷菜单中执行"组合"命令，可将选中的多个形状组合为一个图形；若执行"取消组合"命令，可将已经组合的形状分开。

10. 插入 SmartArt 图形

SmartArt 图形是用一些特定的图形效果样式来显示文本信息，具有很强的说明解释能力，可以完成多种功能。

（1）插入 SmartArt 图形　选择"插入"选项卡"插图"功能区"SmartArt 图形"功能，弹出"选择 SmartArt 图形"对话框，如图 4-92 所示。在对话框中选择一个需要的 SmartArt 图形，用鼠标左键单击"确定"按钮，即可将 SmartArt 图形插入文档中。在文档中的 SmartArt 图形中预留的文本框中输入相关文本，并调整好尺寸和位置。一个具有可读性和联想功能的 SmartArt 图形就创建好了，如图 4-93 所示。

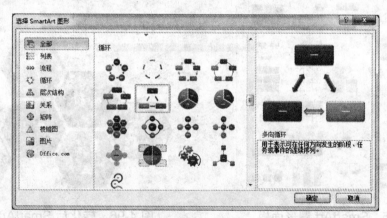

图 4-92　"选择 SmartArt 图形"对话框

（2）更改 SmartArt 图形　用鼠标左键单击插入文档中的 SmartArt 图形，选择"SmartArt 工具（设计）"选项卡"SmartArt 样式"功能区中某一种样式，还可以更改 SmartArt 图形的颜色等。

（3）在 SmartArt 图形中添加形状　在插入一个 SmartArt 图形后，如果图形中的形状不够用时，可以通过设置添加形状。

用鼠标左键单击插入文档中的 SmartArt 图形，选择"SmartArt 工具（设计）"选项卡"创建图形"功能区"添加形状"下"在后边添加形状"选项，并在新添

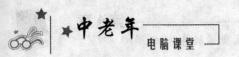
加的形状中输入相关文本，添加形状后的 SmartArt 图形如图 4-94 所示。

图 4-93　创建好的 SmartArt 图形　　　图 4-94　添加形状后的 SmartArt 图形

（4）将图片转化为 SmartArt 图形　在文档中按 Shift 键的同时，用鼠标左键单击选择多个插入文档中的图片。选择"图片工具（格式）"选项卡"图片样式"功能区"图片版式"选项，弹出 SmartArt 图形面板，如图 4-95 所示。在面板上选择一种 SmartArt 图形，对转化后的图片稍做修改，即可形成 SmartArt 图形特点的图片，如图 4-96 所示。

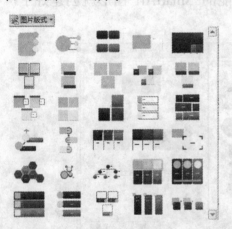

图 4-95　SmartArt 图形面板

图 4-96　转化后 SmartArt 图片

4.6.2　插入艺术字

艺术字是具有特殊视觉效果的文字，可以作为图形对象参与页面排版。

1. 插入艺术字

① 选择"插入"选项卡"文本"功能区"艺术字"选项，弹出"艺术字字库"对话框，如图 4-97 所示。

② 在对话框中用鼠标左键单击选择一种艺术字样式，出现如图 4-98 所示的编辑艺术字文字文本框。

③ 在"文字"文本框中输入或粘贴艺术字文本，并可对艺术字文本进行字体等设置，插入的艺术字如图 4-99 所示。插入到文本中的艺术字可以像图片一样进行各种操作。

2. 修改艺术字

用鼠标左键单击插入文档中的艺术字，选择"绘图工具（格式）"选项卡"艺术字样式"功能区"文本效果"下"阴影"、"映像"、"发光"、"棱台"、"三维旋转"、"转换"等选项；在"形状样式"功能区进行主题填充等设置。

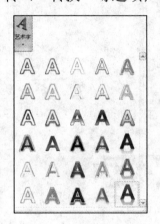

图 4-97　艺术字字库

图 4-98　编辑艺术字文字

图 4-99　创建好的艺术字

4.6.3　插入图表

① 打开一个需要创建图表的 Word 表格，如图 4-100 所示。

姓名	语文	数学	英语
李建民	72	75	69
王丽敏	72	75	69
赵丽娟	76	67	90
刘丽	76	67	90
李刚	76	85	84

图 4-100　待创建图表的 Word 表格

② 在表格下方用鼠标左键单击，选择"插入"选项卡"插图"功能区"图表"

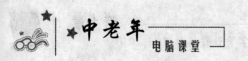

选项,弹出"插入图表"对话框,如图 4-101 所示。选择一种图表样式,用鼠标左键单击"确定"按钮,桌面上出现并排显示的 Word 窗口和 Excel 窗口,如图 4-102 所示。

③ 将 Excel 工作表中的数据删除,将 Word 表格内的数据复制到 Excel 的空表中。关闭 Excel 窗口后,一个有相应数据的图表就出现在 Word 文档中了,如图 4-103 所示。

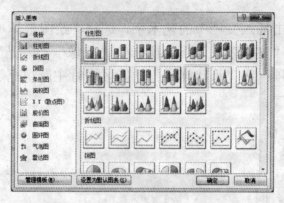

图 4-101 "插入图表"对话框

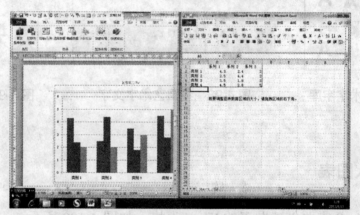

图 4-102 并排显示的 Word 和 Excel 窗口

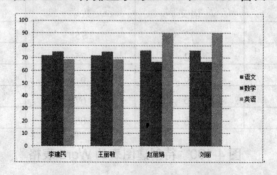

图 4-103 创建完成的 Word 图表

§4.7 Word 2010 文档的高级编排

4.7.1 使用中文版式

1. 设置带圈字符

选中文本，选择"开始"选项卡"字体"功能区"带圈字符"选项，弹出"带圈字符"对话框，如图 4-104 所示。在对话框中设置带字符的样式、圈号等，用鼠标左键单击"确定"。创建好的带圈文字如图 4-105 所示。

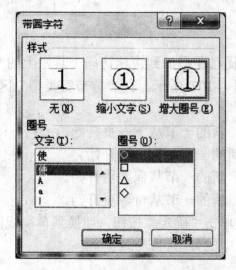

图 4-104 "带圈字符"对话框　　　　　图 4-105 带圈文字效果

2. 设置首字下沉

用鼠标左键单击要设置首字下沉的段落，选择"插入"选项卡"文本"功能区"首字下沉"下"下沉"或"悬挂"选项，若选择"首字下沉"选项，弹出"首字下沉"对话框，如图 4-106 所示。在对话框中"位置"区域选择"下沉"或"悬挂"选项，以选择"下沉"为例，还可在"选项"区域设置下沉字体、下沉行数等。用鼠标左键单击"确定"按钮。首字下沉文档如下所示。

图 4-106 "首字下沉"对话框

有一种朋友，我想那是一种介于友情与爱情之间的情感，你会在偶尔的一时间默默地想念他，想起他时，心里暖暖的，有一份美好，有一份感动。在忧愁和烦恼的时候，你会想起他，你很希望他能在你的身边，给你安慰，给你理解，而你却从没有向他倾诉，你怕属于自己的那份忧伤会妨碍他平静的生活。你会因为一首歌，一种颜色，想起他，想起他的真挚，想起他的执着，想起他那曾经一起经历过的风风雨雨。

4.7.2 设置文档分节

当文档中需要采用不同的页面设置、纸张大小或者页眉和页脚时，就需要插入分节符。

1. 插入分节符

将插入点移至要创建新节的开始处，选择已经添加到快速访问工具栏上的“分隔符”工具，弹出“分隔符”对话框，如图 4-107 所示。在“分节符类型”区域选择一种类型。

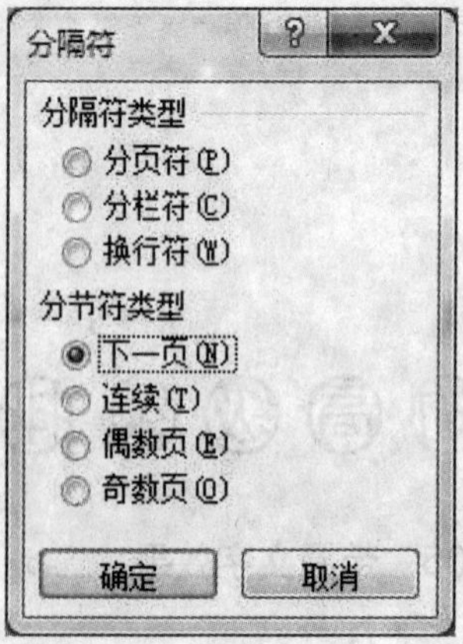
分隔符
分隔符类型
分页符(P)
分栏符(C)
换行符(W)
分节符类型
下一页(N)
连续(T)
偶数页(E)
奇数页(O)
确定
取消

图 4-107 “分隔符”对话框

① 下一页。新的一节从下一页开始。
② 连续。新的一节从下一行开始。
③ 偶数页。新的一节从偶数页开始。
④ 奇数页。新的一节从奇数页开始。

用鼠标左键单击“确定”按钮，切换到草稿视图，便可以看到文档中的分节符。

2. 删除分节符

在草稿视图中将分节符选中，如图 4-108 所示。按退格键或 Delete 键，分节符将被删除，原分节符以上的文本所对应格式也将同时被删除，并采用与原分节符以下的文本相同的格式。

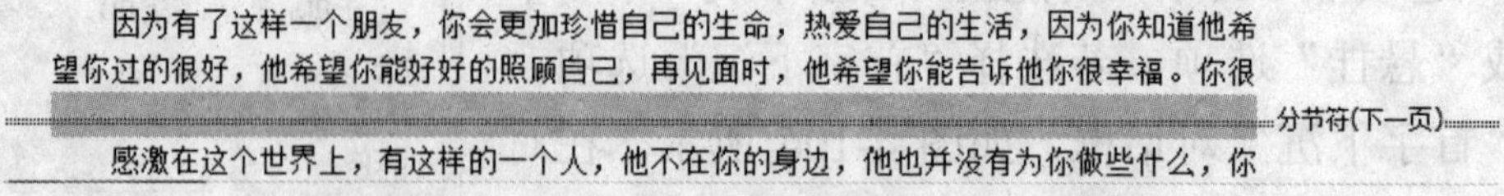
因为有了这样一个朋友，你会更加珍惜自己的生命，热爱自己的生活，因为你知道他希望你过的很好，他希望你能好好的照顾自己，再见面时，他希望你能告诉他你很幸福。你很
分节符(下一页)
感激在这个世界上，有这样的一个人，他不在你的身边，他也并没有为你做些什么，你

图 4-108 在草稿视图中的分节符

4.7.3 插入域

域是一种特殊的代码，用于在文档中插入需要随时更新的内容。

1．插入域

选择已经添加到快速访问工具栏上的"修改域"工具，弹出"域"对话框，如图 4-109 所示。在"类别"列表中选择域类别，如"日期和时间"；在"域名"列表中选择该类别中的一个域名，如"SaveDate"（上次保存文档的日期）；在"日期格式"列表中选择一种日期格式，如"二〇一二年一月二十六日"，用鼠标左键单击"确定"按钮。

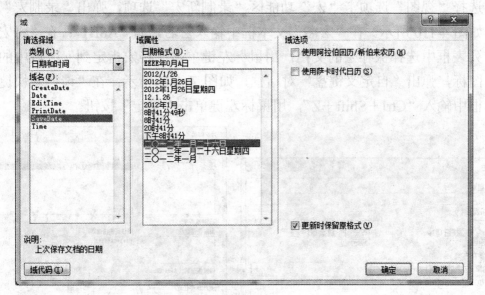

图 4-109 "域"对话框

2．查看域

查看域有域结果和域代码两种方式。通常在文档中看到的是域结果。显示域代码的方法是用鼠标右键单击某个域，在弹出的快捷菜单中执行"切换域代码"命令（Shift＋F9 组合键），即可在文档中看到域代码。若想将域代码恢复成域结果，再执行一次"切换域代码"命令（Shift＋F9 组合键）即可。

3．更新域和锁定域

在文档中有些域是自动更新的，而有些域则需要在选中域后按 F9 键进行更新。有两种方法可以防止更新域的结果。一是选中域后，按 Ctrl＋F11 组合键（解除用 Ctrl＋Shift＋F11 组合键）；二是将选中的域用 Ctrl＋Shift＋F9 组合键转换成常规文本。

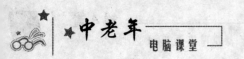
4.7.4 创建宏

宏是自动记录一系列操作的命令和指令，并将其集合到一起，形成一个命令，从而实现执行任务自动化的一种方法。

1. 录制宏

选择"视图"选项卡"宏"功能区"录制新宏"选项，弹出"录制宏"对话框，如图4-110所示。在"宏名"文本框中输入宏名，如"A8B1"；在"将宏保存在"列表框中选择保存宏的文档；用鼠标左键单击"将宏指定到"区域中的"键盘"图标，弹出"自定义键盘"对话框，如图4-111所示。在"请按新快捷键"文本框中输入"Ctrl+Shift+Z"，用鼠标左键单击"确定"按钮。

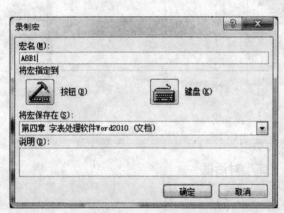

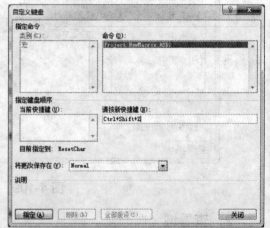

图4-110 "录制宏"对话框   图4-111 "自定义键盘"对话框

此时，鼠标指针变成一个"磁带"形状，系统开始将用户的每一步操作都录制下来。操作完毕，选择"视图"选项卡"宏"功能区"停止录制"选项。至此，录制宏操作结束。

2. 使用宏

在创建了宏的文档中，选择"视图"选项卡"宏"功能区"宏"选项，弹出"宏"对话框，如图4-112所示。用鼠标左键单击"运行"按钮，系统将回放录制过程。若定义了快捷键，按下快捷键，也可以运行宏。

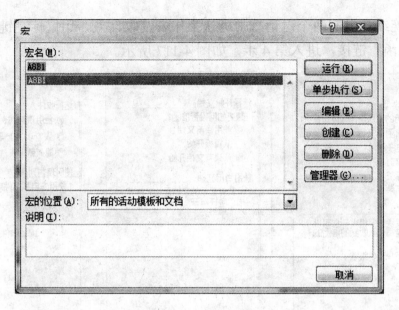

图 4-112　运行宏

4.7.5　创建邮件合并

创建一个需要多次打印发送，并且每份要发送给不同收件人的套用信函的操作叫作邮件合并。以发送一个缴费通知为例，说明创建邮件合并的方法步骤。

① 打开一个套用信函文档，如下所示。

> #### 缴费通知
>
> 您好：
>
> 　　您的电话　现已欠费　　个月，欠费金额　　元，望您在 9 月 15 日前及时到通讯公司营业厅缴纳话费，否则将做拆机处理。
>
> 　　谢谢合作！
>
> 恒利达通讯公司

② 选择"邮件"选项卡"开始邮件合并"功能区"开始邮件合并"下"邮件合并分步向导"选项，弹出"邮件合并"任务窗格，共 6 步，如图 4-113 所示。

③ 在第 1 步"选择文档类型"区域选中"信函"单选框；用鼠标左键单击"下一步 正在启动文档"链接，进入第 2 步，如图 4-114 所示。默认"使用当前文档"，用鼠标左键单击"下一步 选取收件人"链接，进入第 3 步，如图 4-115 所示。用鼠标左键单击"使用现有列表"区域中的"浏览"链接，弹出"选取数据源"对话框，如图 4-116 所示。在对话框中选择 Excel 文件 ZY8，用鼠标左键单击"打开"

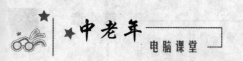

按钮。在连续弹出的两个对话框中确认工作表及收件人，用鼠标左键单击"下一步 撰写信函"链接，进入第 4 步，如图 4-117 所示。

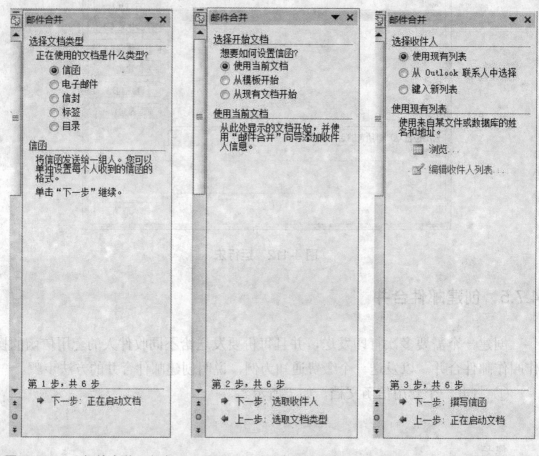

图 4-113　"邮件合并"任务　　图 4-14　创建邮件合并　　图 4-115　创建邮件合并
　　　　窗格　　　　　　　　　　第 2 步　　　　　　　　　　第 3 步

④ 用鼠标左键在套用信函指定位置单击，用鼠标左键单击"其他项目"链接，逐项插入套用信函需要填空处。每填完一项用鼠标左键单击"关闭"按钮。填充后的套用信函文档如下。

《姓名》您好：

　　您的电话《电话号码》 现已欠费《欠费月数》 个月，欠费金额 《欠费金额》 元，望您在 9 月 15 日前及时到通讯公司营业厅缴纳话费，否则将做拆机处理。谢谢合作！

恒利达通讯公司

图 4-116　"选取数据源"对话框

图 4-117　创建邮件
合并第 4 步

⑤ 用鼠标左键单击"下一步 预览信函"链接，如图 4-118 所示。套用信函显示第一个收件人的相关信息如下。

　　秦雪您好：
　　您的电话 6839122　现已欠费 3　　个月，欠费金额 312.56　　元，望您在 9 月 15 日前及时到通讯公司营业厅缴纳话费，否则将做拆机处理。
　　谢谢合作！

恒利达通讯公司

⑥ 用鼠标左键单击"下一步 完成合并"链接，再用鼠标左键单击"编辑单个信函"链接，如图 4-119 所示。弹出"合并到新文档"对话框，如图 4-120 所示。用鼠标左键单击"确定"按钮。

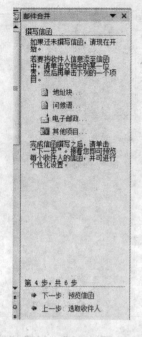
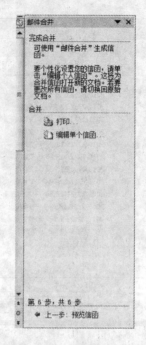
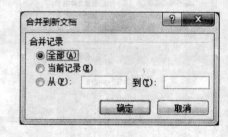

图 4-118　创建邮件合并　　图 4-119　创建邮件合并　　　图 4-120　"合并到新文档"
　　　　第 5 步　　　　　　　　　　　第 6 步　　　　　　　　　　　对话框

在草稿视图中将分节符删除后，经过邮件合并操作后的套用信函文档如下。

秦雪您好：

　　您的电话 6839122　现已欠费 3　　个月，欠费金额 312.56　　元，望您在 9 月 15 日前及时到通讯公司营业厅缴纳话费，否则将做拆机处理。

　　谢谢合作！

恒利达通讯公司

杨成您好：

　　您的电话 6827185　现已欠费 5　　个月，欠费金额 368.78　　元，望您在 9 月 15 日前及时到通讯公司营业厅缴纳话费，否则将做拆机处理。

　　谢谢合作！

恒利达通讯公司

李达您好：

　　您的电话 6939456　现已欠费 4　　个月，欠费金额 425.23　　元，望您在 9 月 15 日前及时到通讯公司营业厅缴纳话费，否则将做拆机处理。

　　谢谢合作！

恒利达通讯公司

董军您好：

您的电话 6741523 现已欠费 6 个月，欠费金额 480 元，望您在 9 月 15 日前及时到通讯公司营业厅缴纳话费，否则将做拆机处理。

谢谢合作！

恒利达通讯公司

陈连您好：

您的电话 6530206 现已欠费 8 个月，欠费金额 512.52 元，望您在 9 月 15 日前及时到通讯公司营业厅缴纳话费，否则将做拆机处理。

谢谢合作！

恒利达通讯公司

【本章小结】

本章介绍了 Word 2010 应用程序的启动、退出，Word 2010 文档的基本操作，Word 2010 的文本输入和编辑方法，Word 2010 文档的排版、图文混排和 Word 表格的制作。一篇文稿从输入文本到最后定稿要经过很多过程，很多操作要反复多次才能完成。具有熟练的编辑文本技能，掌握完美的排版技术是处理好 Word 2010 文档的根本途径。通过本章的学习，相信中老年朋友对 Word 2010 这个中文字表处理软件会有一个新的认识和提高。

第 5 章　电子表格处理软件 Excel 2010

【学习目标】
➢ 了解电子表格软件 Excel 2010 的基本概念，明确工作簿和工作表的关系，熟悉 Excel 2010 的工作界面
➢ 熟悉 Excel 2010 中数据的输入方法和技巧
➢ 学会制作工作表，掌握对工作表的编辑和格式化
➢ 掌握运用公式和函数对工作表进行计算，利用工作表中的相关数据制作图表和进行数据库等操作。

【知识要点】
◆ Excel 2010 的工作环境
◆ Excel 2010 工作簿和工作表的基本操作
◆ Excel 2010 的数据输入
◆ Excel 2010 工作表编辑
◆ Excel 2010 工作表的格式化处理
◆ 在 Excel 2010 工作表中插入图表
◆ Excel 2010 的工作表计算
◆ Excel 2010 的数据库操作

§5.1　Excel 2010 的工作环境

Excel 2010 同 Word 2010 一样，也是 Office 2010 的重要组件之一。Excel 2010 是以工作表的方式进行数据运算和分析的，因此也叫电子表格处理软件。

5.1.1　Excel 2010 的工作界面

启动和退出 Excel 2010 的方法步骤同 Word 2010 一样。启动 Excel 2010 后的工作界面如图 5-1 所示。其中一些窗口元素的作用和 Word 2010 的窗口类似，但有些窗口元素是 Excel 2010 所独有的。

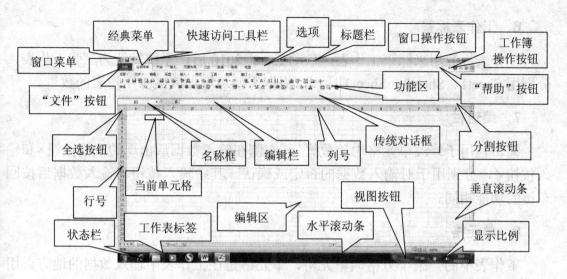

图 5-1　Excel 2010 应用程序窗口

1．工作簿窗口

工作簿窗口也叫应用程序窗口，类似于 Word 2010 的应用程序窗口。同 Word 2010 一样，一个工作簿窗口也可以同时容纳多个工作簿文件，系统默认的文件名为工作簿 n（n 为一数字序号）。

2．工作表

工作表是用户操作的工作界面，类似于 Word 2010 中的文档窗口，但工作表并不是文件，只是依附于工作簿的一个工作界面。与 Word 2010"一个文档一张'白纸'"不同的是，在一个工作簿中可以容纳至少 255 个工作表。

3．行号

行号是工作表左端的数字，一个工作表共有 1048 576 行，分别用 1、2、3······1048 576 标识。

4．列号

列号是工作表顶端的字母，一个工作表共有 16 384 列，分别用 A、B、C······AA、AB、AC······XFD 标识。

5．全选按钮

用鼠标左键单击该按钮，可将整个工作表选中。

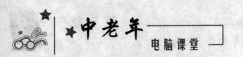

6. 工作表标签

工作表标签用来标识工作表，启动 Excel 2010 后，系统默认为三张工作表，分别用 Sheet1、Sheet2、Sheet3 标识，根据需要可增加或减少工作表的数量。

7. 编辑栏

编辑栏用于修改单元格中的数据。其左侧在输入数据后出现的取消按钮×和输入按钮✓，分别用于对输入数据的否定或确认。其中输入按钮与输入数据后按回车键的功能相同。

8. 单元格

工作表中的一个个方格叫单元格，单元格是在工作表中输入数据的地方。用

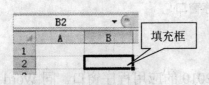

图5-2 当前单元格

户在一个时间内只能在一个单元格中进行输入数据操作，该单元格被称为当前单元格。当前单元格的标志如图 5-2 所示，其周围由黑框组成，右下角有一个"黑块"叫填充框，在左上角的名称框中显示了当前单元格的地址，当前单元格的地址由其所在的列号和行号组成，如 B2。在选中单元格区域中当前单元格为一个白色单元格。

9. 分割按钮

分割按钮用于将窗口分割成两个或四个具有相同内容的工作表，用于锁定工作表表头的操作。

10. 名称框

用列号与行号或用 R1C1 引用样式（执行"文件"|"选项"|"公式"|"R1C1引用样式"命令）表示的名称框用于显示当前单元格的地址，如 B2 或 R2C2（R表示行，C 表示列）。

5.1.2 填充框的功能

1. 复制数据

在当前单元格中输入文字数据"电脑"（引号不输入，下同）后，将鼠标指针移到该单元格的填充框上，当鼠标指针变成"＋"形状时用鼠标左键向任意一个方向拖拽，在连续单元格中将复制出多个文字数据"电脑"来。

2. 复制公式

在 A1 单元格中输入"100",在 B1 单元格中输入"200",在 C1 单元格中输入公式"=A1+B1",按回车键或用鼠标左键单击编辑栏中的输入按钮✓,在 C1 单元格中将显示计算结果"300"。然后在 A2 单元格中输入"400",在 B2 单元格中输入"500",最后使 C1 单元格成为当前单元格,将鼠标指针移到该单元格填充框上,当鼠标指针变成"+"形状时用鼠标左键向下拖拽,在 C2 单元格中显示计算结果为"900"。

3. 填充序列

(1) 填充星期序列 在某一单元格中输入"星期一",用鼠标左键向任意一个方向拖拽该单元格填充框,会在连续单元格中显示"星期一"、"星期二"、"星期三"……"星期日"的星期序列。若在某一单元格中输入"一",用鼠标左键向任意一个方向拖拽该单元格填充框,会在连续单元格中显示"一"、"二"、"三"……"日"的星期序列。

(2) 填充月份和日期序列 在某一单元格中输入"一月"(或"正月"),用鼠标左键向任意一个方向拖拽该单元格填充框,会在连续单元格中显示"一月"、"二月"、"三月"……"十二月"(或"正月"、"二月"、"三月"……"腊月")的月份序列。在某一单元格中输入"1 月"(或"1 日"),用鼠标左键向任意一个方向拖拽该单元格填充框,会在连续单元格中显示"1 月"、"2 月"、"3 月"……"12 月"(或"1 日"、"2 日"、"3 日"……"31 日")的月份(或日份)序列[注意:拖拽到指定月份或日份时要停止拖拽,防止出现"13 月"(或"32 日")的现象]。

在某一单元格中输入能够显示"1 月 1 日"的数据"1/1",用鼠标左键向右或下方拖拽该单元格的填充框,会在连续单元格中显示"1 月 1 日"、"1 月 2 日"、"1 月 3 日"……"1 月 31 日"、"2 月 1 日"……的日期序列。

(3) 填充数字序列 在某一单元格输入数字"1",按【Ctrl】键的同时用鼠标左键向任意一个方向拖拽该单元格的填充框,会在连续单元格中显示"1"、"2"、"3"、"4"……的数字序列。在连续两个单元格中输入"1"和"2"后并将两个单元格选中,用鼠标左键向右或下方拖拽"2"所在单元格填充框,用创建"等差序列"的方法也可以实现填充数字序列。

(4) 填充其他序列 在某一单元格中输入"甲"字,用鼠标左键向任意一个方向拖拽该单元格填充框,会在连续单元格中显示我国农历中的天干(甲、乙、丙、丁、戊、己、庚、辛、壬、癸)序列;在某一单元格中输入"子"字,用鼠标左键向任意一个方向拖拽该单元格填充框,会在连续单元格中显示我国农历中的地支(子、丑、寅、卯、辰、巳、午、未、申、酉、戌、亥)序列。

（5）**自定义填充序列**　首先在连续单元格中输入一组序列，如"计算机"、"电视机"、"打印机"、"洗衣机"、"电冰箱"、"照相机"、"摄像机"……并选中该序列；执行"文件"|"选项"命令，弹出"Excel 选项"对话框，如图 5-3 所示。在"高级"选项卡"常规"区域中用鼠标左键单击"编辑自定义列表"按钮，弹出"自定义序列"对话框，如图 5-4 所示。用鼠标左键单击"导入"按钮，该组序列便进入"输入序列"对话框，用鼠标左键单击"确定"按钮，退出该对话框之后，就可以像使用其他序列一样使用该自定义序列了。

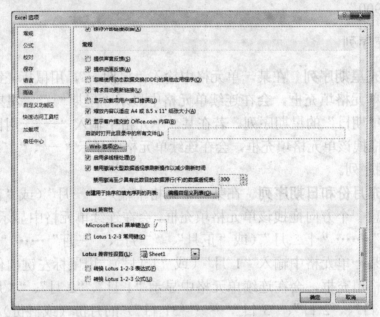

图 5-3　"Excel 选项"对话框

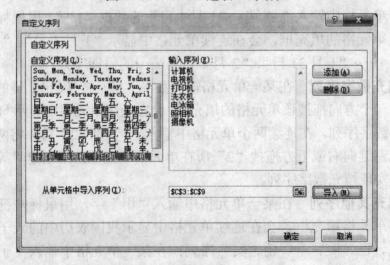

图 5-4　"自定义序列"对话框

（6）快速填充数据　例如，要在工作表中输入每月的最后一天，可用下面两种方法快速填充。

方法一：首先在 A 列输入"1 月～12 月"的填充序列，然后在 B 列（A 列"1 月"的右侧）单元格中输入"2012-1-31"，用鼠标左键向下拖拽该单元格填充框，得到"2012-2-1"，再用鼠标左键单击出现在"2012-2-1"单元格右侧"自动填充选项"中的"以月填充"选项，得到"2012-2-29"。最后在"2012-2-29"单元格填充框上用鼠标左键双击，即可得到每月最后一天日期。

方法二：首先在 A 列第 1 个单元格输入"2012-1-31"，并由上至下选择包括"2012-1-31"在内的共 12 个单元格，然后选择"开始"选项卡"编辑"功能区"填充"下"系列"选项，弹出"序列"对话框。在对话框中设置"序列产生在"为"列"、"类型"为"日期"、"日期单位"为"月"后，用鼠标左键单击"确定"按钮，在选择各单元格内也会出现每个月的最后一天。

§5.2　工作簿与工作表的基本操作

5.2.1　工作簿操作

1．创建新工作簿

（1）创建空白工作簿　启动 Excel 2010 时，系统会自动创建一个名为"工作簿 1"的空白工作簿。在操作过程中，用户还可以随时创建一个空白工作簿。执行"文件"|"新建"命令，在打开的可用模板设置区中选择"空工作簿"选项，用鼠标左键单击"创建"按钮，或者直接用鼠标左键双击"空工作簿"选项，即可创建一个空白工作簿。创建一个工作簿后，Excel 2010 会自动给该工作簿暂时命名为工作簿 2、工作簿 3……用户在保存文档时，可以将其更改为一个有意义的名字。

（2）利用模板创建工作簿

① 利用"可用模板"创建。执行"文件"|"新建"命令，在打开的"可用模板"设置区中选择一个模板，如图 5-5 所示"样本模板"中的"血压监测"模板。用鼠标左键双击该模板，弹出该模板操作窗口，如图 5-6 所示。

② 利用"Office.com 模板"创建。与计算机网络连接，执行"文件"|"新建"命令，在打开的"Office.com 模板"设置区中选择一个模板，如图 5-7 所示的"备忘录"。用鼠标左键单击"下载"按钮，在计算机网络中进行下载并进行相应操作，利用"Office.com 模板"创建的备忘录工作簿如图 5-8 所示。

血压跟踪报告

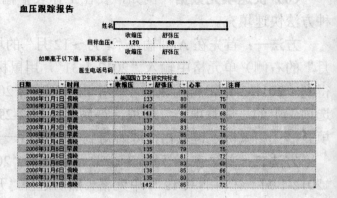

图 5-6 模板操作窗口

图 5-5 "血压监测"模板

图 5-8 备忘录工作簿

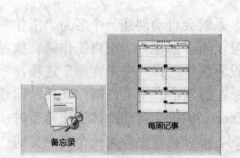

图 5-7 备忘录模板

2．打开工作簿

打开工作簿是将已经保存在计算机中的工作簿打开，并在 Excel 2010 窗口中显示该工作簿。

（1）利用"打开"对话框打开工作簿 执行"文件"|"打开"命令，弹出"打开"对话框。在对话框导航格中确定打开文件的所在位置，如 D 盘作业素材 DATA1 文件夹，在内容格的文件清单中选择一个或多个要打开的工作簿，如图 5-9 中显

示的是同时被选中了 5 个工作簿。用鼠标左键单击"打开"按钮。被选中的工作簿便依次被显示到 Excel 2010 的窗口中。

图 5-9　"打开"对话框

在 Excel 2010 工作簿窗口中，一般只需显示一个工作簿，并允许对其进行操作。如对其他已经打开的工作簿进行浏览或操作，可用鼠标左键单击任务栏上图标区域中的 Excel 图标，在打开横向显示的预览窗口中用鼠标左键单击相应工作簿即可。

（2）打开最近操作过的工作簿　Excel 2010 具有记忆功能，可以将最近几次使用的工作簿名称保存在指定位置。

执行"文件"|"最近所用文件"命令，弹出最近使用的工作簿操作界面，如图 5-10 所示。在"最近使用的工作簿"区域列出了最近打开并操作过的工作簿，在"最近的位置"列表中列出了最近使用工作簿所在的文件夹。用鼠标左键单击某个工作簿名称，即可打开该工作簿。

对于相对固定操作的工作簿，可用鼠标左键单击该工作簿名称右侧的"图钉"按钮，将其固定在该区域。选择"最近使用的工作簿"区域下方"快速访问此数目的'最近使用的工作簿'"选项（可设定数目 n^1，默认 4 个工作簿），将在"文件"列表中显示从上至下 n 个数目的工作簿名称。

对于经常操作的工作簿，还可以用鼠标左键单击快速访问工具栏右端下拉按钮，在弹出的列表中选择"打开最近使用过的文件"选项，在快速访问工具栏上新增加一个"打开最近使用过的文件"按钮。用鼠标左键单击该按钮，即可快速进入"文件"的"最近所用文件"选项中。

---

1 n——任意一个数字，下同。

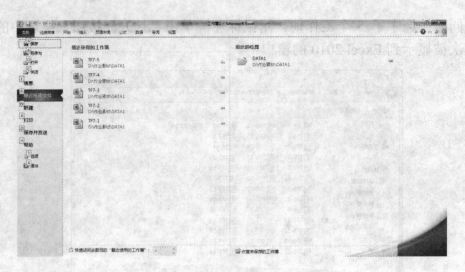

图 5-10　最近使用的工作簿和位置

（3）以只读或副本方式打开工作簿　为了保护 Excel 2010 工作簿不被修改，可以选择以只读方式或副本方式打开工作簿。

以只读方式打开工作簿时，如果在编辑过程中对工作簿进行了修改，则在保存工作簿时不允许以原来的文件名保存工作簿。

以副本方式打开工作簿是在原工作簿所在文件夹中创建原工作簿的一个副本，并将其打开。以副本方式打开的工作簿带有"副本"字样，对副本所做的任何修改都不会影响到原始工作簿的内容。

以只读方式或副本方式打开工作簿的方法步骤如下。

① 执行"文件"|"打开"命令，弹出"打开"对话框。

② 在对话框中选中需要打开的工作簿。

③ 用鼠标左键单击"打开"下拉按钮，在弹出的列表中选择"以只读方式打开"或"以副本方式打开"选项，如图 5-11 所示。选中的工作簿即以只读方式或以副本方式打开。

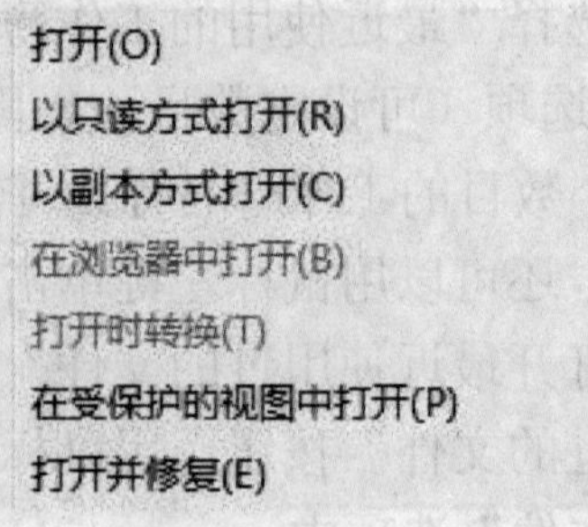

打开(O)

以只读方式打开(R)

以副本方式打开(C)

在浏览器中打开(B)

打开时转换(T)

在受保护的视图中打开(P)

打开并修复(E)

图 5-11　选择不同的工作簿打开方式

3．保存工作簿

（1）保存新工作簿 执行"文件"|"保存"、"另存为"命令或者单击快速访问工具栏上的"保存"按钮![icon]，弹出"另存为"对话框，如图 4-13 所示。

在对话框"文件名"文本框中输入一个新的文件名，如"练习 1"。若不输入，Excel 2010 会以"工作簿 n"作为文件名保存。在导航格中选择保存工作簿的位置（盘符和文件夹），如 D 盘 3-15 文件夹。在"保存类型"列表框中选择一种文件类型，如"Excel 97-2003 工作簿"。最后用鼠标左键单击"保存"按钮，新建工作簿即被保存到磁盘指定位置上了。

（2）保存已有的工作簿 执行"文件"|"保存"命令，或者用鼠标左键单击快速访问工具栏的"保存"按钮，Excel 2010 将不再弹出"另存为"对话框。工作簿被又一次保存后，仍然处于编辑状态，用户可以继续对其进行编辑。

4．保护工作簿和工作表

（1）设置工作簿打开权限 设置工作簿打开权限方法是，在"另存为"对话框中用鼠标左键单击"工具"下拉按钮，在下拉列表中选择"常规选项"选项，弹出"常规选项"对话框，如图 5-12 所示。在"打开权限密码"和"修改权限密码"文本框中分别输入密码，并按照提示进行相关操作。

（2）保护工作簿 在经典菜单中执行"工具" | "保护"|"保护工作簿" | '保护工作簿"命令，弹出"保护结构和窗口"对话框，如图 5-13 所示。如果勾选"结构"复选框，可以防止修改工作簿的结构；如果勾选"窗口"复选框，可以使工作簿的窗口保持当前形式，窗口控制按钮变为隐藏，并且多数窗口功能将不起作用，如"移动窗口"、"最小化窗口"、"关闭窗口"等。在密码文本框中可以输入密码。用鼠标左键单击"确定"按钮，完成对工作簿的保护。

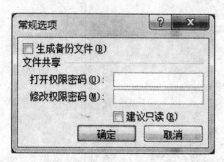

图 5-12 "常规选项"对话框

图 5-13 "保护结构和窗口"对话框

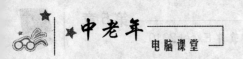

(3) 保护工作表 对工作簿进行保护之后,虽然不能对工作表进行删除、移动等操作,但是工作表中的数据还是可以被修改的。为了防止他人修改工作表中的数据,也可以对工作表进行保护。

在经典菜单中执行"工具"|"保护"|"保护工作表"命令,弹出"保护工作表"对话框,如图 5-14 所示。在对话框中勾选"保护工作表及锁定的单元格内容"复选框,在"允许此工作表的所有用户进行"列表中选择用户在保护工作表后可以在工作表中进行的操作。

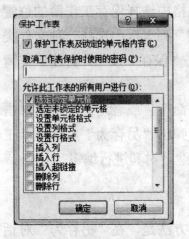

图 5-14 "保护工作表"对话框

在"取消工作表保护时使用的密码"文本框中可以输入密码。用鼠标左键单击"确定"按钮,完成对工作表的保护。

(4) 保护单元格 选定要保护的单元格或单元格区域,选择"开始"选项卡"单元格"功能区"格式"下"设置单元格格式"选项,弹出"设置单元格格式"对话框,如图 5-15 所示。在"保护"选项卡中若勾选"锁定"复选框,则工作表受保护后,单元格中的数据不能被修改;若勾选"隐藏"复选框,则工作表受保护后,单元格中的公式将被隐藏。用鼠标左键单击"确定"按钮,完成对单元格的保护。最后还必须执行一次"保护工作表"操作,对工作表设置保护。因为只有在工作表被保护时,锁定单元格或隐藏公式才有效。否则,设置的单元格保护无效。

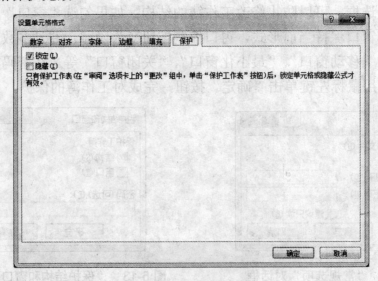

图 5-15 保护单元格

5.2.2　工作表操作

1．插入工作表

选中当前工作表，如 Sheet1，在经典菜单中执行"插入"|"工作表"命令，在当前工作表 Sheet1 之前会插入一个新的工作表，如 Sheet4。还可以用鼠标右键单击某一工作表标签，在弹出的快捷菜单中执行"插入"命令，弹出"插入"对话框，如图 5-16 所示。在"常用"选项卡中用鼠标左键单击"工作表"图标，用鼠标左键单击"确定"按钮，在该工作表标签前也会插入一个新的工作表。最简单的方法是用鼠标左键单击工作表标签右端的"插入工作表"按钮或按【shift＋F11】组合键，在工作表标签右端会插入一个新的工作表。

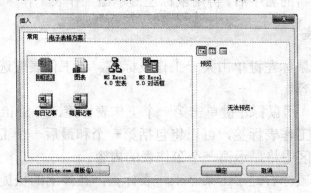

图 5-16　"插入"对话框

2．删除工作表

用鼠标右键单击要删除的工作表标签，在弹出的快捷菜单中执行"删除"命令，即可将该工作表删除，如果工作表中有数据，系统将提示是否将该工作表删除，如图 5-17 所示。工作表的删除是无法恢复的，因此，删除工作表时一定要慎重，重要的工作表应建立备份。

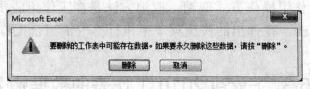

图 5-17　删除工作表

3．移动工作表

用鼠标左键拖拽某一工作表标签左右移动，可以改变其在工作表标签序列中的位置。

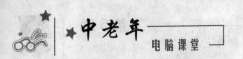
4．复制工作表

按 Ctrl 键的同时用鼠标左键拖拽某一工作表标签左右移动，可以在工作表标签序列中增加一个与该工作表名字相同的并标注有"（2）"的工作表，其内容与被拖拽工作表完全一样。

还可以用鼠标左键单击源工作表的全选按钮，执行"复制"命令，再用鼠标左键单击目标工作表 A1 单元格，执行"粘贴"命令，即可将源工作表中的全部内容复制到目标工作表中。

5．给工作表重新命名

用鼠标右键单击某一工作表标签，在弹出的菜单中执行"重命名"命令，在工作表标签上输入新的名字后，再用鼠标左键单击工作表工作区使新的命名生效。

6．选定工作表

（1）单选　用鼠标左键单击某一工作表标签，该工作表被选中并在工作区中显示该工作表的内容。

（2）连续多选　用鼠标左键单击第一个工作表标签，按 Shift 键的同时用鼠标左键单击最后一个工作表标签，可以将包括第一个和最后一个工作表之间的所有工作表选中，工作区中将显示第一个工作表的内容。

（3）全选　用鼠标右键单击某一工作表标签，在弹出的快捷菜单中执行"选定全部工作表"命令，即可将当前工作簿中全部工作表选定。

（4）跳选　按 Ctrl 键的同时逐个用鼠标左键单击不连续的工作表标签，可以将在不连续位置上的工作表选中。

7．工作组操作

当同时选中了两个以上工作表时，系统即进入了工作组操作方式。此时，在工作表中输入数据，在工作组成员的所有工作表中都会显示相同的内容。工作组操作完毕，应将工作组操作方式取消。取消方法是在工作组成员之一的工作表标签上用鼠标右键单击，在弹出的快捷菜单中执行"取消组合工作表"命令。

§5.3　Excel 2010 工作表的数据输入

5.3.1　选择当前单元格

当前单元格就像 Word 2010 中的插入点一样，只有选择了当前单元格，才能向指定工作表中输入数据。在工作表中，可用以下方法选择当前单元格。

1．用鼠标左键单击选择

用鼠标左键单击要输入数据的单元格，该单元格即成为当前单元格。

2．用方向键移动选择

用方向键可以使当前单元格选择在工作表中上、下、左、右移动。

3．用 Tab 键移动选择

按 Tab 键，可以使当前单元格选择在工作表中向右移动；按 Shift＋Tab 组合键，可以使当前单元格选择在工作表中向左移动。

4．用回车键选择

按回车键，可以使当前单元格选择在工作表中向下移动；按 Shift＋回车键组合键，可以使当前单元格选择在工作表中向上移动。

5．用快捷键选择

① 按 Home 键，可以使当前单元格选择移到其所在行的行首。

② 按 Ctrl＋Home 组合键，可以使当前单元格选择移到工作表的 A1 单元格。

③ 按 Ctrl＋End 组合键，当工作表中有数据时，可以将当前单元格选择移到工作表中数据区的右下角；当工作表中无数据时，该组合键无效。

④ 按 Ctrl＋↓组合键，可以使当前单元格选择快速移到工作表的第 1 048 576 行；工作表中有数据时则快速移到工作表中数据区的最后一行。

⑤ 按 Ctrl＋↑组合键，可以使当前单元格选择快速移到工作表的第 1 行；工作表中有数据时则快速移到工作表中数据区的最上一行。

⑥ 按 Ctrl＋→组合键，可以使当前单元格选择快速移到工作表的第 XFD 列，工作表中有数据时则快速移到工作表中数据区的最右列。

⑦ 按 Ctrl＋←组合键，可以使当前单元格选择快速移到工作表的第 A 列，工作表中有数据时则快速移到工作表中数据区的最左列。

在工作表选定区域中，只能使用 Tab 键、Shift＋Tab 组合键、回车键或 Shift＋回车键组合键选择当前单元格。

5.3.2 输入数据

1. 输入文字数据

（1）输入一般文字 一般文字数据可以直接输入，系统默认左对齐，一个单元格最多可以容纳 255 个字符（127 个汉字），系统默认一个单元格显示四个汉字，但是，多输入的文字不会丢失。

（2）输入特殊文字

① 输入身份证号。第二代身份证号由 18 位阿拉伯数字和罗马数字 X（表示数字 10，可用字母 x 代替输入）组成。当在单元格中输入 18 位阿拉伯数字后，按回车键或用鼠标左键单击编辑栏上的确认按钮√，会发现该组数字变成了科学计数法，如 110108196310304329 变成了 $1.101E+17$，同时，在编辑栏中该身份证号也变成了 110108196310304000。为了防止在输入身份证号码时出现此类"事故"，必须将该数字数据变为文本数据。最简便的方法就是先输入一个英文单引号，接着输入 18 位数字；最可靠的方法是将输入身份证行或列的单元格设置成文本格式，设置方法是在经典菜单中执行"格式" | "设置单元格格式"命令，弹出"设置单元格格式"对话框，如图 5-18 所示。在对话框"数字"选项卡中的"分类"列表中选择"文本"选项，用鼠标左键单击"确定"按钮。在该行或该列单元格中输入的身份证号就不会再出现此类错误了。

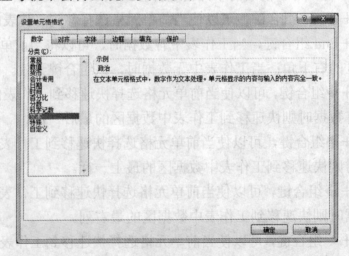

图 5-18 "设置单元格格式"对话框

② 输入以 0 开头的数字。许多单位的员工号、学号都习惯用 001、010 等数字形式表示。但是在工作表中输入上述数字后，前面的 0 消失了，如 001 变成了 1、010 变成了 10……为了防止在输入此类数字时出现上述现象，也必须将该数字

数据变为文本数据。最简便的方法是先输入一个英文单引号，最可靠的方法是将输入员工号或学号行或列的单元格设置成文本格式。接着输入此类数字，前面的 0 也就不会消失了。

③ 在不连续单元格中输入同一文字。在工作表中经常在不连续的单元格中显示同一文字，如性别中的"男"或"女"、回答提示中的"是"或"否"……输入时可按照"先跳选、后输入、再按 Ctrl＋回车键组合键"的顺序进行。"先跳选"就是在按 Ctrl 键的同时用鼠标左键逐个单击要输入文字的单元格；"后输入"就是在选定不连续单元格的基础上输入需要的一个文字，如"男"；最后按 Ctrl＋回车键组合键，在选中的不连续区域的单元格中就可以显示多个相同的"男"。

2. 输入数字数据

（1）输入一般数字　同一般文字数据一样，一般数字也可以直接输入，系统默认右对齐。一个单元格只能容纳 11 个数字，超过 8 个数字之后单元格可以按输入数字的多少自动调整所在列宽；当超过 11 个数字时，系统会将该数字按科学计数法显示。

（2）输入特殊数字

① 输入分数。输入真分数时，先输入一个 0，按空格键，再按"分子/分母"样式输入，如 $\frac{1}{2}$ 应该按"0 1/2"方式输入；输入带分数时，先输入整数部分，按空格键，再按"分子/分母"样式输入，如 $1\frac{1}{2}$ 应该按"1 1/2"方式输入。

② 零值不显示。在工作表中，零值在大多数情况下既无意义，又容易给人造成错觉。因此，在工作表中可以将其隐藏起来。方法是执行"文件"｜"Excel 选项"命令，弹出"Excel 选项"窗口。在"高级"选项卡"此工作表的显示选项"区域中取消勾选"在具有零值的单元格中显示零"复选框，用鼠标左键单击"确定"按钮，工作表中的数字 0 就被全部隐藏起来了。

③ 负数的间接输入。在工作表中输入带括号的数字，如"(1)"。按回车键或用鼠标左键单击编辑栏上的确认按钮，"(1)"就会变成"－1"。因此，在工作表中一般不要使用带括号的数字序号，若必须使用，可以使该单元格变成文本格式再输入"(1)"就可以了。

3. 输入系统日期和时间

当需要在工作表中显示当前系统日期和时间时，可以使用下面方法输入。

① 按 Ctrl＋；组合键，可以输入系统的当前日期，如 2014-3-1。

② 按 Ctrl＋Shift＋；组合键，可以输入系统的当前时间，如 8:30。

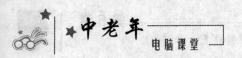

4．输入公式

公式是工作表中的重要数据。利用公式，可以对工作表中的数据进行各种运算。在开始输入公式时必须以"＝"号或"＋"号作为运算引导符。在一个公式中可以包含各种运算符、常量、变量、函数以及单元格的引用等。

公式中的运算符分为算术运算符（＋、－、*、/、^、%）、文本连接运算符（&）、比较运算符（＝、<、>、>=、<=、<>）和引用运算符[：（英文冒号）,（英文逗号）、()（英文括号）]。公式可用以下三种方法输入。

（1）直接输入法 如图 5-19 所示，在 C1 单元格中直接用键盘输入"＝A1＋B1"，按回车键或用鼠标左键单击编辑栏上的确认按钮，会在 C1 单元格中显示计算结果 300。

	A	B	C
1	100	200	=A1+B1

图 5-19 直接输入公式

（2）指针移动法 在 C1 单元格中首先输入一个"＝"号。用鼠标左键单击 A1 单元格，这时，会在 A1 单元格的周围出现一圈动态的虚线。然后在 C1 单元格中出现的 A1 后面输入一个"＋"号。最后用鼠标单击 B1 单元格，这时，也会在 B1 单元格的周围出现一圈动态的虚线，同时在 C1 单元格中会自动显示"＝A1＋B1"。按回车键或用鼠标左键单击编辑栏上的确认按钮，在 C1 单元格中将显示计算结果 300。

（3）复制公式法 如图 5-20 所示，将 C1 单元格中的公式用向下拖拽该单元格填充框的方法，将该单元格中的计算公式"＝A1＋B1"复制到 C2 单元格中，并自动变成"＝A2＋B2"，同时在 C2 单元格中显示出计算结果 900。

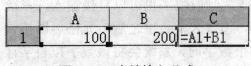

C2		▼	fx	=A2+B2
	A	B	C	
1	100	200	300	
2	400	500	900	

图 5-20 复制公式

5.3.3 输入数据有效性和准确性控制

1．用数据有效性检查输入数据

例如，对一个工作表中的数值数据要控制在 0～500（含）之间，操作方法如下。

① 选择工作表中进行有效性检查单元格区域，如图 5-21 所示。

② 选择"数据"选项卡"数据工具"功能区"数据有效性"选项，弹出"数据有效性"对话框，如图5-22所示。在对话框"设置"选项卡中选择"允许"下拉列表中的"整数"选项，设置"最小值"为0、"最大值"为500后，用鼠标左键单击"确定"按钮。

③ 在C4单元格中输入"−1"（引号不输入），观察系统"输入值非法"提示后，用鼠标左键单击"取消"按钮。

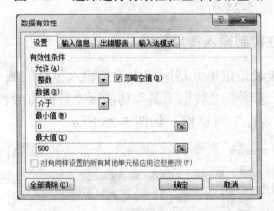

图 5-21　选择进行有效性检查单元格区域

图 5-22　用数据有效性检查输入数据

④ 选择"数据"选项卡"数据工具"功能区"圈释无效数据"选项，观察F8单元格中变化。

2. 用数据有效性控制输入数据

例如，对一个工作表的数据输入要控制在"男"和"女"两个字之间任意一个，操作方法如下。

① 创建一个空白工作簿，选定要输入性别的单元格，如I2至I20。

② 选择"数据"选项卡"数据工具"功能区"数据有效性"下"数据有效性"选项，弹出"数据有效性"对话框，如图5-23所示。在对话框中"设置"选项卡"允许"下拉列表中选择"序列"选项；在"来源"文本框中输入"男,女"（注意：男和女之间必须用英文逗号分隔），用鼠标左键单击"确定"按钮。

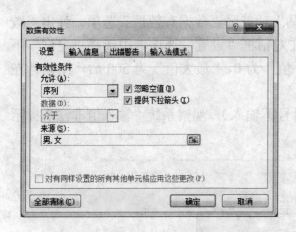

图 5-23　用数据有效性控制输入数据　　图 5-24　控制输入数据的有效性

③ 在向 I2 单元格输入数据时，该单元格右侧会出现一个下拉按钮，用鼠标左键单击该下拉按钮，在下拉列表中仅供选择"男"或"女"，从而控制了输入该列数据的有效性，如图 5-24 所示。

3．用数据有效性控制输入重复数据

例如，在一个工作表指定单元格区域内避免输入重复的城市名，操作方法如下。

① 选择"数据"选项卡"数据工具"功能区"数据有效性"下"数据有效性"选项，弹出"数据有效性"对话框，如图 5-25 所示。

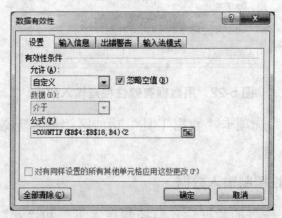

图 5-25　用数据有效性控制输入重复数据

② 在对话框"设置"选项卡"允许"下拉列表中选择"自定义"选项；在"公式"文本框中输入"＝COUNTIF($B$4:$B$18,B4)<2"（引号不输入，括号及标点符号均为英文）；在"出错警告"选项卡"错误信息"文本框中输入"城市名不能重复！"，如图 5-26 所示。用鼠标左键单击"确定"按钮。

③ 用鼠标右键单击 B4 单元格，在弹出的快捷菜单中执行"复制"命令，选

择 B5：B18，在选区中用鼠标右键单击，在弹出的快捷菜单中执行"选择性粘贴" | "选择性粘贴"命令，弹出"选择性粘贴"对话框，如图 5-27 所示。在对话框中选中"粘贴"区域中的"有效性验证"单选框，用鼠标左键单击"确定"按钮。

④ 在 B10 至 B18 单元格区域中任意单元格输入"北京"、"安阳"……观察系统反应。当输入与原工作表指定单元格区域城市名字相同的城市名字时，系统将弹出一个警告信息窗口，如图 5-28 所示。若检查已经输入数据中有无重复数据时，选择该区域，选择"数据"选项卡"数据工具"功能区"删除重复项"选项，即可将重复项数据删除，只保留唯一数据，如图 5-29 所示。

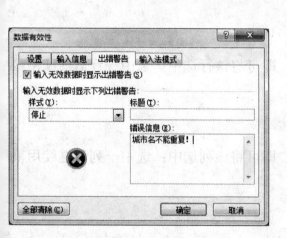

图 5-26　填写"出错警告信息"

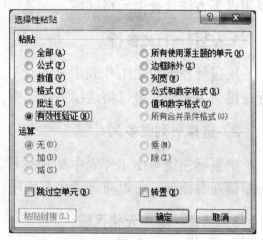

图 5-27　"选择性粘贴"对话框

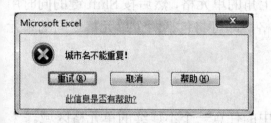

图 5-28　错误警告对话框

图 5-29　删除重复数据对话框

4. 用朗读单元格中的数据控制输入数据的准确性

① 将"朗读单元格"和"朗读单元格-停止朗读单元格"两个"不在功能区中的命令"添加到快速访问工具栏。

② 在工作表中选择需要进行校对的单元格区域，用鼠标左键单击快速访问工具栏上的"朗读单元格"工具，系统开始朗读。若中止朗读，则要用鼠标左键单击快速访问工具栏上的"朗读单元格-停止朗读单元格"工具。

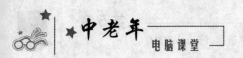

§5.4 编辑 Excel 2010 工作表

5.4.1 选择工作表区域

在编辑 Excel 2010 工作表之前，首先应将工作表中需要修改的单元格区域选中。除了上面讲到的选择当前单元格的方法之外，在 Excel 2010 工作表中，还可以用以下方法选择单元格区域。

1．选择一行或多行

用鼠标左键单击工作表中某一行号，即可将该行选中；选中一行后继续用鼠标左键上下拖拽，可以将连续多行选中。

2．选择一列或多列

用鼠标左键单击工作表中某一列号，即可将该列选中；选中一列后继续用鼠标左键左右拖拽，可以将连续多列选中。

3．选择一块单元格区域

选择一块单元格区域有两种方法。一种方法是用鼠标左键直接拖拽；另一种方法是先用鼠标左键单击某单元格区域左上角的单元格，然后按 Shift 键的同时用鼠标左键单击该单元格区域右下角的单元格，即可将包括两个单元格之间的单元格区域选中。

4．跳选

按 Ctrl 键的同时，逐个选择上述区域中的任意一个不连续的单元格区域。

5．全选

在无数据区域按 Ctrl＋A 组合键或用鼠标左键单击工作表的全选按钮，可以将工作表中 16 384×1 048 576 个单元格全部选中。

5.4.2 编辑单元格中的数据

1．在编辑栏中修改

如图 5-30 所示，在 A1 单元格中输入"北京市"并确认。若将其修改为"南京市"，在编辑栏中"北京"两个汉字之间用鼠标左键单击，用退格键将"北"字删除后，输入"南"字即可。

A1	▼	✗ ✓ fx	北京市
	A	B	C	D
1	北京市			
2				

图 5-30　在编辑栏中修改文本

2．在单元格中修改

在单元格中"北京"两个汉字之间用鼠标左键双击，用退格键将"北"字删除后，输入"南"字即可。

5.4.3　移动单元格中的数据

1．用鼠标拖拽移动

将鼠标指针移到选定单元格区域边缘，按下鼠标左键，当鼠标指针变成 ➷ 形状时，拖拽选定单元格区域到新的位置，释放鼠标，该被选定单元格区域便被移动到新的位置了。按 Shift 键的同时用鼠标左键拖拽选中行或列的边缘到其他行或列，可以实现整行或整列的数据交换。

2．用剪贴板移动

执行"剪切"命令，选中单元格区域被剪切到剪贴板中；将鼠标指针移到新的区域左上角单元格或其他工作簿（表）中指定的单元格中，执行"粘贴"命令，可将选中的单元格区域中的数据移动到新的区域、新的工作簿或新的工作表之中。

5.4.4　复制单元格中的数据

1．用鼠标拖拽选择单元格区域边缘复制

将鼠标移到选定单元格区域边缘，按下鼠标左键，当鼠标指针变成 ➷ 形状时，按住 Ctrl 键的同时用鼠标左键拖拽选择单元格区域到新的位置，释放鼠标，再释放 Ctrl 键，该单元格区域便被复制到新的位置了。

2．用鼠标拖拽选择单元格（区域）填充框复制

将鼠标指针移到当前单元格或选定单元格区域右下角填充框上，用鼠标左键向任意一个方向拖拽，可以将当前单元格或选定单元格区域中的数据连续复制到

新的位置。

3．用剪贴板复制

执行"复制"命令，将选中单元格区域复制到剪贴板中；将鼠标指针移到新的区域左上角单元格或其他工作簿（表）中指定单元格中，执行"粘贴"命令，即可将该选中单元格区域复制到新的区域、新的工作簿或工作表之中。

5.4.5 插入行、列、单元格

在要插入行、列或单元格的位置选中行、列或单元格（选几个插入几个），执行经典菜单中"插入"|"插入工作表行"|"插入工作表列"|"插入单元格"命令，即可在选定行上边插入行、选定列左边插入列，单元格将按提示位置将活动（选中单元格）单元格右移、下移，整行或整列移动，如图5-31所示。

图 5-31　插入单元格

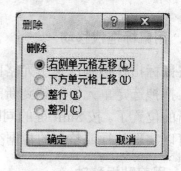

图 5-32　删除单元格

5.4.6 删除行、列、单元格

用鼠标右键单击选中的行或列，在弹出的快捷菜单中执行"删除"命令，即可将选中的行或列删除；若选中了单元格，执行"删除"命令之后，会弹出"删除"对话框，如图5-32所示。

5.4.7 清除单元格内容、格式和批注

在经典菜单中执行"编辑"|"清除"|"全部"|"格式"|"内容"命令，即可将选中的单元格或单元格区域中的格式或数据清除掉。若执行"清除"|"全部清除"命令，可以将格式和数据都清除；若单元格中插有批注文本，可以执行"清除"|"批注"命令将批注文本清除。按 Delete 键，只能将选中的单元格或单元格区域中的数据清除掉。

5.4.8　查找和替换数据

1．查找数据

选择"开始"选项卡"编辑"功能区"查找和选择"下"查找"选项，弹出"查找和替换"对话框，如图 5-33 所示。在查找内容框中输入要查找的数据，如"88"。用鼠标键单击"查找全部"按钮，在对话框下部马上显示搜索结果及所在单元格地址，并在工作表工作区中显示有该数据的一个单元格。

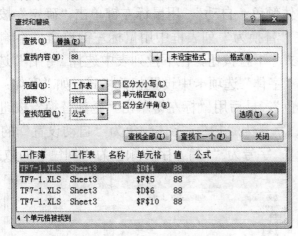

图 5-33　"查找和替换"对话框

2．替换数据

选择"开始"选项卡"编辑"功能区"查找和选择"下"替换"选项，弹出"查找和替换"对话框，如图 5-34 所示。在"替换"选项卡"查找内容"列表框中输入要查找的内容，如"（一）"；在"替换为"列表框中输入要替换的文本，如"1"，用鼠标左键单击"替换"按钮，只替换一次；用鼠标左键单击"全部替换"按钮，可以将文档中相同内容文本，如"（一）"，全部替换为要替换文本，如"1"。

图 5-34　替换操作对话框

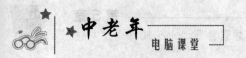

如果在"替换为"列表框中不输入任何内容，用鼠标左键单击"全部替换"按钮，则将文件中相同内容数据全部清除。

3. 替换指定格式的文本

在"查找和替换"对话框的"替换"选项卡中用鼠标左键单击"选项>>"按钮，将对话框扩展。用鼠标左键在"查找内容"列表框中单击，不输入任何内容。再用鼠标左键单击"格式"下拉按钮，在下拉列表中选择"字体"选项，在弹出的如图 5-35 所示的"查找格式"对话框的"字体"选项卡中设置相关格式，如"字体：宋体，12，字体颜色：自动"，用鼠标左键单击"确定"按钮，返回"查找和替换"对话框；在"替换为"列表框中用鼠标左键单击，不输入任何内容，再用鼠标左键单击"格式"下拉按钮，在下拉列表中选择"字体"选项，在弹出的"查找格式"对话框的"字体"选项卡中设置相关格式，如"字体：（中文）华文彩云，12，字体颜色：红色"，最后用鼠标左键单击"全部替换"按钮，系统将文件中所有字体为"宋体"、字号为"12"、字体颜色为"自动设置"的数据全部替换成了字体为"华文彩云"、字号为"12"、字体颜色为"红色"的数据。

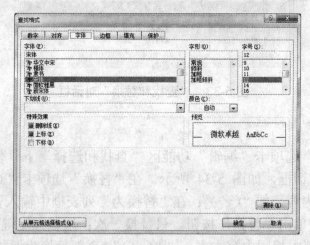

图 5-35　替换指定格式的数据

§5.5　格式化 Excel 2010 工作表

5.5.1　修改行高与列宽

1. 调整行高

可以用鼠标快速调整行高。将鼠标指针移到要调整行高的行号下边框线上，

当鼠标指针变成 ￪￬ 形状时用鼠标左键上下拖拽，此时会出现一条黑色的虚线随鼠标的拖拽而移动，它表示调整后行的高度，同时系统会显示当前的行高值。要想精确地调整行高，还可以利用菜单命令调整。选中要调整行高的行之后，执行"格式"|"行高…"命令，弹出"行高"对话框，如图 5-36 所示。在"行高"文本框中输入精确的行高值，用鼠标左键单击"确定"按钮。

2．调整列宽

可以用鼠标快速调整列宽。将鼠标指针移到要调整列宽的列号右边框线上，当鼠标指针变成 ￩￫ 形状时用鼠标左键左右拖拽，此时会出现一条黑色的虚线随鼠标的拖拽而移动，它表示调整后列的宽度，同时系统会显示当前的列宽值。要想精确地调整列宽。还可以利用菜单命令调整。选中要调整列宽的列之后，执行"格式"|"列宽…"命令，弹出"列宽"对话框，如图 5-37 所示。在"列宽"文本框中输入精确的列宽值，用鼠标左键单击"确定"按钮。

图 5-36　设置行高

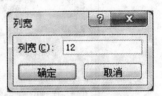

图 5-37　设置列宽

5.5.2　设置单元格格式

1．设置数字格式

默认情况下，单元格中的数字格式是常规格式，常规格式是不包含有任何特定格式的数字，即以整数、小数、科学计数法方式显示的数字。Excel 2010 提供了多种数字格式，如百分比、货币、日期……用户可以根据数字的不同类型设置它们在单元格中的格式。

（1）使用功能按钮设置　在"开始"选项卡"数字"功能区设置了常用的数字格式功能，通过这些按钮，可以快速设置数字的格式。首先选中要设置格式的单元格或单元格区域，然后用鼠标左键单击"数字"功能区内的相应功能按钮即可。"数字"功能区中常用的设置数字格式功能按钮有以下五个。

① 会计样式 ￿——在数值前使用货币符号。

② 百分比样式 % ——对数值使用百分比。

③ 千分位样式 ，——使显示的数值在千位上有一个分隔符。

④ 增加小数 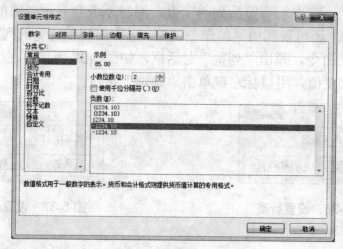——每单击该按钮一次，数值自动增加一个小数位。

⑤ 减少小数——每单击该按钮一次，数值自动减少一个小数位。

利用"数字"功能区中的"数字格式"下拉列表也可以直接设置单元格格式。

（2）利用"设置单元格格式"对话框设置 选中要设置格式的单元格或单元格区域，在经典菜单中执行"格式"|"设置单元格格式"命令，或选择"开始"选项卡"单元格"功能区"格式"下"设置单元格格式"选项，都可弹出"设置单元格格式"对话框，如图 5-38 所示。在"数字"选项卡的"分类"列表中选择相应的数值格式，如"数值"；在"小数位数"文本框中设置小数位；在"负数"列表中选择一种负数样式，用鼠标左键单击"确定"按钮。

图 5-38　设置数字格式

2. 设置对齐格式

默认情况下，输入的文字在单元格内左对齐，输入的数字在单元格内右对齐，逻辑值和错误值在单元格内居中对齐。为了使工作表更加美观，可以利用功能区中的功能按钮或菜单命令使数据按指定的方式对齐。

（1）使用功能按钮设置 在"开始"选项卡"对齐方式"功能区中用于设置对齐方式的按钮主要有以下七个。

① 左对齐——使文字或数值在单元格中左对齐。

② 居中——使文字或数值在单元格中居中。

③ 右对齐——使文字或数值在单元格中右对齐。

④ 合并及居中——先将选中的某行（或某列）中的连续单元格合并，并将选定区域左上角的数据居中放入合并后的单元格中。一般常用合并及居中的方法来处理表格中的标题。

⑤ 顶端对齐、垂直居中、底端对齐 设置文字或数值在单元格中垂直对

齐方式。

（2）利用"设置单元格格式"对话框设置 首先选中要设置对齐的单元格或单元格区域，在经典菜单中执行"格式"|"设置单元格格式"命令，或选择"开始"选项卡"单元格"功能区"格式"下"设置单元格格式"选项，都可弹出"设置单元格格式"对话框，如图 5-39 所示。在"对齐"选项卡的"文本对齐方式"区域的"水平对齐"列表框中选择水平对齐；在"垂直对齐"列表框中选择垂直对齐。在"文本控制"区域可以选择相关选项，对选定单元格或单元格区域中的数据进行控制。文本控制选项说明如下。

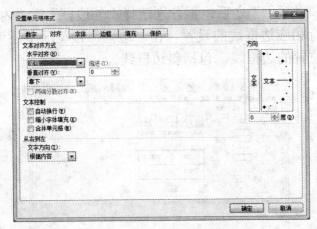

图 5-39　设置对齐格式

① 自动换行。根据单元格的宽度使文本自动换行，并且自动调整单元格的高度，使全部内容都能显示在单元格中，通常用于设置表格左上角的表头部分，如图 5-40 所示。

② 缩小字体填充。通过缩小单元格中的字符以使其调整到与列宽一致。若在此时调整列宽，字符大小还可自动调整，但已经设置的字号大小不会再改变。

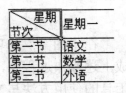

图 5-40　自动换行

③ 合并单元格。将两个以上连续单元格合并为一个单元格，合并后单元格的地址引用为合并前左上角单元格的地址。

3. 设置字体格式

默认情况下，工作表中的中文字体为宋体 12 磅；英文字体为 Time New Roman。根据需要可对字体格式重新设置。

字体格式包括字体、字号（磅）、字形、颜色、下划线、上标、下标、删除线……可选择"开始"选项卡"字体"功能区中相关功能设置；也可以用"设置单元格格式"对话框设置。

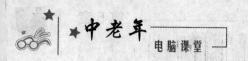
4. 设置边框和图案

默认情况下，工作表是无边框、无图案的"无线表"。为了使工作表中的数据更清晰、区域界限更明显，可以为单元格或单元格区域添加边框和图案。

首先选中要设置边框和图案的单元格区域，在经典菜单中执行"格式"|"设置单元格格式"命令，或选择"开始"选项卡"单元格"功能区"格式"下"设置单元格格式"选项，都可弹出"设置单元格格式"对话框，如图5-41所示。在"边框"选项卡"预置"区域中有"无"、"外边框"和"内部"三个选项。一般在选择了"线条"和"颜色"之后，再分别选择"外边框"或"内部"，即可对选中的单元格区域进行相应边框线的设置。在"边框"预览区中还可以用鼠标左键单击方式设置局部位置的边框线，包括斜边框线。

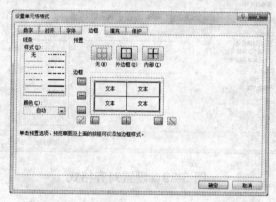

图 5-41　设置边框

在"图案"选项卡中可以对选中的单元格区域进行颜色或图案的设置。在完成上述操作过程中，可以使用"格式刷"工具对单元格进行格式化操作。"格式刷"工具的使用方法与 Word 2010 相同。

5. 给单元格加批注

选中要插入批注的单元格，选择"审阅"选项卡"批注"功能区"新建批注"选项，在选中单元格中显示一个红色三角块，引出一个填充颜色为黄色的批注框。

在批注框中输入批注文字，用鼠标左键单击工作区结束插入批注操作。将鼠标移到该单元格中时，会弹出该批注框，并显示批注内容，如图5-42所示。

图 5-42　插入批注

6. 给单元格加名称

选中要添加名称的单元格，在经典菜单中执行"插入"|"名称"|"定义名称"命令，弹出"新建名称"对话框，如图 5-43 所示。

在"名称"文本框中输入名称文字，如"清明节"。用鼠标左键单击"确定"按钮，则新添加的名称会将原名称覆盖。

图 5-43　"新建名称"对话框

7．插入、删除分页符和设置打印标题

默认情况下，系统按 A4 纸规格自动分页。根据需要，可以在指定行或列的位置重新分页。

首先选中要进行分页处下方的行号（或分页处右方的列号），选择"页面布局"选项卡"页面设置"功能区"分隔符"下"插入分页符"选项，在选中行上方或选中列左方会出现一条分页线。打印时即按照该分页线进行分页打印或打印预览。

选中插有分页符的下方行号或右方列号，选择"页面布局"选项卡"页面设置"功能区"分隔符"下"删除分页符"选项，可将分页线删除。

如果在分页后，恰好有一行或一列内容位于当前页面之外，可以用下面两种方法调整。

方法一：切换到"分页预览"视图，用鼠标左键将页面内的蓝色虚线拖拽到该行的下方或该列的右方，就可以打印出完整内容的工作表了。

方法二：执行"文件"|"打印"命令，在"打印和打印预览"操作界面中选择"无缩放"中的"将工作表调整为一页"选项，如图 5-44 所示。

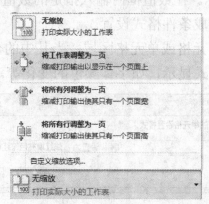

图 5-44　将工作表调整为一页打印

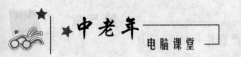
Excel 2010 还提供了打印标题功能，使打印在不同页面上的同一个工作表都能有同一格式和内容的标题或表头。选择"页面布局"选项卡"页面设置"功能区"打印标题"选项，弹出"页面设置"对话框，如图 5-45 所示。若是顶端标题行，用鼠标左键单击"顶端标题行"右侧的"缩小"图标后，用鼠标左键单击标题所在行号；若是左侧标题列，用鼠标左键单击"左端标题列"右侧的"缩小"图标，用鼠标左键单击标题所在列号。再一次用鼠标左键单击"缩小"图标，在打开的对话框中用鼠标左键单击"确定"按钮，完成打印标题设置。执行"文件"|"打印"命令，可以观察设置打印标题后的效果。

图 5-45 "页面设置"对话框

8．设置条件格式

选择要设置条件格式的单元格或单元格区域，选择"开始"选项卡"样式"功能区"条件格式"下"突出显示单元格规则"中的"小于"选项，弹出条件格式对话框，如图 5-46 所示。在数值框内输入指定的数值，如"85"后，用鼠标左键单击"确定"按钮，完成条件格式设置。

设置了条件格式的单元格或单元格区域，当其中的数值或公式满足所设的条件时，将以设定的文本格式显示，如字体颜色的变化等。

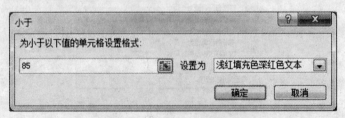

图 5-46 条件格式对话框

§5.6　在 Excel 2010 工作表中插入图表

5.6.1　插入图表

① 准备一张用于制作图表的工作表并选中该工作表的相关部分，见表 5-1。

表 5-1　学生成绩汇总表

姓名	语文	数学	外语
张三	90	94	95
李四	87	92	79
王五	68	100	80

② 选择"插入"选项卡"图表"功能区"柱形图"选项，弹出"柱形图列表"面板，如图 5-47 所示。选择其中一种类型，如"二维柱形图"中的"簇状柱形图"，弹出一个柱形图表，如图 5-48 所示。

③ 选择"图表工具（设计）"选项卡"数据"功能区"切换行/列"选项，将图表中图例中文本与图表中说明文本切换，如图 5-49 所示。

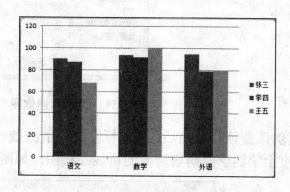

图 5-47　柱形图列表　　　　　图 5-48　创建的图表

④ 选择"图表工具（布局）"选项卡"标签"功能区"图表标题"下"图表上方"选项，填写图表标题，如"学生成绩汇总示意图"。选择"标签"功能区"图例"下"其他图例选项"选项，给图例加边框……经简单修饰整理后的图表如图 5-50 所示。

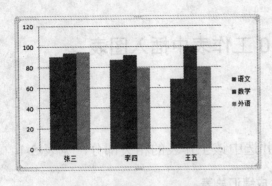

图 5-49　切换行/列后的图表

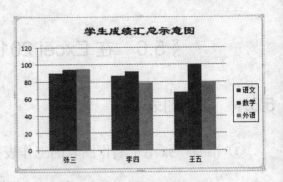

图 5-50　完成的图表

5.6.2　插入迷你图

① 打开 D 盘作业素材 DATA1 文件夹中工作簿 TF6-1.xls。执行"文件"|"信息"|"转换"命令,启用兼容模式下的 Office 新功能。

② 将鼠标指针定位于"利达公司 2003 年度各地市销售情况表"G4 单元格,选择"插入"选项卡"迷你图"功能区"折线图"选项,弹出"创建迷你图"对话框,如图 5-51 所示。在对话框中"数据范围"文本框中选择"商丘"第一季度至第四季度销售额 C4:F4;默认选择放置迷你图的位置,用鼠标左键单击"确定"按钮,在 G4 单元格中显示商丘第一季度至第四季度销售情况的折线趋势图。

图 5-51　"创建迷你图"对话框

③ 改变该行行高后,用鼠标左键向下拖拽该单元格填充框,得到其他城市第一季度至第四季度销售情况的折线趋势图,如图 5-52 所示。

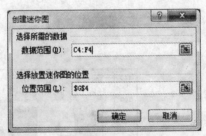

图 5-52　创建迷你折线图

④ 将鼠标指针定位于 C10 单元格，选择"插入"选项卡"迷你图"功能区"柱形图"选项，弹出"创建迷你图"对话框。在对话框中选择数据范围和默认迷你图的放置位置后，用鼠标左键单击"确定"按钮，在 C10 单元格中将显示第一季度各城市销售额柱形图。用鼠标左键向右拖拽 C10 单元格填充框，可得到其他季度各城市销售额柱形图。

⑤ 在"显示"功能区选择"高点"选项；在"样式"功能区"颜色标记"中选择一种颜色，如红色，创建迷你柱形图的最终效果如图 5-53 所示。

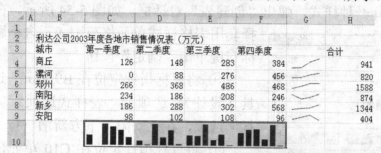

图 5-53 创建迷你柱形图

§5.7 Excel 2010 工作表计算

分析和处理工作表中的数据，离不开公式与函数。公式是由用户自行设计的、对工作表的数值进行计算和处理的等式。函数是指预先定义好的、执行计算和分析处理数据任务的特殊公式。公式和函数一般在工作表中都是以计算结果显示在单元格或单元格区域中。

5.7.1 公式计算

1. 一般计算

计算下面一道四则运算题：$180+(520-120)\times2\div(3+2)^2$。

按照输入公式的要求和方法，将其输入到工作表某个单元格中，如"＝180＋(520－120)*2/(3＋2)^2"（引号不输入，下同）。按回车键或用鼠标左键单击编辑栏上的确认按钮，在该单元格中便会显示计算结果 212。

2. 快速计算

在工作表中输入并选中数字序列 1、2、3……10，用鼠标右键单击工作表状态栏，选择一种运算方式，如"求和"、"平均值"等。当选择了"求和"方式后，观察状态栏中的运算结果为求和＝55。取消选中数字序列，状态栏上将不再显示该快速计算结果。通常在仅需要了解工作表中某单元格区域中数值的运算结果，而不需要在工作表中显示该运算结果时使用该计算方法。

在 Excel 2010 中还有一种快速计算方法。

① 打开 D 盘作业素材 DATA1 文件夹中工作簿 TF6-1.xls。执行"文件"|"信息"|"转换"命令，启用兼容模式下的 Office 新功能。

② 选择"开始"选项卡"样式"功能区"套用表格格式"选项，在弹出的表格样式中选择一种样式，弹出"创建表"对话框，如图 5-54 所示。在对话框中选择套用表格样式单元格范围（不含标题）后，用鼠标左键单击"确定"按钮。

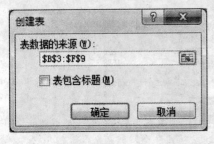

图 5-54 "创建表"对话框

③ 将鼠标指针定位在 B9 单元，选择"表格工具（设计）"选项卡"表样式选项"功能区"汇总行"选项，在"安阳"下方新增一行"汇总行"。

④ 将鼠标指针定位在 C10 单元，用鼠标左键单击其右侧下拉按钮，选择一种汇总方式，如"求和"，得到汇总结果 910。用鼠标左键向右拖拽 C10 单元格填充框，计算结果如图 5-55 所示。

3. 连接计算

在工作表 A1 单元格中输入"中国"，在 B2 单元格中输入"北京"，在 C3 单元格中用指针移动法输入公式"＝A1&B2"。按回车键或用鼠标左键单击编辑栏上的确认按钮，在 C3 单元格中将显示计算结果"中国北京"。

城市	第一季度	第二季度	第三季度	第四季度		合计
商丘	126	148	283	384		941
漯河	0	88	276	456		820
郑州	266	368	486	468		1588
南阳	234	186	208	246		874
新乡	186	288	302	568		1344
安阳	98	102	108	96		404
汇总	910	1180	1663	96		

利达公司2003年度各地市销售情况表（万元）
F10 =SUBTOTAL(105,[第四季度])

图 5-55 快速计算汇总结果

4. 日期计算

在工作表某一单元格中输入计算日期公式"＝″2012-10-1″-″Ctrl＋；″"（假设用 Ctrl＋；输入的当前日期为 2012-5-1）。按回车键或用鼠标左键单击编辑栏上的确认按钮，在 C3 单元格中将显示两个日期相减后的天数的计算结果，如 153，表示 2012 年 5 月 1 日距离 2012 年 10 月 1 日还有 153 天。

在工作表某一单元格中（如 C10）输入当前日期，在其下方单元格（C11）输入计算日期公式"=C10＋7"。按回车键或用鼠标左键单击编辑栏上的确认按钮，在 C11 单元格中将显示次一周的相应日期，用鼠标左键向下拖拽该日期所在单元格填充框，会得到每周指定曜日的日期。

5. 求和计算

① 准备一张用于求和计算的工作表，如表 5-2 所示。

表 5-2　学生成绩汇总表

姓名	语文	数学	外语	总分	平均分
张三	95	94	93		
李四	80	75	82		
王五	65	67	69		
赵六	59	42	37		

② 用鼠标左键单击表 5-2 中张三同学总分所在单元格，选择"公式"选项卡"自动求和"工具Σ，确认选择参加计算的单元格区域后，按回车键，得到张三同学的总分。再用鼠标左键拖拽填充框的方法，复制出其他同学的总分。

6. 求平均计算

用鼠标左键单击表 5-2 中张三同学平均分所在单元格，选择"自动求和"工具Σ列表中的"平均值"选项，确认选择参加计算的单元格区域后，按回车键，得到张三同学的平均分。再用鼠标左键拖拽填充框的方法，复制出其他同学的平均分。

5.7.2　函数计算

1. 无参函数计算

在工作表某单元格中输入无参函数"=PI（）[2]"，按回车键或用鼠标左键单击编辑栏中的确认按钮，在该单元格中将显示计算结果 3.141593。

2. 求星期函数

在工作表某单元格中输入求星期函数"=WEEKDAY（″CTRL＋；″）"，按回车键或用鼠标左键单击编辑栏中的确认按钮，在该单元格中将显示为星期几的计算结果。

---

[2] =PI 为求π值的函数。

3. IF 函数

① 准备一张用于 IF 函数计算的工作表，如表 5-3 所示。

表 5-3　业主登记表

序号	姓名	性别	称谓
1	张三	男	
2	李四	女	
3	王五	男	
4	赵六	女	

② 用鼠标左键单击表 5-3 中张三的称谓所在单元格。

③ 选择"公式"选项卡"函数库"功能区"插入函数"选项，弹出"插入函数"对话框，如图 5-56 所示。选择 IF 函数，用鼠标左键单击"确定"按钮，弹出"函数参数"对话框，如图 5-57 所示。

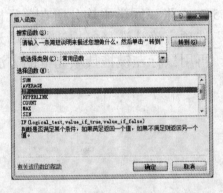

图 5-56　"插入函数"对话框

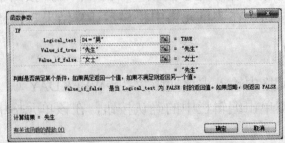

图 5-57　"函数参数"对话框

④ 插入点在 Logical_test（逻辑表达式）文本框中时，用鼠标左键单击表 5-3 中业主张三的性别单元格，输入"D4＝"男""；在 Value_if_true（真）文本框中输入"先生"；在 Value_if_false（假）文本框中输入"女士"。用鼠标左键单击"确定"按钮。在业主张三的称谓单元格中将显示先生。用鼠标左键拖拽填充框方法复制出其他业主的称谓，当某业主性别为女时，会在其称谓单元格中自动显示女士，如图 5-58 所示。

序号	姓名	性别	称谓
1	张三	男	先生
2	李四	女	女士
3	王五	男	先生
4	赵六	女	女士

图 5-58　函数计算结果

4．MID 函数、IN 函数和 IF 函数的综合运用

按下列数据位置输入相关数据（假设当前日期为 2012-10-1），并在指定单元格中运用相关函数进行计算并自动显示出生年月、性别、年龄等信息，如图 5-59 所示。

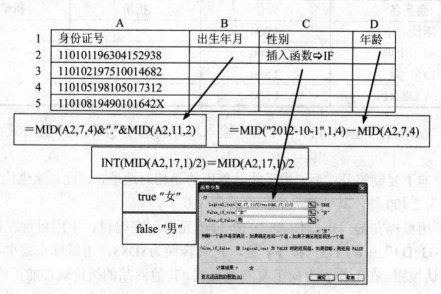

图 5-59　自动显示身份证上的相关信息

5.7.3　地址引用

在 Excel 2010 中提供了相对地址、绝对地址、混合地址和三维地址四种不同

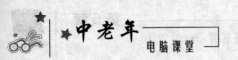

类型的地址引用方式。它们之间既有区别又有联系，各类型地址之间转换简便，其功能各异。

1. 相对地址

复制公式中的行号与列号相对于源公式中的行号与列号均发生了变化的地址，叫相对地址。前面所有复制公式操作中使用的均是相对地址。例如，在某工作表 C1 单元格中输入公式"＝A1＋B1"，然后用复制公式方法将 C1 单元格中的公式复制到 C2 单元格中，则 C2 单元格中的公式自动变成"＝A2＋B2"。

2. 绝对地址

复制公式中的某一单元格的地址固定不变，该地址就叫绝对地址。绝对地址的作用是锁定公式中某一单元格的地址。绝对地址的行号与列号前应各有一个"$"符号。在编辑栏中用鼠标左键单击该地址，按 F4 键即可在各种类型地址之间切换。绝对地址的使用如下例。

① 准备一张用于绝对地址操作的工作表，如表 5-4 所示。

表 5-4　商品折价计算表

商品名	原价	折价	折价率
康佳彩电	3 000		80%
海尔空调	2 500		
白菊冰箱	2 800		
小鸭洗衣机	1 500		

② 在康佳彩电的折价单元格中输入按原价×折价率计算的公式，如"＝B3*D3"。

③ 向下复制该公式后，由于此时使用的是相对地址，因此，除康佳彩电的折价显示为 2 400 外，其他商品的折价都变成 0 了。

④ 用鼠标左键单击康佳彩电的折价单元格，在编辑栏中用鼠标左键单击公式"＝B3*D3"中的 D3，按 F4 键，将其转换为$D$3，用鼠标左键单击编辑栏上的确认按钮。在工作表中向下复制该公式，其他商品的折价就都能正确显示了。

3. 混合地址

在公式中的单元格地址中，既有相对地址成分，又有绝对地址成分的地址，叫混合地址，如$A8、A$8 等都是混合地址。混合地址用于完成一些特殊计算。混合地址的使用如下例。

① 准备一张用于混合地址操作的工作表，如表 5-5 所示。

表 5-5　制作乘法表

1	2	3	4	5	6	7	8	9
2								
3								
4								
5								
6								
7								
8								
9								

② 在 B2 单元格中输入公式 "=A2*B1"。

③ 在编辑栏中用 F4 键将该公式变为 "=$A2*B$1"，用鼠标左键单击编辑栏上的确认按钮。

④ 在工作表中用复制公式方法，将该公式向下复制到 9 所在行，再将复制后的 18（含其上方七个已选中的单元格）所在单元格中的公式一并复制到 9 所在列，一个乘法表即制作完成。

4．三维地址

在 Excel 2010 中还可以进行工作表或工作簿之间的计算。在进行此类计算过程中，要用到三维地址，在公式中含有工作簿或工作表名称的地址，叫三维地址。如 "固定工资表！A2"。下面用一个工资条的制作步骤，介绍在公式中运用三维地址的方法。

① 新建一个工作簿。

② 插入一张新工作表。

③ 将 4 张工作表分别命名为工资条、固定工资表、浮动工资表和实发工资表。

④ 同时选中 4 张工作表，进入工作组操作方式，输入 4 张工作表中的公共部分数据，如职工号、姓名、性别等。

⑤ 用鼠标右键单击固定工资表的工作表标签，执行 "取消组合工作组" 命令，取消工作组操作方式。

⑥ 如表 5-6～表 5-9 所示，输入 4 张工作表中的个别部分数据，如固定工资表中的基本工资和职务工资等。

表 5-6　固定工资表

职工号	姓名	性别	基本工资	职务工资
001	张三	男	300	400
002	李四	女	250	350
003	王五	男	200	300
004	赵六	女	300	350

表 5-7　浮动工资表

职工号	姓名	性别	奖金	房租	电话
001	张三	男	100	78	120
002	李四	女	100	59	90
003	王五	男	100	95	105
004	赵六	女	100	37	79

表 5-8　实发工资表

职工号	姓名	性别	实发工资
001	张三	男	
002	李四	女	
003	王五	男	
004	赵六	女	

表 5-9　工资条

职工号	姓名	性别	基本工资	职务工资	奖金	房租	电话	实发工资
001	张三	男						
002	李四	女						
003	王五	男						
004	赵六	女						

⑦ 在实发工资表张三的实发工资单元格中用指针移动方法输入公式，该公式中出现的地址即三维地址。计算出张三的实发工资后，再复制出其他人员的实发工资。

⑧ 做工资条。先将各张工作表中的表头部分用"＝"号分别"取"到工资条的表头内。例如，用鼠标左键单击工资条中需要显示基本工资 4 个字的单元格，输入一个"＝"号；再用鼠标左键单击固定工资表中表头为基本工资 4 个字所在

的单元格，按回车键，基本工资 4 个字即被"取"到工资条中表头相应的位置上。用同样的方法将工资条的所有表头文字都从其他工作表中"取"过来。然后，用同样方法将张三的各个工资项，如 300（基本工资）、400（职务工资）、100（奖金）、78（房租）、120（电话）和602（实发工资）等依次用"＝"号"取"过来。最后，将张三的全部工资项选中，用鼠标左键拖拽选中单元格区域右下角的填充框，将其他人员的所有工资项全部都复制出来。

5.7.4　审核运算公式

有时需要了解工作表公式所涉及的单元格地址，可以用下面方法进行审核。

用鼠标左键单击公式所在单元格，如 TF6-1 中第一季度汇总单元格 C10。选择"公式"选项卡"公式审核"功能区"显示公式"、"追踪引用单元格"或"追踪从属单元格"选项，即可得到该公式或与该公式相关联的单元格地址及指示。

§5.8　Excel 2010 工作表中的数据库操作

在 Excel 2010 中进行数据库操作时，是将一张有数据清单的工作表当作数据库来处理的。此时，原来的工作表即成为了一个关系；工作表中的每一列即成为了一个字段（名）；工作表中的每一行，除表头外，即成为了一条记录。

在 Excel 2010 中的数据库操作包括对工作表中的数据进行排序、筛选、合并计算、分类汇总和建立数据透视表等。

5.8.1　排序数据

排序数据是按照一定的顺序重新排列数据库中的数据。排序并不改变记录中的内容。

1．按主要关键字排序

① 准备一张用于排序操作的关系（工作表），如表 5-10 所示。

表 5-10　恒大中学高二考试成绩表

姓名	班级	语文	数学	英语	政治	总分
李　平	高二（一）班	72	75	69	80	296
麦　孜	高二（二）班	85	88	73	83	329

续表 5-10

姓名	班级	语文	数学	英语	政治	总分
高　峰	高二（二）班	92	87	74	84	337
刘小丽	高二（三）班	76	67	90	95	328
刘　梅	高二（三）班	72	75	69	63	279
江　海	高二（一）班	92	86	74	84	336
张玲铃	高二（三）班	89	67	92	87	335
赵丽娟	高二（二）班	76	67	78	97	318
李　朝	高二（三）班	76	85	84	83	328
许如润	高二（一）班	87	83	90	88	348
张　江	高二（一）班	97	83	89	88	357
王　硕	高二（三）班	76	88	84	82	330

② 在姓名左侧插入一列，并输入序号 1、2、3……12。

③ 在工作表中选中参加排序单元格区域（不含标题），选择"数据"选项卡"排序和筛选"功能区"排序"选项，弹出"排序"对话框，如图 5-60 所示。

④ 在"主要关键字"列表中选择进行排序的字段（名），如"总分"或"列H"。选择"升序"或"降序"。用鼠标左键单击"确定"按钮，工作表中的数据即按新的顺序进行排列了，如图 5-61 所示。

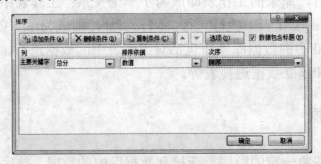

图 5-60　"排序"对话框

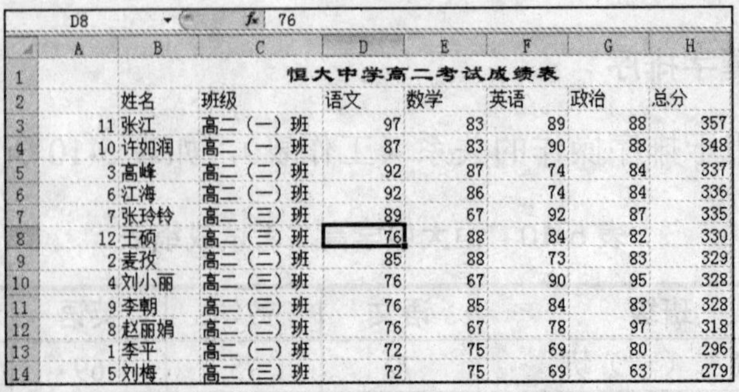

图 5-61　排序后的工作表

⑤ 若将排序后的工作表恢复到原来的数据排列状态，可用左边新增加的序号列重新按升序再进行一次排序即可。

2．按多关键字排序

例如，将表 5-10 以总分为主关键字，以数学为次要关键字降序排序。操作步骤如下。

① 在工作表中选中参加排序的单元格区域，选择"数据"选项卡"排序和筛选"功能区"排序"选项，弹出"排序"对话框。

② 在"主要关键字"列表中选择"总分"或"列 H"，用鼠标左键单击"添加条件"按钮，在"次要关键字"列表中选择"数学"或"列 E"，两个关键字均按"降序"排序。用鼠标左键单击"确定"按钮。排序后的数据如图 5-62 所示

若对关系中的汉字按笔画排序，应用鼠标左键单击"排序"对话框中的"选项"按钮，弹出"排序选项"对话框，如图 5-63 所示。在对话框中将默认的"字母排序"改为"笔划排序"即可。

	A	B	C	D	E	F	G	H
1			恒大中学高二考试成绩表					
2	序号	姓名	班级	语文	数学	英语	政治	总分
3	11	张江	高二（一）班	97	83	89	88	357
4	10	许如润	高二（一）班	87	83	90	88	348
5	3	高峰	高二（二）班	92	87	74	84	337
6	6	江海	高二（二）班	92	86	74	84	336
7	7	张玲铃	高二（三）班	89	67	92	87	335
8	12	王硕	高二（三）班	76	88	84	82	330
9	2	麦孜	高二（三）班	85	88	73	83	329
10	9	李朝	高二（一）班	76	85	84	83	328
11	4	刘小丽	高二（三）班	76	67	90	95	328
12	8	赵丽娟	高二（二）班	76	67	78	97	318
13	1	李平	高二（一）班	72	75	69	80	296
14	5	刘梅	高二（三）班	72	75	69	63	279

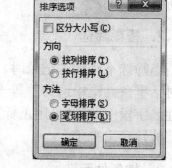

图 5-62　按多关键字排序结果　　　　图 5-63　"排序选项"对话框

5.8.2　筛选数据

筛选数据是一种快速查找数据库中满足给定条件记录的方法。在 Excel 2010 中的筛选操作分为指定筛选、模糊筛选、按条件筛选和高级筛选等。

1．指定筛选

① 准备一张用于筛选操作的关系（工作表）。

② 在关系中用鼠标左键单击任意单元格，选择"数据"选项卡"排序和筛选"功能区"筛选"选项，在各字段名右侧将显示一个下拉按钮，如图 5-64 所示。

③ 用鼠标左键单击某字段右侧下拉按钮，如班级▼。在弹出的下拉列表中选

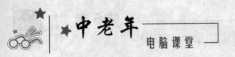
择高二（一）班，则高二（一）班的所有记录便被筛选出来。

序号	姓名	班级	语文	数学	英语	政治	总分
5	刘梅	高二（三）班	72	75	69	63	279
1	李平	高二（一）班	72	75	69	80	296
8	赵丽娟	高二（二）班	76	67	78	97	318
4	刘小丽	高二（三）班	76	67	90	95	328
9	李朝	高二（二）班	76	85	84	83	328
2	麦玫	高二（二）班	85	88	73	83	329
12	王顿	高二（三）班	76	88	84	82	330
7	张玲玲	高二（三）班	89	67	92	87	335
6	江海	高二（一）班	92	86	74	84	336
3	高峰	高二（二）班	92	87	74	84	337
10	许如润	高二（一）班	87	83	90	88	348
11	张江	高二（一）班	97	83	89	88	357

图 5-64　筛选数据

④ 数据库中记录较多时，可以在某字段列表中搜索框中输入要筛选的记录名，如李平，再用鼠标左键单击"确定"按钮，姓名为"李平"的记录便被筛选出来了。还可以选择某字段列表"文本筛选"中"等于"选项进行指定筛选。

⑤ 若恢复关系的原貌，可以选择"数据"选项卡"排序和筛选"功能区"清除"选项，再选择一次"筛选"选项，或按 Ctrl＋Z 组合键，关系中的全部记录又重新显示出来。

2．模糊筛选

当筛选不确切的记录时，可以用鼠标左键单击该字段列表"文本筛选"选项，在对话框条件框中选择"等于"；在右边数据框中输入带"*"（通配符）的数据，如姓名字段中的李*。用鼠标左键单击"确定"按钮后，姓名为李平和李朝的记录就都被筛选出来了。

3．按条件筛选

（1）按一个条件筛选　若筛选符合条件范围内的数据，可以用鼠标左键单击某字段（如"总分"）列表"数字筛选"中选项，如"大于或等于"，弹出"自定义自动筛选方式"对话框，如图 5-65 所示。在对话框右边数值框中输入数值，如300。用鼠标左键单击"确定"按钮后，则总分大于或等于 300 分以上的记录便被筛选出来。

图 5-65　按一个条件筛选记录

（2）按多条件筛选　若筛选同一字段中符合两个以上条件的数据记录时，可以在"自定义自动筛选方式"对话框中使用"与"或者"或"。如筛选出总分在 300 分以上、330 分以下的学生，操作方法如图 5-66 所示。

图 5-66　按多条件筛选记录

4．高级筛选

高级筛选中的逻辑"与"计算除了可以用多次筛选单个字段的方法进行外，高级筛选中的逻辑"与"和逻辑"或"计算还可以用下面方法操作。

① 在工作表下方至少间隔一行输入或复制出相关的字段名，如"数学"和"总分"。

② 在两个字段名下方分别输入条件值，如在数学字段下方输入" >=80"（大于或等于 80 分）；在总分字段下方输入" >=330"（大于或等于 330 分）。若两个条件值在同一行上，为逻辑"与"计算；若两个条件值不在同一行上，为逻辑"或"计算。逻辑"与"和逻辑"或"的计算原理如图 5-67 所示。

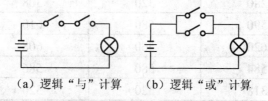

（a）逻辑"与"计算　　（b）逻辑"或"计算

图 5-67　逻辑"与"和逻辑"或"计算

③ 用鼠标左键单击工作表数据区，选择"数据"选项卡"排序和筛选"功能区"高级"选项，弹出"高级筛选"对话框，如图 5-68 所示。

图 5-68　"高级筛选"对话框

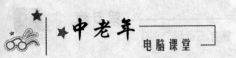
④ 用鼠标左键单击"条件区域"文本框右端的缩小图标，选择条件所在单元格区域，再用鼠标左键单击"确定"按钮，完成高级筛选操作。

5.8.3 数据合并计算

① 准备三张用于合并计算的关系，如表 5-11～表 5-13 所示。

表 5-11 黄河农场农作物亩产情况表   单位：公斤/亩

农作物	2000 年	2001 年	2002 年	2010 年
小麦	600	610	590	604
玉米	580	570	590	600
谷子	310	300	290	296
大豆	590	580	600	570
棉花	300	290	298	302
番薯	580	600	590	570

表 5-12 丰收农场农作物亩产情况表   单位：公斤/亩

农作物	2000 年	2001 年	2002 年	2010 年
小麦	640	600	608	606
玉米	280	320	308	312
谷子	590	580	610	580
大豆	620	560	608	560
棉花	584	580	586	604
番薯	318	320	320	340

表 5-13 农场农作物亩产情况表   单位：公斤/亩

农作物	2000 年	2001 年	2002 年	2010 年
小麦	620	605	599	605
玉米	582	575	588	602
谷子	314	310	305	318
大豆	605	570	604	565
棉花	290	305	303	307
番薯	585	590	600	575

② 用鼠标左键在表 5-11 中农作物下方空单元格中单击。选择"数据"选项卡

"数据工具"功能区"合并计算"选项,弹出"合并计算"对话框,如图 5-69 所示。

③ 在"函数"列表中选择"平均值";用鼠标左键单击"引用位置"文本框右端的缩小图标,用鼠标左键拖拽表 5-11 中"小麦"单元格至右下角 570 区域,再用鼠标左键单击一次"引用位置"文本框右端的缩小图标,用鼠标左键单击"添加"按钮。

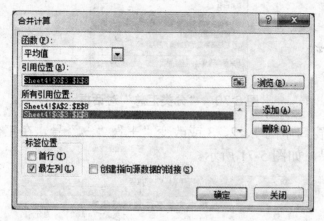

图 5-69 "合并计算"对话框

④ 用鼠标左键单击"引用位置"文本框右端的缩小图标,用鼠标左键拖拽表 5-12 中"小麦"单元格至右下角 340 区域,再用鼠标左键单击一次"引用位置"文本框右端的缩小图标,用鼠标左键单击"添加"按钮。

⑤ 检查并选中"最左列"选项,用鼠标左键单击"确定"按钮,在表 5-13 中显示合并计算后的结果。

5.8.4 数据分类汇总

① 准备一张用于分类汇总操作的关系,如仍用表 5-10。

② 用哪个字段进行分类汇总,必须先以该字段为主要关键字进行排序。例如,要按班级分类汇总,就要以班级为主要关键字,将班级按升序或降序排序(此例用降序)。

③ 在工作表中用鼠标左键单击任意单元格,选择"数据"选项卡"分级显示"功能区"分类汇总"选项,弹出"分类汇总"对话框,如图 5-70 所示。

④ 在对话框"分类字段"列表中选择"班级";在"汇总方式"列表中选择一种汇总方式,如"求和";在"选定汇总项"列表框中选择参加汇总的字段,本列是将各门课程均选中。用鼠标左键单击"确定"按钮,工作表即变成了分类汇总后的界面。

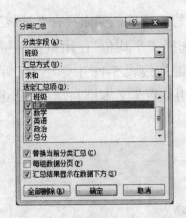

图 5-70 "分类汇总"对话框

⑤ 调整左边窗口中的 1、2、3 或改变"＋"、"－"号，在工作表中将显示不同的分类汇总结果，如图 5-71 所示。

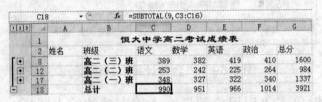

图 5-71 分类汇总后的工作表

5.8.5 创建数据透视表

① 准备一张用于创建数据透视表的有数据的工作表，如图 5-72 所示（部分），并将其命名为数据源。

	A	B	C
1	2003年度农场农作物产量		
2	单位	农作物	产量（吨）
3	团结农场	小麦	7320
4	团结农场	玉米	3400
5	团结农场	谷子	2610
6	团结农场	大豆	0
7	团结农场	棉花	7830
8	团结农场	番薯	5360
9	胜利农场	小麦	11900
10	胜利农场	玉米	6230
11	胜利农场	谷子	1230
12	胜利农场	大豆	3220
13	胜利农场	棉花	8460
14	胜利农场	番薯	4630
15	劳改农场	小麦	8820
16	劳改农场	玉米	4430
17	劳改农场	谷子	0
18	劳改农场	大豆	2410
19	劳改农场	棉花	9120
20	劳改农场	番薯	3120
21	解放农场	小麦	6300
22	解放农场	玉米	2320
23	解放农场	谷子	2430
24	解放农场	大豆	3210
25	解放农场	棉花	10500

图 5-72 用于数据透视表的关系

② 用鼠标左键单击一张空工作表，选择"插入"选项卡"表格"功能区"数据透视表"选项，弹出"创建数据透视表"对话框，如图 5-73 所示。在对话框中选中"选择一个表或区域"单选框，在"表/区域"文本框中通过用鼠标左键单击"数据源"工作表，并选择数据区域得到填写数据"数据源！$A$2:$C$50"；选择放置数据透视表的位置选择"现有工作表"后，用鼠标左键单击"确定"按钮，弹出创建数据透视表布局操作界面，如图 5-74 所示。

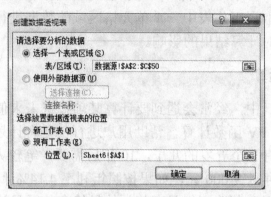

图 5-73 "创建数据透视表"对话框

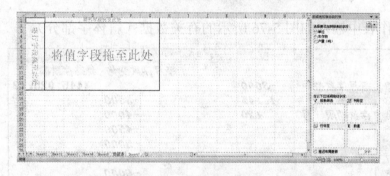

图 5-74 创建数据透视表布局操作界面

③ 用鼠标左键将"单位"字段拖到"行标签"列表框中；将"农作物"字段拖到"列标签"列表框中；将"产量（吨）"字段拖到"数值"列表框中。创建完成的数据透视表如图 5-75 所示。选择"插入"选项卡"表格"功能区"数据透视图"选项，除创建一个数据透视表外，还同时创建一个图表。

求和项:产量（吨）	农作物						
单位	大豆	番薯	谷子	棉花	小麦	玉米	总计
丰收农场	2450	3420	2230	14800	5400	1230	29530
富民农场	2210	7430	4320	6840	15400	7210	43410
红星农场	4230	0	3210	5620	9820	7530	30410
黄河农场	1200	2340	2360	4200	9050	8460	27610
解放农场	3210	2630	2430	10500	6300	2320	27390
劳改农场	2410	3120	0	9120	8820	4430	27900
胜利农场	3220	4630	1230	8460	11900	6230	35670
团结农场	0	5360	2610	7830	7320	3400	26520
总计	18930	28930	18390	67370	74010	40810	248440

图 5-75 创建完成的数据透视表

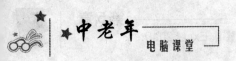

§5.9　Excel 2010 工作表中决策指示操作

5.9.1　模拟运算表

模拟运算表是将取自工作表中一个单元格区域的数据进行模拟运算，显示公式中某些数值的变化对计算结果的影响。

1. 单变量模拟运算

在日常工作与生活中，经常会遇到要计算某项投资未来值的情况，此时可以利用 Excel 2010 中的 FV 函数计算，帮助用户进行一些有计划、有目的、有效益的投资。例如，老张有一个五岁的儿子，10 年后需要一笔较大的学习费用开支，他计划从现在起每月存入 3 000 元，如果按照年利率 4.14%计算，那么 10 年后的最终存款额将是多少呢？若改变每月存款额的最终存款额又将是多少呢？操作方法如下。

① 在工作表中输入如图 5-76 所示的有关数据（斜体字部分）。

	A	B	C	D	E
1				*每月存款变化*	*最终存款额*
2	*每月存款数*	*-3000*			¥445,025.72
3	*年利率*	*4.14%*		*-3500*	
4	*存款期限（月）*	*120*		*-4000*	
5				*-4500*	
6				*-5000*	
7				*-5500*	
8				*-6000*	

图 5-76　单变量模拟运算

② 在 E2 单元格中按照函数＝FV（利率/12，存款期限，每月存款额）[3]输入公式"＝FV（B3/12，B4，B2）"，按回车键或用鼠标左键单击编辑栏上的确认按钮，计算出结果为¥445,025.72。

③ 选择 D2：E8 单元格区域，选择"数据"选项卡"数据工具"功能区"模拟分析"下"模拟运算表"选项，弹出"模拟运算表"对话框，如图 5-77 所示。

④ 在"输入引用列的单元格"文本框中用鼠标左键单击 B2 单元格，用鼠标左键单击"确定"按钮，在工作表 E3：E8 单元格区域中将显示一组最终存款额，如图 5-78 所示。

---

3 FV 是求最终存款额的函数。

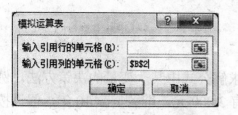

图 5-77　模拟运算表对话框　　　　　　　　图 5-78　最终运算结果

2．双变量模拟运算

在日常生活中经常遇到同时两个因素都在变化的情况。例如，在前面的例子中如果每月存款额发生变化，同时存款的利率也在发生变化，那么 10 年后的最终存款额又将发生什么变化呢？此时，用 Excel 2010 中的双变量模拟运算就非常方便了。

① 在工作表中输入如图 5-79 所示的有关数据。

	A	B	C	D	E	F
1						
2	根据存款期限及每月存款额、年利率计算最终存款额					
3	￥0.00	3.33%	3.78	4.14		
4	-3000					
5	-3500					
6	-4000					
7	-4500					
8	-5000					
9	-5500					
10	-6000					

图 5-79　输入原始数据

② 在 A3 单元格中按照函数＝FV（利率/12，存款期限，每月存款额）输入公式"＝FV（E3/12，120，A11）"，按回车键或用鼠标左键单击编辑栏上的确认按钮，计算出结果为￥0.00。

③ 选中工作表中 A3：D10 单元格区域，选择"数据"选项卡"数据工具"功能区"模拟分析"下"模拟运算表"选项，弹出"模拟运算表"对话框，如图 5-80 所示。在"输入引用行的单元格"文本框中用鼠标左键单击 E3 单元格；在"输入引用列的单元格"文本框中用鼠标左键单击 A11 单元格。用鼠标左键单击"确定"按钮，在工作表中显示模拟运算的最终结果，如图 5-81 所示。

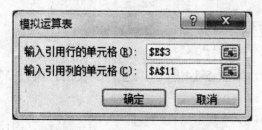

图 5-80　模拟运算表对话框

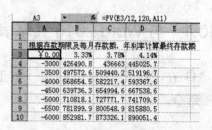

图 5-81　模拟运算最终结果

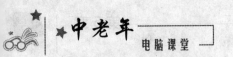

5.9.2 单变量求解

单变量求解是在已经确定结果基础上，求解公式中某一变量的决策方法。例如，某人希望从银行贷款，其月偿还能力只有 3 000 元，准备贷款 10 年，假设按照贷款年利率 7.83%计算，最多能从银行贷多少款？操作方法如下。

① 在工作表中输入如图 5-82 所示的有关数据。

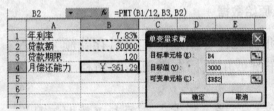

图 5-82　计算月偿还能力

② 按照函数＝PMT（利率/12，期限，贷款额）[4]在 B4 单元格中输入公式"＝PMT（B1/12，B3，B2）"。按回车键或用鼠标左键单击编辑栏上的确认按钮，计算出结果为￥－361.29。

③ 选择"数据"选项卡"数据工具"功能区"模拟分析"下"单变量求解"选项，弹出"单变量求解"对话框，如图 5-83 所示。在"目标单元格"文本框中用鼠标左键单击目标单元格 B4；在"目标值"文本框中输入目标值－3000；在"可变单元格"文本框中用鼠标左键单击 B2 单元格（贷款额）。用鼠标左键单击"确定"按钮，B2 单元格中显示的是求出的解，表示最多能从银行贷款约 249 104.93 元，计算结果如图 5-84 所示。

图 5-83　"单变量求解"对话框　　　图 5-84　单变量求解计算结果

§5.10　Excel 2010 与 Word 2010 共享表格数据

5.10.1　与 Word 2010 共享表格数据

① 在 Excel 2010 中创建一张工作表，如表 5-14 所示。选中该表格，执行"复制"命令。

---

4 PMT 是求银行贷款每月应偿还款额的函数。

② 启动 Word 2010，执行"粘贴"命令，将 Excel 2010 中的表格复制到 Word 2010 中。在 Word 2010 中将表格增加一行，并输入相关数据，如表 5-15 所示。再执行一次"复制"命令。

表 5-14 工作表一

姓名	语文	数学	外语	总分
张三	96	95	94	285
李四	89	73	66	228
王五	58	37	49	144

表 5-15 工作表二

姓名	语文	数学	外语	总分
张三	96	95	94	285
李四	89	73	66	228
王五	58	37	49	144
赵六	70	68	86	224

③ 切换到 Excel 2010，在原工作表下方再执行一次"粘贴"命令，将在 Word 2010 中修改过的表格复制到 Excel 2010 中。在复制回来的工作表中再增加一行，并输入相关数据，如表 5-16 所示。再执行一次"复制"命令。

表 5-16 工作表三

姓名	语文	数学	外语	总分
张三	96	95	94	285
李四	89	73	66	228
王五	58	37	49	144
赵六	70	68	86	224
马七	75	69	87	231

④ 切换到 Word 2010，在原表格下方右击，在弹出的快捷菜单中执行"编辑"|"选择性粘贴…"命令，弹出"选择性粘贴"对话框，如图 5-85 所示。在"形式"列表框中选择"Microsoft Office Excel 工作表对象"选项，用鼠标左键单击"确定"按钮。用鼠标左键双击选择性粘贴到 Word 2010 中的表格，可以在 Excel 的操作界面中进行编辑。操作完毕，用鼠标左键在表格外单击，恢复成 Word 中的表格，如图 5-86 所示。

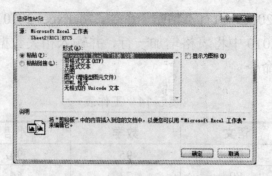

图 5-85 "选择性粘贴"对话框

姓名	语文	数学	外语	总分
张三	96	95	94	285
李四	89	73	66	228
王五	58	37	49	144
赵六	70	68	86	224
马七	75	69	87	231

图 5-86 选择性粘贴的 Excel 表格

5.10.2 为 Word 2010 邮件合并提供数据库数据

① 为创建邮件合并准备一个数据库（D 盘作业素材文件夹中工作簿 ZY8），如表 5-17 所示。

表 5-17 数据库数据

姓名	电话号码	欠费月数	欠费金额
秦雪	6839122	3	312.56
杨成	6827185	5	368.78
李达	6939456	4	425.23
董军	6741523	6	480
陈连	6530206	8	512.52

② 在 Word 2010 中打开一个套用信函文档（D 盘作业素材文件夹中文档 ZY8），如下所示。

您好：

您的电话　现已欠费　　个月，欠费金额　　元，望您在 9 月 15 日前及时到通讯公司营业厅缴纳话费，否则将做拆机处理。

谢谢合作！

恒利达通讯公司

③ 选择"邮件"选项卡"开始邮件合并"功能区"开始邮件合并"下"邮件合并分步向导"选项，弹出"邮件合并"任务窗格，共 6 步。

④ 在第 1 步"选择文档类型"区域选中"信函"单选框；用鼠标左键单击"下一步 正在启动文档"链接，进入第 2 步。默认"使用当前文档"，用鼠标左键单击"下一步 选取收件人"链接，进入第 3 步。用鼠标左键单击"使用现有列表"区域中的"浏览"链接，弹出"选取数据源"对话框，如图 5-87 所示。在对话框中选择 D 盘作业素材文件夹中 Excel 文件 ZY8，用鼠标左键单击"打开"按钮。在连续弹出的两个对话框中确认工作表及收件人，用鼠标左键单击"下一步 撰写信函"链接，进入第 4 步。

图 5-87 "选择数据源"对话框

⑤ 用鼠标左键在套用信函指定位置单击，用鼠标左键单击"其他项目"链接，逐项插入套用信函需要填空处。每填完一项用鼠标左键单击"关闭"按钮。填充后的套用信函文档如下。

《姓名》您好：

您的电话《电话号码》 现已欠费《欠费月数》 个月，欠费金额《欠费金额》 元，望您在 9 月 15 日前及时到通讯公司营业厅缴纳话费，否则将做拆机处理。谢谢合作！

恒利达通讯公司

⑥ 用鼠标左键单击"下一步 预览信函"链接。套用信函显示第一个收件人的相关信息如下。

秦雪您好：

您的电话 6839122 现已欠费 3 个月，欠费金额 312.56 元，望您在 9 月 15 日前及时到通讯公司营业厅缴纳话费，否则将做拆机处理。谢谢合作！

恒利达通讯公司

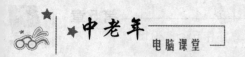

⑦ 用鼠标左键单击"下一步 完成合并"链接，再用鼠标左键单击"编辑单个信函"链接。弹出"合并到新文档"对话框。用鼠标左键单击"确定"按钮。

在草稿视图中将分节符删除后，经过邮件合并操作后的套用信函部分文档如下。

秦雪您好：

您的电话 6839122 现已欠费 3   个月，欠费金额 312.56   元，望您在 9 月 15 日前及时到通讯公司营业厅缴纳话费，否则将做拆机处理。

谢谢合作！

恒利达通讯公司

杨成您好：

您的电话 6827185 现已欠费 5   个月，欠费金额 368.78   元，望您在 9 月 15 日前及时到通讯公司营业厅缴纳话费，否则将做拆机处理。

谢谢合作！

恒利达通讯公司

李达您好：

您的电话 6939456 现已欠费 4   个月，欠费金额 425.23   元，望您在 9 月 15 日前及时到通讯公司营业厅缴纳话费，否则将做拆机处理。

谢谢合作！

恒利达通讯公司

【本章小结】

本章着重介绍了 Excel 2010 电子表格的主要操作，包括电子表的制作、工作表公式与函数计算、插入图表、数据库中数据的操作与管理、运用模拟运算和单变量求解方法进行决策分析等内容。在数据输入部分除了介绍了一般数据的输入方法外，还专门提到了一些特殊数据输入时应注意的问题，以及对输入数据有效性控制等内容。另外，还介绍了一些技巧性的知识，相信对大家使用 Excel 2010 会有所帮助和启迪。

第 6 章　演示文稿处理软件 PowerPoint 2010

【学习目标】
➢ 了解演示文稿软件 PowerPoint 2010 的基本知识
➢ 熟悉 PowerPoint 2010 的工作界面
➢ 掌握创建、编辑与管理演示文稿的方法
➢ 学会为幻灯片设置背景、插入多媒体对象、设计动画效果
➢ 掌握幻灯片放映并控制演示文稿的方法。
【知识要点】
◆ PowerPoint 2010 的工作界面
◆ 演示文稿的基本操作
◆ 幻灯片的基本制作方法
◆ 幻灯片的切换与动画效果
◆ 幻灯片的放映和打包

§6.1　PowerPoint 2010 的工作界面

PowerPoint 2010 也是 Office 2010 的重要组件之一,它是一种能够制作集文字、图形、图像、声音及视频剪辑于一体的媒体演示、展示软件,为人们传播信息、扩大交流提供了极为方便的手段。PowerPoint 2010 主要用于创建和显示演示文稿,设计制作用于广告宣传、产品演示、演讲述职、教学课件的幻灯片,因此,有人将其称做幻灯片软件,还有人用其文件扩展名之一将其简称为 PPT。

用 PowerPoint 2010 创建的演示文稿是该软件使用的文件,是一组幻灯片的集合;而幻灯片则是演示文稿内一个个单独的屏幕内容。

6.1.1　PowerPoint 2010 的工作界面

启动和退出 PowerPoint 2010 的方法同 Word 2010 一样。启动 PowerPoint 2010 后的工作界面也叫幻灯片视图,如图 6-1 所示。它主要由幻灯片编辑区、幻灯片/大纲浏览窗格、备注窗格等主要部分组成。

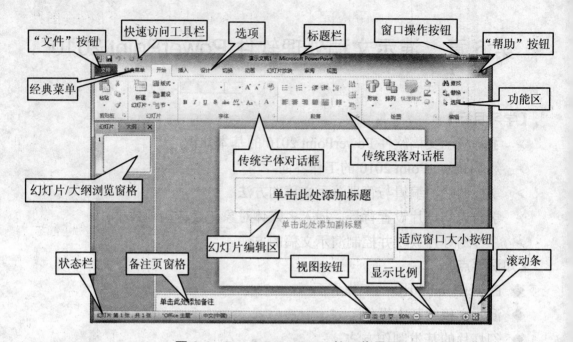

图 6-1　PowerPoint 2010 的工作界面

1．幻灯片窗口

幻灯片窗口默认的视图方式为幻灯片视图方式，类似于 Excel 2010 的工作簿窗口，同 Excel 2010 一样，一个幻灯片窗格也可以同时容纳多个演示文稿，系统默认演示文稿的文件名为演示文稿 n。幻灯片窗格由标题栏、选项、快速访问工具栏、功能区、幻灯片编辑区、幻灯片/大纲浏览窗格、备注页窗格和状态栏等组成。

2．大纲/幻灯片浏览窗格

大纲/幻灯片浏览窗格是普通视图方式下窗口的组成部分。由"大纲"和"幻灯片"两个选项卡组成。用鼠标左键单击"大纲"或"幻灯片"选项卡，可在大纲和幻灯片两种视图方式之间切换。大纲可以帮助用户正确组织演示文稿中幻灯片的序列，尤其是当用户处于积累演示文稿思路和设计样式的过程中；而在幻灯片方式下，幻灯片会以缩略图方式按前后顺序排列在该窗格区域中。

3．备注页窗格

使用备注页窗格可以创建并记载演讲者对幻灯片内容的注释或放映说明的文本、表格或图形。

6.1.2　PowerPoint 2010 的视图方式

启动 PowerPoint 2010 后，系统自动进入如图 6-1 所示的普通视图界面。根据需要可以将系统切换到其他视图界面。在 PowerPoint 2010 中共有以下几种视图界面。

1. 普通视图

普通视图是进入 PowerPoint 2010 的初始工作界面，也叫幻灯片窗口。在该视图界面上可进行创建演示文稿和对单张幻灯片进行编辑等操作。

2. 幻灯片浏览

选择"视图"选项卡"演示文稿视图"功能区"幻灯片浏览"选项，或用鼠标左键单击任务栏右侧的"幻灯片浏览"按钮，即可进入幻灯片浏览界面，如图 6-2 所示。在该界面上可以完整显示演示文稿中的所有幻灯片，可以进行添加、删除、移动、复制幻灯片等操作。用鼠标左键双击其中某一张幻灯片可以返回该幻灯片所在的普通视图界面。

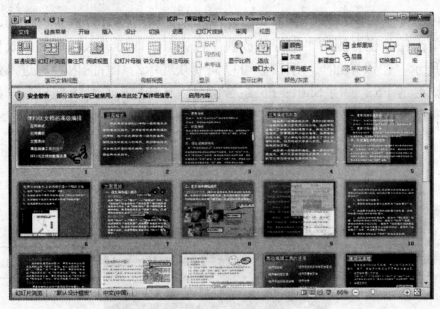

图 6-2　幻灯片浏览界面

3. 阅读视图

选择"视图"选项卡"演示文稿视图"功能区"阅读视图"选项，或用鼠标左键单击任务栏右侧的"阅读视图"按钮，即可进入阅读视图界面，如图 6-3 所示。在阅读视图界面下，幻灯片会以全屏方式显示。如果在幻灯片中设置了动画效果、画面切换等，在该视图方式下也将全部显示出来。用鼠标左键单击右下角"上一页"、"下一页"和"菜单"按钮，可以切换幻灯片的阅读页面；用鼠标左键单击右下角其他视图方式按钮或按 Esc 键，可以退出阅读视图。

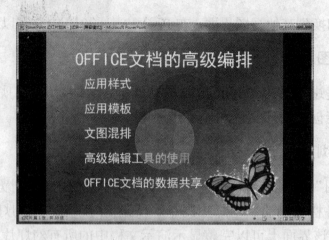

图 6-3　阅读视图界面

4. 幻灯片放映

选择"视图"选项卡"演示文稿视图"功能区"幻灯片放映"选项，或用鼠标左键单击任务栏右侧的"幻灯片放映"按钮，即可进入幻灯片放映界面，如图 6-4 所示。在该界面下，演讲者可以向观众展示幻灯片的内容。进入幻灯片放映的快捷键是 F5。使用 Shift＋F5 组合键可以从选定幻灯片所在位置开始放映。用鼠标左键单击"退出"按钮或按 Esc 键可以停止放映，返回普通视图。

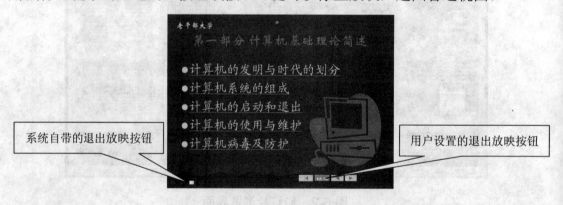

图 6-4　幻灯片放映界面

5. 备注页视图

选择"视图"选项卡"演示文稿视图"功能区"备注页"选项，即可进入备注页视图界面，如图 6-5 所示。在该界面中包含了一张幻灯片的缩微图，在缩微图的下方是对该幻灯片内容的注释或放映说明。在普通视图方式下的备注页窗格中只能添加文本内容，而在备注页视图界面中，演讲者可以根据幻灯片的内容编写相关文本、表格或图片。备注页内容在幻灯片放映时不显示。

6．母版幻灯片视图

选择"视图"选项卡"母版视图"功能区"幻灯片母版"选项，即可进入母版幻灯片视图界面，如图 6-6 所示。在该视图界面中，可以设计出同 Word 2010 中页眉与页脚功能相似的、在每张幻灯片中都能显示的同一文本或图形（图片）。在母版幻灯片视图界面上操作完毕，选择"幻灯片母版"选项卡"关闭"功能区"关闭母版视图"选项，或选择"视图"选项卡"演示文稿视图"功能区"普通视图"选项，返回普通视图界面。

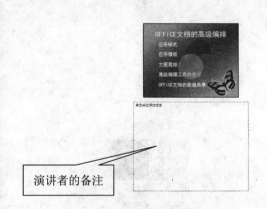

图 6-5　备注页视图界面

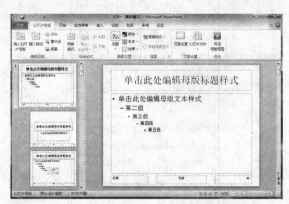

图 6-6　幻灯片母版视图界面

§6.2　演示文稿的基本操作

6.2.1　创建演示文稿

1．创建空白演示文稿

启动 PowerPoint 2010 时，系统会自动创建一个名字为演示文稿 1 的空白演示文稿。在操作过程中，用户还可以随时创建一个空白演示文稿。执行"文件"|"新建"命令，在打开的"可用模板"设置区中选择"空白演示文稿"选项，用鼠标左键单击"创建"按钮，或者直接用鼠标左键双击"空白演示文稿"选项，即可创建一个空白演示文稿。创建一个演示文稿后，PowerPoint 2010 会自动给该演示文稿暂时命名为演示文稿 2、演示文稿 3……用户在保存演示文稿时，可以将其更改为一个有意义的名字。

选择"开始"选项卡"幻灯片"功能区"新建幻灯片"选项，弹出"默认设计模板"面板，如图 6-7 所示。从中选择一种模板样式，如"空白"，可以创建没有占位符的演示文稿。

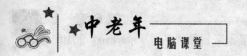

2．利用模板创建工作簿

(1) 利用"可用模板"创建　执行"文件" | "新建"命令，在打开的"可用模板"设置区中选择一个模板，如图 6-8 所示"样本模板"中的"都市相册"模板。用鼠标左键双击该模板，弹出该模板操作窗口，共 14 张预置有照片的幻灯片，如图 6-9 所示。将模板中预置的照片换上自己的照片，就成为一本电子相册了。

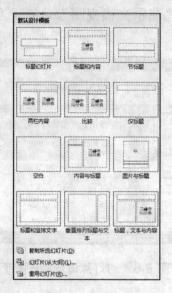

图 6-7　"默认设计模板"面板

图 6-8　"都市相册"模板

图 6-9　"都市相册"模板操作界面

(2) 利用"Office.com 模板"创建　与计算机网络连接，执行"文件" | "新建"命令，在打开的"Office.com 模板"设置区中选择一个模板，如"贺卡"中"场合与事件"下的"婚礼"。用鼠标左键单击"下载"按钮，在计算机网络中进行下载并进行相应操作，如图 6-10 所示。利用"Office.com 模板"创建的演示文

稿（贺卡）如图 6-11 所示。

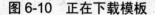

图 6-10   正在下载模板   图 6-11   用 Office.com 模板创建的演示文稿

> **小知识：**
>
> 　　启动 PowerPoint 2010 之后进入的普通视图中的演示文稿，属于有幻灯片元素的版式幻灯片，系统默认为"标题幻灯片"版式。而"空白"幻灯片则是一种没有任何幻灯片元素的幻灯片，选择"开始"选项卡"幻灯片"功能区"新建幻灯片"选项，弹出"默认设计模板"面板。从中选择"空白"模板样式，可以创建没有占位符的演示文稿。在创建演示文稿时，需要用户逐个将一些相关的幻灯片元素插入到幻灯片中。

6.2.2   打开演示文稿

　　当需要对已经创建并保存了的演示文稿继续编辑时，可以采用以下几种不同的方式将其打开。

　　（1）打开新的演示文稿   执行"文件"|"打开"命令，或在经典菜单中执行"文件"|"打开"命令，弹出"打开"对话框，如图 6-12 所示。在对话框导航格中确定打开文件的所在位置，如 D 盘老师教案文件夹，在内容格的文件清单中选择一个或多个要打开的演示文稿，用鼠标左键单击"打开"按钮。被选中的演示文稿便被显示到 PowerPoint 2010 的窗口中了。

图 6-12   "打开"对话框

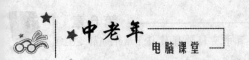

（2）打开最近操作过的演示文稿 PowerPoint 2010 具有记忆功能，可以将最近几次使用的演示文稿名称保存在指定位置。

选择"文件"下"最近所用文件"选项，弹出最近使用的演示文稿操作界面。在"最近使用的演示文稿"区域列出了最近打开并操作过的演示文稿，在"最近的位置"区域列出了最近使用演示文稿所在的文件夹。用鼠标左键单击某个演示文稿名称，即可打开该演示文稿。

对于相对固定操作的演示文稿，可用鼠标左键单击该演示文稿名称右侧的"图钉"图标，将其固定在该区域。选择"最近使用的演示文稿"区域的"快速访问此数目的'最近使用的演示文稿'"选项（可设定数目 n^1，默认为 4 个演示文稿），将在"文件"列表中显示从上至下 n 个数目的演示文稿名称。

对于经常操作的演示文稿，还可以用鼠标左键单击快速访问工具栏右端下拉按钮，在弹出的列表中选择"打开最近使用过的文件"选项，在快速访问工具栏上新增加一个"打开最近使用过的文件"按钮。用鼠标左键单击该按钮，即可快速进入"文件"|"最近所用文件"选项中。

（3）以只读或副本方式打开演示文稿 为了保护 PowerPoint 2010 演示文稿不被修改，可以选择以只读方式或副本方式打开演示文稿。

以只读方式打开演示文稿时，如果在编辑过程中对演示文稿进行了修改，则在保存演示文稿时不允许以原来的文件名保存演示文稿。

以副本方式打开演示文稿是在原演示文稿所在文件夹中创建原演示文稿的一个副本，并将其打开。以副本方式打开的演示文稿带有"副本"字样，对副本所做的任何修改都不会影响到原始演示文稿的内容。

以只读方式或副本方式打开演示文稿的方法步骤如下。

① 执行"文件"|"打开"命令，弹出"打开"对话框。

② 在对话框中选中需要打开的演示文稿。

③ 用鼠标左键单击"打开"下拉按钮，在弹出的下拉列表中选择"以只读方式打开"或"以副本方式打开"选项，如图 6-13 所示。选中演示文稿即以只读方式或以副本方式打开。

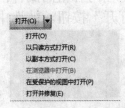

图 6-13 以只读或副本方式打开

6.2.3 保存演示文稿

保存演示文稿是一项十分重要的工作，因为用户所做的编辑工作都是在计算机

---

1 n—表示任意一个数字，下同。

内存中进行的，一旦计算机突然断电或者系统发生意外而非正常退出 PowerPoint 2010，这些内存中的信息就将无法得到，所做的操作也付诸东流了。为了永久保存所创建的演示文稿，必须将它们保存到磁盘上，以便以后随时浏览、编辑和放映。

1．保存新创建的演示文稿

执行"文件"|"保存"、"另存为"命令或者用鼠标左键单击快速访问工具栏上"保存"按钮 ，弹出"另存为"对话框，如图 6-14 所示。

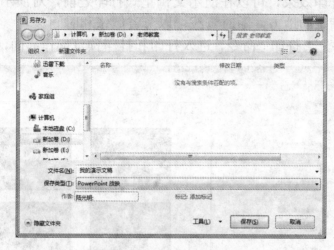

图 6-14 "另存为"对话框

在对话框"文件名"文本框中输入一个新的文件名，如"我的演示文稿"。若不输入，PowerPoint 2010 会以"演示文稿 n"作为文件名保存。在导航格中选择保存文档的位置（盘符和文件夹），如 D 盘"老师教案"文件夹。在"保存类型"列表框中选择一种文件类型，如"PowerPoint 97-2003 文档"或"PowerPoint 放映"。最后用鼠标左键单击"保存"按钮，新建演示文稿即被保存到磁盘指定位置上了。

2．保存编辑后的演示文稿

如果当前编辑的演示文稿已经被保存过，在操作的过程中还可以随时保存。执行"文件"|"保存"命令或用鼠标左键单击快速访问工具栏上的"保存"按钮，PowerPoint 2010 将不再弹出"另存为"对话框。演示文稿被又一次保存后，仍然处于编辑状态，可以继续对其进行编辑。为使系统自动保存正在编辑中的已有演示文稿，可执行"文件"|"选项"命令，在弹出的 PowerPoint "选项"操作面板上选择"保存"选项，将"保存自动恢复信息时间间隔"数值框中的时间设置为 5 分钟较为合适。用鼠标左键单击"确定"按钮，系统会每隔 5 分钟自动保存演示文稿一次。

6.2.4 打印演示文稿

一个演示文稿经过幻灯片制作、编辑和设置切换、动画效果后，可以将其打印到纸张上，供阅读和保存。

1. 打印预览

为了查看打印效果，可以在演示文稿正式打印之前，对演示文稿进行打印预览，发现有不满意的地方，随时修改，以节省纸张和时间。

执行"文件"|"打印"命令，进入打印和打印预览操作界面，如图6-15所示。

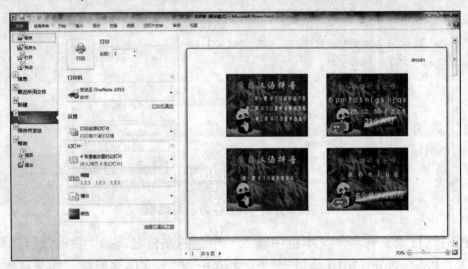

图6-15　打印和打印预览操作界面

该操作界面由左右两部分组成，左边为设置打印选项部分，右边为打印预览窗口。在打印预览窗口中可以观察演示文稿的打印效果。

2. 打印

在打印和打印预览操作界面左边为设置打印选项部分，主要打印选项如下。

（1）打印机　在列表框中选择或添加打印机及发送打印文件位置。

（2）份数　该选项用于设置打印份数。利用数字增减按钮调整设置或直接在文本框中输入打印份数。

（3）设置　该选项用于设置打印演示文稿范围、幻灯片版式、讲义、多份按页顺序或取消排序、纸张方向、彩色或黑白等。

（4）"打印"按钮　完成各打印选项设置后，对设置好打印参数的演示文稿还要通过打印预览，对发现需要调整的选项重新设置。最后用鼠标左键单击"打印"按钮开始打印。

§6.3 幻灯片的制作与管理

6.3.1 向幻灯片中添加元素

一般幻灯片除背景和操作按钮外，基本上由文本框、图片、表格、图表和媒体文件几大元素组成。系统在模板幻灯片和版式幻灯片中预置的边界框叫占位符，主要用来容纳幻灯片中的内容。用来容纳标题或正文的文本占位符就是一种预置的文本框；幻灯片中的图片种类很多，包括系统自带的剪贴画、计算机中的图片、用户的照片等，还包括用各种绘图（画）软件或工具绘制的各种图形及艺术字等；而表格、图表和媒体文件除用 PowerPoint 2010 创建以外，还可以通过数据共享或插入外部文件得到。

1. 向文本占位符中输入文本

在一般的模板幻灯片或版式幻灯片中，均设置有标题区和正文区的文本占位符，如图 6-16 所示。用鼠标左键单击位于标题区或正文区中的文本占位符，其中的提示文本消失，同时在文本占位符中会出现一个闪烁的"|"形光标，此时就可以输入文本了。文本输入完毕，用鼠标左键单击占位符以外的空白区域，结束文本输入状态。

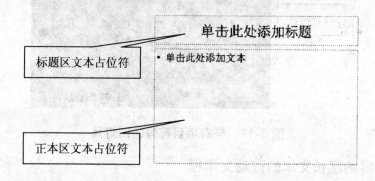

图 6-16 含有文本占位符的幻灯片

在标题区文本占位符中输入的文本自动应用居中对齐方式，在正文区文本占位符中输入的文本自动应用左对齐方式。在标题区文本占位符或正文区文本占位符中，如果输入的文本超过了占位符的宽度，将会自动跳转到下一行。当文本输入未满一行时按回车键，将另起一行。

2. 插入文本框元素

在 PowerPoint 2010 中除了使用系统预置的文本占位符输入文本外，还可以用

插入文本框的方法，向幻灯片中输入文本。选择"插入"选项卡"文本"功能区"文本框"下"横排文本框"或"垂直文本框"选项，待鼠标指针变成"↓"形状时，用鼠标左键拖出一条"方框"，即文本框，同时在文本框中会出现一个闪烁的"|"形光标，此时就可以输入文本了。文本输入完毕，用鼠标左键单击文本框以外的空白区域，结束文本输入状态。

待占位符或文本框四周出现实线蓝色边缘线时，按退格键或 Delete 键可以将占位符或文本框连同其中的文本一并删除。

3．插入带项目符号或编号的文本框

在带有项目符号或编号的幻灯片版式中，可以输入带有项目符号或编号的文本。用鼠标左键单击带有项目符号或编号的文本占位符，输入第一个带项目符号或编号的条目，按回车键，系统会自动在下一行生成一个相同样式的项目符号或编号，继续输入下一个条目，反复进行直至输入完整个列表，如图 6-17 所示。在输入带有项目符号或编号的文本时，按 Tab 键将向右缩进一层，按 Shift＋Tab 组合键将向左移出一层。

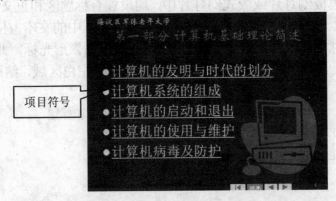

图 6-17　带有项目符号的幻灯片

4．制作容纳超长文本的滚动文本框

当输入文本超出幻灯片高度时，可以用制作滚动文本框的方法输入文本。当放映该幻灯片时，用鼠标左键单击滚动文本框中的滚动条，可使滚动文本框中的文本滚动显示。

① 在经典菜单中执行"工具"｜"控件"命令，打开控件列表，如图 6-1 所示。

② 选择控件列表中的"文本框"选项，此时，鼠标指针变成一个"十"字形状，用鼠标左键在幻灯片区域拖出一个控件文本框，用鼠标右键单击拖出的控件文本框，在弹出的快捷菜单中执行"属性"命令，弹出"属性"对话框，如图 6-19 所示。

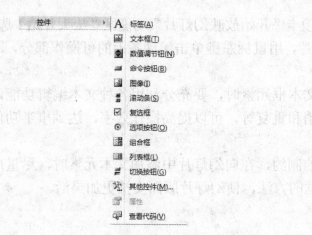

图 6-18　控件列表　　　　　　图 6-19　控件属性对话框

③ 选择对话框中的"按分类序"选项卡。在"滚动"类别中 ScrollBars（滚动）选项列表中有四个选项。

0-fmScrollBarsNone 无滚动条。

1-fmScrollBarsHorizontal 水平滚动条。

2-fmScrollBarsVertical 垂直滚动条。

3-fmScrollBarsboth 水平和垂直滚动条。

在这里我们选择"3-fmScrollBarsboth"选项，即水平和垂直滚动条。

在"行为"类别中 MultiLine（多行选择）选项列表中有 False（假）和 True（真）两个选项，在这里我们选择 True（真）；EnterKeyBehavior（回车键选择）选项列表中有 False（假）和 True（真）两个选项，在这里我们同样选择 True（真）。

④ 用鼠标右键单击幻灯片区域中的控件文本框，在弹出的快捷菜单中执行"文字框对象"|"编辑"命令，即可在文本框中输入文本了。用鼠标左键单击"属性"对话框中的"字体"类别右端的 按钮，弹出"字体"对话框，如图 6-20 所示。在对话框中可以设置文本的字体、字形和大小等属性。设置完毕，用鼠标左键单击"确定"按钮。

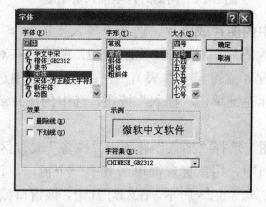

图 6-20　"字体"对话框

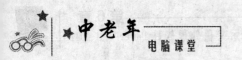

⑤ 选择"幻灯片放映"选项卡"开始放映幻灯片"功能区"从头开始"选项，或者按 F5 功能键，放映该幻灯片，用鼠标左键单击滚动条上的可操作部分，即可看到滚动的文本了。

在向幻灯片中添加文本或文本框元素时，要充分利用各种文本编辑功能，如剪切、复制和粘贴，删除、撤销和重复等，可以提高操作效率，达到事半功倍的添加效果。

为了不受版式文本占位符的制约，在向幻灯片中添加文本元素时，尽量用创建空白幻灯片并采用插入文本框的方法，使幻灯片版面安排更加灵活。

5．插入图片元素

（1）插入剪贴画 选择"插入"选项卡"图像"功能区"剪贴画"选项，在打开的"剪贴画"任务窗格中用鼠标左键单击"搜索"按钮，在"剪贴画"列表中选择一幅图片并用鼠标左键单击该图片，选中的图片便被插入幻灯片中了，如图 6-21 所示。

图 6-21　向幻灯片中插入剪贴画

（2）插入计算机中的图片或照片 选择"插入"选项卡"图像"功能区"图片"选项，弹出"插入图片"对话框，如图 6-22 所示。在对话框导航格中选择保存图片或照片的位置（盘符与文件夹），在图片显示区中选择要打开的图片或照片文件，然后用鼠标左键单击"插入"按钮。选中的图片或照片便插入幻灯片中去了。

（3）插入屏幕截图 选择"插入"选项卡"图像"功能区"屏幕截图"选项，在弹出的所有打开窗口中，用鼠标左键单击其中一个窗口，该窗口便以一幅图片形式插入到幻灯片中，如图 6-23 所示。在幻灯片中，该窗口截图同其他图片一样，也可以对其进行编辑等操作。

图 6-22　插入计算机中的图片

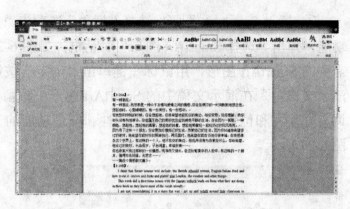

图 6-23　插入屏幕截图

（4）插入用形状功能绘制的图形　选择"插入"选项卡"插图"功能区"形状"选项，弹出形状面板，如图 6-24 所示。选择一种形状类别中的某一个形状，按照该形状的绘制要求用鼠标左键拖拽出相应图形。例如，选择"星与旗帜"中的"☆"形状，按 Shift 键的同时用鼠标左键拖拽出一个五角星形状的图形，如图 6-25 所示。

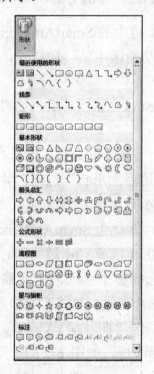

图 6-24　形状面板

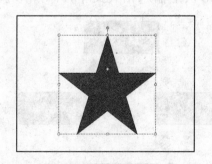

图 6-25　用形状功能绘制的图形

（5）插入 SmartArt 图形　SmartArt 图形是用一些特定的图形效果样式来显示文本信息，具有很强的说明解释能力。

① 插入 SmartArt 图形。选择"插入"选项卡"插图"功能区"SmartArt 图形"功能，弹出"选择 SmartArt 图形"对话框，如图 6-26 所示。在对话框中选择一个需要的 SmartArt 图形，用鼠标左键单击"确定"按钮，即可将 SmartArt 图形插入演示文稿中。在演示文稿中的 SmartArt 图形中预留的文本框中输入相关文本，并调整好尺寸和位置。一个具有可读性和联想功能的 SmartArt 图形就创建好了，如图 6-27 所示。

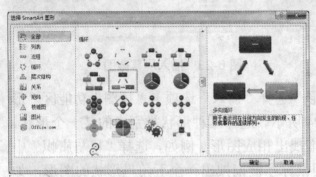

图 6-26　"选择 SmartArt 图形"对话框

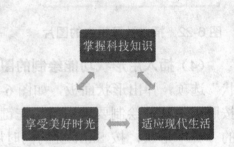

图 6-27　创建好的 SmartArt 图形

② 更改 SmartArt 图形。用鼠标左键单击插入文档中的 SmartArt 图形，选择"SmartArt 工具（设计）"选项卡"SmartArt 样式"功能区中某一种样式，还可以更改 SmartArt 图形的颜色等。

③ 在 SmartArt 图形中添加形状。在插入一个 SmartArt 图形后，如果图形中的形状不够用时，可以通过设置添加形状。

用鼠标左键单击插入幻灯片中的 SmartArt 图形，选择"SmartArt 工具（设计）"选项卡"创建图形"功能区"添加形状"下"在后边添加形状"选项，并在新添加的形状中输入相关文本，添加形状后的 SmartArt 图形如图 6-28 所示。

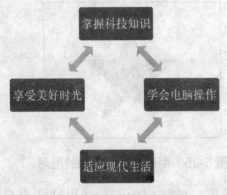

图 6-28　添加形状后的 SmartArt 图形

④ 将图片转化为 SmartArt 图形。在演示文稿中按 Shift 键或 Ctrl 键的同时，用鼠标左键单击选择多个插入演示文稿中的图片。选择"图片工具（格式）"选项卡"图片样式"功能区"图片版式"选项，弹出 SmartArt 图形面板，如图 6-29 所示。在面板上选择一种 SmartArt 图形，对转化后的图片稍做修改，即可形成 SmartArt 图形特点的图片，如图 6-30 所示。

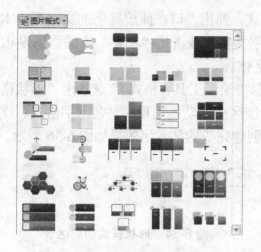

图 6-29　SmartArt 图形面板

图 6-30　转化后的 SmartArt 图形

⑤ 将有项目符号的文本转换为 SmartArt 图形。首先在幻灯片中选择"插入"选项卡"文本"功能区"文本框"下"横排文本框"选项。输入三行带项目符号的文本，如下所示。

◆　掌握科技知识

◆　适应现代生活

◆　享受美好时光

选择这三行文本，选择"开始"选项卡"段落"功能区"转换为 SmartArt 图形"下的一种 SmartArt 图形样式，如"基本循环"。转换成 SmartArt 图形的幻灯片如图 6-31 所示。

(6) 插入艺术字　艺术字是一种以文字形式显示的图片。在幻灯片中插入艺术字的方法步骤如下。

① 选择"插入"选项卡"文本"功能区"艺术字"选项，弹出艺术字面板，如图 6-32 所示。

图 6-31　转化后的 SmartArt 图形

图 6-32　艺术字面板

② 用鼠标左键单击选择一种艺术字样式，弹出"请在此放置您的文字"文本框，如图 6-33 所示。在文本框中输入艺术字文字，或者用"粘贴"方法将剪贴板中的文字粘到"文字"框中，并设置相应字体。

③ 用鼠标左键单击艺术字文本框，选择"绘图工具（格式）"选项卡"形状格式"、"艺术字样式"、"排列"和"大小"功能区中的功能选项，对艺术字格式、样式等进行设置，如图 6-34 和图 6-35 所示。创建完成的艺术字效果如图 6-36 所示。

请在此放置您的文字

图 6-33　艺术字文本框

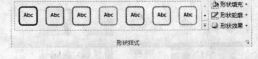

图 6-34　形状样式功能区

夕阳无限好

图 6-35　艺术字样式功能区

图 6-36　创建完成的艺术字

6. 插入音频

① 在计算机中准备好音频文件（*.mid、*.wav、*.mp3······格式）。

② 选择需要声音文件的幻灯片（一般选择第 1 张幻灯片），选择"插入"选项卡"媒体"功能区"音频"下"文件中的音频"选项，弹出"插入音频"对话框，如图 6-37 所示。

图 6-37　"插入音频"对话框

③ 在对话框导航格中选择音频文件所在位置（盘符与文件夹），在内容格中选择要插入的声音文件，然后用鼠标左键单击"插入"按钮，在幻灯片中便会出

现一个扬声器图标，表示该幻灯片已插入了声音，如图 6-38 所示。

④ 用鼠标左键单击扬声器图标，选项"音频工具（播放）"选项卡"音频选项"功能区"放映时隐藏"、"循环播放、直到停止"、"播完返回开头"选项；在"开始"列表中选择"跨幻灯片播放"选项；在"音量"列表中选择"中"选项，如图 6-39 所示。

⑤ 用鼠标右键单击扬声器图标，执行"预览"命令，试听音频音质与音量。按 F5 功能键放映幻灯片，观察音频跨幻灯片播放等设置是否合乎要求。

图 6-38 插入声音文件的幻灯片（局部）

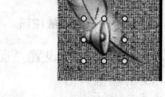

图 6-39 设置音频播放属性

7．插入视频

① 在计算机中准备好视频文件。

② 选中需要视频文件的幻灯片，选择"插入"选项卡"媒体"功能区"视频"下"文件中的视频"选项，弹出"插入视频文件"对话框，如图 6-40 所示。

图 6-40 "插入视频文件"对话框

③ 在对话框导航格中选择"库"中"视频"选项，在内容格中选择"示例视频"中"野生动物"选项，用鼠标左键单击"插入"按钮，选中的视频文件便被插入到幻灯片中，如图 6-41 所示。

④ 播放视频。在 PowerPoint 2010 中的视频播放分为非放映模式和放映模式两种播放方式。非放映模式下播放视频是用鼠标左键单击插入到幻灯片窗口中视

频素材下方的播放按钮；放映模式下播放视频是在幻灯片正式放映之后，将鼠标移到视频窗口内，用鼠标左键单击视频窗口下方的播放按钮。图 6-41 中是非放映模式下的播放按钮，图 6-42 中是放映模式下的播放按钮。

图 6-41　插入视频文件的幻灯片　　　　图 6-42　放映模式下的播放按钮

插入幻灯片窗口中的视频要进行调整尺寸和位置等操作，还可以设置"视频形状"为"圆角矩形"，"视频效果"为"映像"中的"紧密映像"等。

8. 插入表格

选择"插入"选项卡"表格"功能区"表格"下"插入表格"选项，弹出"插入表格"对话框，如图 6-43 所示。

图 6-43　"插入表格"对话框

在对话框中输入列数和行数，用鼠标左键单击"确定"按钮，一个表格便插入表格中了，如图 6-44 所示。在表格单元格中输入相关文本后，用鼠标左键单击表格边框，选择"表格工具（布局）"选项卡，可以修改表格、设置表格内文本对齐等；选择"表格工具（设计）"选项卡，可以进行改变表格样式、添加表格边框等操作。在 PowerPoint 2010 中创建的表格如图 6-45 所示。

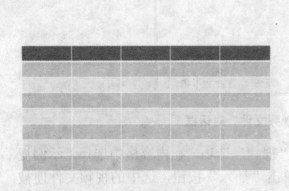

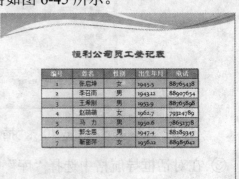

图 6-44　插入表格的幻灯片　　　　图 6-45　在 PowerPoint 2010 中插入的表格

9. 插入图表

① 选择"插入"选项卡"插图"功能区"图表"选项，弹出"插入图表"对话框，如图 6-46 所示。

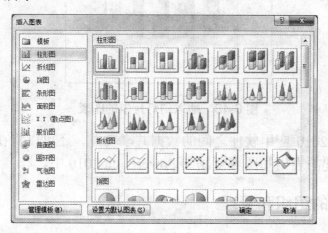

图 6-46　"插入图表"对话框

② 在对话框中选择一种图表样式，用鼠标左键单击"确定"按钮，桌面上出现并排显示的 PowerPoint 窗口和 Excel 窗口，如图 6-47 所示。

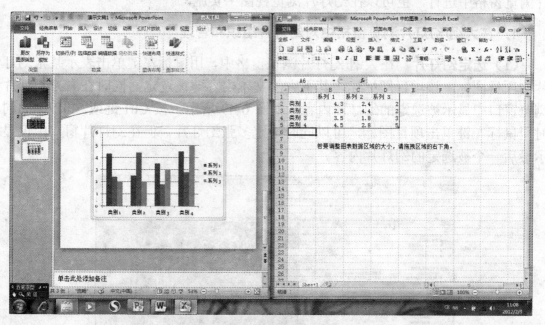

图 6-47　并排显示的 PowerPoint 窗口和 Excel 窗口

③ 在 Excel 工作表中填写相关数据后，将 Excel 窗口关闭。一个有相应数据的图表就出现在演示文稿中了，如图 6-48 所示。

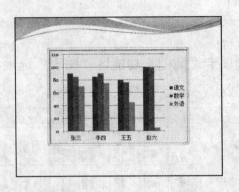

图 6-48　插入幻灯片中的图表

利用 Office 2010 应用软件之间的数据共享功能，还可以将在 Word 2010 或 Excel 2010 中创建的表格和图表复制到 PowerPoint 2010 中。

6.3.2　幻灯片的组织和管理

当创建一个演示文稿并对其中的幻灯片制作基本完成之后，还需要根据总体结构对幻灯片做一些适当的组织和管理操作，如插入新幻灯片、删除不要的幻灯片、移动幻灯片的位置和复制幻灯片……这些组织和管理操作既可以在大纲/幻灯片浏览窗格中进行，也可以在幻灯片浏览视图中实施。

1. 在大纲/幻灯片浏览窗格中对幻灯片组织和管理

（1）选定幻灯片　在大纲/幻灯片浏览窗格中，用鼠标左键单击表示某张幻灯片的项目图标，该项目图标连同其下方的文本内容即被选定，同时在右方幻灯片浏览窗口中显示被选定的幻灯片内容，如图 6-49 所示。按 Ctrl 键或 Shift 键的同时用鼠标左键单击项目图标，可以同时选定多张幻灯片，但在幻灯片窗口中仅显示最后一个被选定的幻灯片内容。

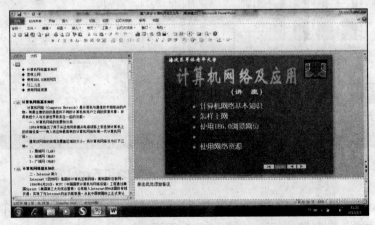

图 6-49　在大纲/幻灯片浏览窗格中选定幻灯片

（2）插入新幻灯片　选定要插入新幻灯片位置之前的一张幻灯片项目图标，选择"开始"选项卡"幻灯片"功能区"新建"下"Satellite Dish"面板中一种样式，或用鼠标右键单击要插入新幻灯片位置之前一张幻灯片项目图标右侧，在弹出的快捷菜单中执行"新建幻灯片"命令，或在该位置按 Ctrl＋M 组合键，均可在选定幻灯片项目图标下方插入一张新的内容为空白、版式与选定幻灯片相同的新幻灯片。

（3）删除幻灯片　用鼠标右键单击要删除的幻灯片项目图标右侧，在弹出的快捷菜单中执行"删除幻灯片"命令，或按 Delete 键，均可将选定的幻灯片删除。若幻灯片中有内容，用按 Delete 键方法删除时，系统会弹出一个提示对话框，如图 6-50 所示。用鼠标左键单击"确定"按钮后，方可将该幻灯片删除。

（4）移动幻灯片　在大纲/幻灯片浏览窗格中可以用以下两种方法移动幻灯片。

方法一：用鼠标左键拖拽选定幻灯片项目图标上下移动到指定位置。用鼠标拖拽时，在大纲视图界面中会显示一条"黑线"，表示幻灯片将被移动到的位置，如图 6-51 所示。

黑线位置

图 6-50　删除幻灯片提示对话框　　　　图 6-51　用鼠标拖拽移动幻灯片

方法二：当幻灯片移动位置较远时，可以利用"剪切"命令将选中幻灯片先剪切到剪贴板中，再用"粘贴"命令将其移动到新的位置。

（5）复制幻灯片　在大纲/幻灯片浏览窗格中可以用以下三种方法复制幻灯片。

方法一：在经典菜单中执行"插入"|"复制选定幻灯片"命令，在选定幻灯片下方会出现与该幻灯片内容版式完全相同的一张幻灯片。

方法二：按 Ctrl 键的同时用鼠标左键拖拽选定幻灯片项目图标上下移动到指

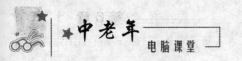

定位置后，先释放鼠标键，再释放 Ctrl 键。用鼠标拖拽时，在大纲视图界面中会显示一条"黑线"，表示幻灯片将被复制到的位置。

方法三： 当幻灯片移动位置较远时，可以利用"复制"命令将选中幻灯片先复制到剪贴板中，再用"粘贴"命令将其粘贴到新的位置。

2. 在幻灯片浏览视图方式中对幻灯片组织和管理

（1）选定幻灯片 用鼠标左键单击需要选定的幻灯片缩略图，若按 Ctrl 键或 Shift 键的同时用鼠标左键单击幻灯片缩略图，可以同时选定多张幻灯片。被选中的幻灯片外围有一蓝色边框，如图 6-52 所示。若用鼠标左键双击选定的幻灯片，可以直接进入幻灯片视图界面。

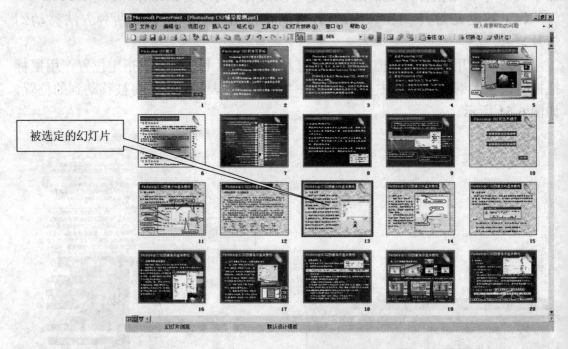

图 6-52 在幻灯片浏览视图方式中选定幻灯片

（2）插入新幻灯片 选定要插入新幻灯片位置之前的一张幻灯片缩略图，选择"开始"选项卡"幻灯片"功能区"新建"下"Satellite Dish"面板中一种样式，或用鼠标右键单击要插入新幻灯片位置之前的一张幻灯片缩略图，在弹出的快捷菜单中执行"新建幻灯片"命令，或在该位置按 Ctrl＋M 组合键，均可在选定幻灯片缩略图后方插入一张新的内容为空白、版式与选定幻灯片相同的新幻灯片。若用鼠标左键在两张幻灯片缩略图之间单击，在两张幻灯片缩略图之间会出现一条黑色竖线（插入点），此时，若用上述方法之一插入新幻灯片，新幻灯片将插在两张幻灯片缩略图之间的位置上。

（3）删除幻灯片 选定要删除的幻灯片缩略图，执行经典菜单中"编辑"|"删除"命令或用鼠标右键单击要删除的幻灯片缩略图，在弹出的快捷菜单中执行"删除幻灯片"命令，或按 Delete 键，均可将选定的幻灯片删除。在幻灯片浏览视图方式下，无论被删除的幻灯片中有没有内容，删除幻灯片都不会出现提示对话框。

（4）移动幻灯片 在幻灯片浏览视图界面下可以用以下两种方法移动幻灯片。

方法一：用鼠标右键单击要移动的幻灯片缩略图，在弹出的快捷菜单中执行"剪切"命令，用鼠标右键单击幻灯片将要移动到的新位置，在弹出的快捷菜单中执行"粘贴"命令，可将选定的幻灯片缩略图移动到新的位置上。此方法用经典菜单也可以进行操作。

方法二：用鼠标左键拖拽要移动的幻灯片缩略图到新的位置后释放鼠标，该幻灯片也可移动到新的位置。

（5）复制幻灯片 在幻灯片浏览视图界面下可以用以下三种方法复制幻灯片。

方法一：选择被复制幻灯片，选择"开始"选项卡"剪贴板"功能区"复制"选项，再用鼠标左键单击新的位置，选择"开始"选项卡"剪贴板"功能区"粘贴"选项，可将选中幻灯片复制到新的位置。

方法二：用鼠标右键单击要复制的幻灯片缩略图，在弹出的快捷菜单中执行"复制"命令，用鼠标右键单击幻灯片将要复制到的新位置，在弹出的快捷菜单中执行"粘贴"命令，即可将选定的幻灯片复制到指定位置上。此方法也可在经典菜单中进行操作。

方法三：按 Ctrl 键的同时用鼠标左键拖拽要复制的幻灯片缩略图到新的位置后，先释放鼠标，再释放 Ctrl 键，在新的位置上会出现与被复制幻灯片内容版式完全相同的一张幻灯片缩略图。

3．插入其他演示文稿的幻灯片

如果需要将另一个演示文稿的部分或全部幻灯片插入到当前演示文稿中，操作步骤如下。

① 在大纲/幻灯片浏览窗格中或幻灯片浏览视图界面中，选定要插入新幻灯片的位置。

② 在经典菜单中执行"插入"|"幻灯片（从大纲）"或"重用幻灯片"命令，弹出搜索幻灯片文件对话框，如图 6-53 所示为执行"重用幻灯片"命令后弹出的"浏览"对话框。

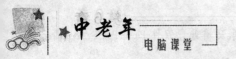

图 6-53 "浏览"对话框

③ 在对话框中选择要插入的演示文稿，用鼠标左键单击"打开"按钮，在随即弹出的幻灯片列表中用鼠标左键单击要插入的幻灯片，该幻灯片即会被插入到窗口中的幻灯片系列中，如图 6-54 所示。若执行"幻灯片（从大纲）"命令，则插入的是演示文稿的全部幻灯片。

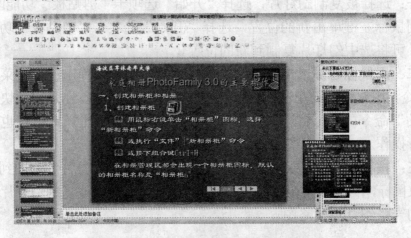

图 6-54 插入其他演示文稿的幻灯片

§6.4 编辑幻灯片中的各元素

6.4.1 编辑和格式化文本

1．移动、复制和删除文本

用鼠标左键单击被编辑的文本，窗口中将显示文本占位符的虚框。接下来用下列方法之一选择被编辑文本。

① 用鼠标左键单击文本框边框，使文本框边框变成实线。

② 用鼠标左键拖拽，选择文本。

③ 用鼠标左键双击，选择一个词语。

④ 用鼠标左键三击，选择一个段落。

⑤ 用鼠标左键单击文本区域左上角，按 Shift 键同时用鼠标左键单击文本区域右下角，可以选择含两次单击在内文本及其之间的所有文本。

⑥ 按 Shift 键的同时按任意一个方向键可增加或减少选择文本区域。

用鼠标左键直接拖拽可将选择文本移动到新的位置；按 Ctrl 键同时用鼠标左键拖拽可将选择文本复制到新的位置。如果将文本在幻灯片或演示文稿之间移动、复制，可以使用剪贴板进行操作。按 Delete 键或退格键可以将选择文本删除。

2. 格式化文本

（1）设置字体、字号、字形和字体颜色　选择"开始"选项卡"字体"功能区中的各选项，或者使用传统"字体"对话框和经典菜单中"格式"下的相关命令，都可以对选中文本的字体、字号、粗体、斜体、下划线、阴影和字体颜色等进行设置。

（2）设置段落文本格式化　选择"开始"选项卡"段落"功能区中的各选项，或者使用传统"段落"对话框和经典菜单中"格式"下的相关命令，都可以对选中段落文本的对齐方式、更改文字方向、更改项目符号和编号、增大、减少字号和减少、增加缩进量等进行设置。利用水平标尺上的缩进按钮，可以对文本段落进行首行缩进、悬挂缩进和左缩进控制，如图 6-55 所示。在经典菜单中执行"段落"命令，弹出"段落"对话框，如图 6-56 所示。在对话框中可以对选中文本段落的"行距"、"段前"、"段后"距离控制进行设置。

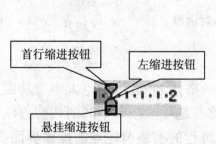

图 6-55　水平标尺上的缩进按钮　　　　图 6-56　"段落"对话框

在幻灯片中进行文本编辑与格式化操作时，应充分利用该软件自带的一些工

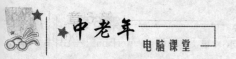

具和操作功能，如用"格式刷"工具可以复制文本的格式，用朗读工具可以校对输入文本是否正确，而按 Ctrl＋Y 组合键可以重复输入文本等。

6.4.2　处理图片

1．调整图片位置

将鼠标指针移到图片上，当鼠标指针形状变为✛时，用鼠标左键拖拽图片在幻灯片窗口中移动。

2．调整图片尺寸

将鼠标指针移到图片的控点上，当鼠标指针形状变为↕、↔、↖、↗时，用鼠标左键拖拽改变图片的大小。还可以通过"图片工具（格式）"选项卡"大小"功能区中传统对话框设置图片大小，如图 6-57 所示。当勾选了"锁定纵横比"复选框后，将按原图片高度与宽度的比例进行调整。

图 6-57　"设置图片格式"对话框

3．载剪图片

用鼠标左键单击选中图片，选择"图片工具（格式）"选项卡"大小"功能区"裁剪"下"裁剪"、"裁剪为形状"或"纵横比"选项，按照不同的裁剪方法将图片裁剪。如图 6-58 所示是选择"裁剪"选项进行的有裁剪控点的操作界面；图 6-59 所示是选择"裁剪为形状"选项后裁剪的形状；图 6-60 所示是按照纵向 3∶4 裁剪的画面。

图 6-58　载剪用控点

图 6-59　载剪为形状的图片

图 6-60　按纵横比裁剪的图片

4．去除图片背景

去除图片背景也叫"抠图"。用鼠标左键单击插入幻灯片中的图片，如图 6-61 所示。选择"图片工具（格式）"选项卡"调整"功能区"删除背景"选项，图片背景即变成粉红色，图片中央显示一个调整框，用鼠标左键拖拽调整框到图片四边后，用鼠标左键单击"保留更改"按钮，完成去除图片背景操作。

如果图片背景较复杂，一次去除不干净，可选择"优化"功能区"标记要保留的区域"和"标记要删除的区域"选项，用鼠标左键在图片上画直线的方法修改删除区域或保留区域，如图 6-62 所示。用鼠标左键单击"保留更改"按钮，去除背景后的图像如图 6-63 所示。

图 6-61　原始图片

图 6-62　标记删除或保留区域

图 6-63　去除背景的图片

5．旋转或翻转图片

利用鼠标左键拖拽图片上的绿色旋转控点，或选择"图片工具（格式）"选项卡"排列"功能区"旋转"下的旋转选项，可以使图片向指定方向旋转或翻转。图 6-64 所示即为旋转和翻转后的图片，以及相应的旋转、翻转命令和工具。

图 6-64　图片的旋转与翻转

6. 设置图片叠放次序

两个以上的图片重叠在一起时，可以用鼠标左键单击上面图片（或形状），在弹出的快捷菜单中执行"上移一层"、"下移一层"、"置于顶层"或"置于底层"命令调整其和下面图片（或形状）的前后次序，如图 6-65 所示。

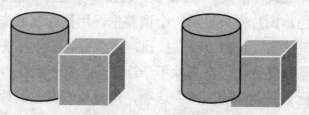

图 6-65　设置图片叠放次序

7. 图片的组合与取消组合

有时需要将两个以上图片组合为一个图片。首先在按 Shift 键的同时用鼠标左键逐个单击方法选中需要组合的多个图片，如图 6-66 所示。然后选择"图片工具（格式）"选项卡"排列"功能区"组合"下"组合"选项，即可将选中的多个图片组合成一个图片，如图 6-67 所示。选择"图片工具（格式）"选项卡"排列"功能区"组合"下"取消组合"选项，可以将已经组合到一起的图片再拆分为一个个独立的图片。

图 6-66　选中多个图片

图 6-67　组合图片

8．删除图片

按 Delete 键或退格键，即可将选中的图片删除。

9．设置图像效果

用鼠标左键单击需要设置图像效果的图片，选择"图片工具（格式）"选项卡"调整"功能区"更正"、"颜色"、"艺术效果"选项中的某一选项进行图片效果操作，图 6-68 所示幻灯片中分别为设置图像效果前后的两幅图片对比。

10．自动生成图片版式

在幻灯片中连续插入三张图片，并同时选中。选择"图片工具（格式）"选项卡"图片样式"功能区"图片版式"下一种版式，如"六边形图集"，一个指定样式的图片版式就自动生成了，如图 6-69 所示。

图 6-68　设置图像效果前后对比　　　　图 6-69　自动生成图片版式

6.4.3　自动生成相册

许多中老年朋友学习幻灯片制作的目的就是制作个人或家庭相册。PowerPoint 2010 为大家提供了自动生成相册的方法，操作步骤如下。

① 新建一个空白演示文稿。

② 选择"插入"选项卡"图像"功能区"相册"下"新建相册"选项，弹出"相册"对话框，如图 6-70 所示。

图 6-70 　 "相册" 对话框

　　③ 在对话框中用鼠标左键单击 "文件/磁盘" 按钮, 在弹出的对话框中选择要插入的照片, 用鼠标左键单击 "插入" 按钮, 选中的照片名称即在 "相册" 对话框的 "相册中的图片" 列表框中显示。在对话框中继续对插入图片进行调整顺序、旋转照片角度、调整亮度、对比度等操作, 还可以通过用鼠标左键单击 "新建文本框" 按钮增加文本幻灯片。用鼠标左键单击 "创建" 按钮, 一个包括有文本封面幻灯片的相册便自动生成了, 如图 6-71 所示。

图 6-71 　 自动生成的相册

6.4.4 　 设置幻灯片背景效果

　　选中要设置背景的一个幻灯片或一组幻灯片, 选择 "设计" 选项卡 "主题" 中的某一种样式; 或选择 "设计" 选项卡 "背景" 功能区 "背景样式" 下某一种背景样式。当前大纲/幻灯片浏览窗格中的所有幻灯片背景都发生了变化。若选择 "设置背景格式" 选项, 会弹出 "设置背景格式" 对话框, 如图 6-72 所示。在对话框中可以对幻灯片背景进行 "填充"、"图片更正"、"图片颜色" 及 "艺术效果" 等设置和修改, 用鼠标左键单击 "关闭" 按钮, 只对选中的幻灯片进行设置; 用鼠标左键单击"全部应用"按钮，则全部幻灯片背景都会发生变化。一般情况下，为便于区分，不同主题的幻灯片背景应设置成不相同的样式。

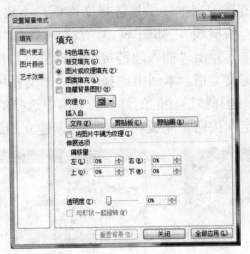

图 6-72　"设置背景格式"对话框

6.4.5　制作母版幻灯片

选择"视图"选项卡"母版视图"功能区"幻灯片母版"选项，进入幻灯片母版视图界面，在大纲/幻灯片浏览窗格中确定能让所有幻灯片都能使用母版幻灯片内容的幻灯片，一般为第 1 张幻灯片。在母版视图界面中，可以设计出同 Word 2010 中页眉与页脚相似的，在每张幻灯片中都能显示的同一文本或图形（图片）。在母版幻灯片视图界面上操作完毕，应用鼠标左键单击"母版幻灯片"选项卡"关闭"功能区"关闭母版视图"选项，或选择"视图"选项卡"演示文稿视图"功能区"普通视图"选项，返回普通视图。

如果在一组幻灯片中想让个别幻灯片不受母版幻灯片的"约束"。可选择"设计"选项卡"背景"功能区"背景样式"下"设置背景格式"选项，弹出"设置背景格式"对话框。在对话框的"填充"区域中选择"隐藏背景图形"选项，并用鼠标左键单击"关闭"按钮，选中的幻灯片中的母版幻灯片信息便消失了，而其他幻灯片中的母版信息仍然保留。

6.4.6　利用幻灯片各元素建立幻灯片间的超链接

为了增强幻灯片的放映效果，有时需要从一张幻灯片"跳转"到另一张与之内容相关的幻灯片，这时，就需要在幻灯片中利用各个元素建立相关幻灯片间的超链接。

1．利用文本元素建立链接

选择用于建立超链接的文本（尽量选择文本框，不要直接选文本，这样可以避免在文本下方出现一条横线），如图 6-73 所示。选择"插入"选项卡"链接"功能区"超链接"选项，弹出"插入超链接"对话框，如图 6-74 所示。在"链接到"区域中选择演示文稿类别，本例中选择的是"本文档中的位置"；在"请选择文档中的位置"区域中选择被链接的幻灯片，本例中选择的是"2.静夜思 李白"。用鼠标左键单击"确定"按钮。完成利用文本元素建立的超链接。

图 6-73 选择建立超链接的文本框

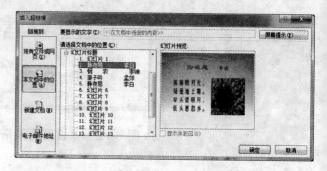

图 6-74 "插入超链接"对话框

2．利用图片元素建立超链接

选择用于建立超链接的图片，操作方法与利用文本元素建立超链接基本相同。

3．利用动作按钮元素建立超链接

利用动作按钮，可以创建每张幻灯片中的"导航条"。选择"插入"选项卡"插图"功能区"形状"面板下"动作按钮"区域中 12 个动作按钮中的任意一个动作按钮，如图 6-75 所示。当鼠标指针形状变为"＋"时在幻灯片中用鼠标左键单击或者拖拽出一个动作按钮图形，随即弹出"动作设置"对话框，如图 6-76 所示。取默认设置或者选择"单击鼠标"或"鼠标移过"选项卡，在"超链接到"列表框中选择一个超链接对象，如"上一张幻灯片"。用鼠标左键单击"确定"按钮，完成建立超链接。

图 6-75 动作按钮

在幻灯片中创建"导航条"的方法步骤如下。

① 分别在"动作按钮"区域中选择"第一张"、"前进"、"后退"、"开始"、"结

束"五个动作按钮，用鼠标左键单击或用鼠标左键拖拽方法，将它们摆到幻灯片窗口中，对弹出的每一个对话框，均取默认设置并用鼠标左键单击"确定"按钮，按【Shift】键用鼠标左键逐个单击将五个按钮全部选择，如图 6-77 所示。

图 6-76 "动作设置"对话框

图 6-77 插入动作按钮

② 用鼠标右键单击选择的动作按钮，在弹出的快捷菜单中执行"设置对象格式"命令，弹出"设置形状格式"对话框，如图 6-78 所示。在对话框"尺寸和旋转"区域中，设置"高度"为 1 厘米、"宽度"为 2.5 厘米，用鼠标左键单击"关闭"按钮。五个动作按钮的尺寸就一样了。

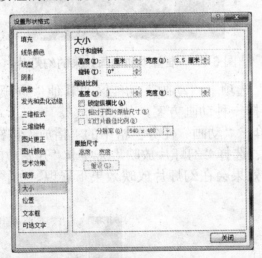

图 6-78 "设置形状格式"对话框

③ 用移动图片方法使五个动作按钮整齐排成一行。用鼠标左键在摆放整齐的动作按钮四周拖拽出一个方框的方法，将五个动作按钮同时选择。用鼠标右键在选择的动作按钮上单击，在弹出的快捷菜单中执行"组合"|"组合"命令，使五个动作按钮组合成一个整体。

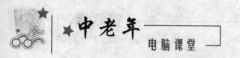

④ 用鼠标左键单击该组合图形，执行"复制"命令。在其他各张幻灯片中分别执行"粘贴"命令，每张幻灯片中便会有形状相同、功能一致的动作按钮，实现导航链接。

§6.5 在幻灯片中创建动画效果

PowerPoint 中的动画效果主要是对文本、图片……对象添加一种特殊的视觉和声音效果，使制作完成幻灯片中的各种对象以动感形式展现在屏幕上。

6.5.1 创建应用于幻灯片的动画方案

① 打开要添加动画效果的幻灯片，如图 6-79 所示，视图界面中有两个占位符。

图 6-79 准备添加动画效果的幻灯片

② 选择"动画"选项卡"动画"功能区"其他"选项，在弹出的如图 6-80 所示的动画面板中选择一种动画方案，如"缩放"。

③ 用鼠标左键单击"动画"任务窗格中的"播放"按钮，动画效果会在当前幻灯片编辑区中展现；选择"幻灯片放映"选项卡"开始放映幻灯片"功能区"从头开始"选项，动画效果会在幻灯片放映效果下展现。如图 6-81 所示。

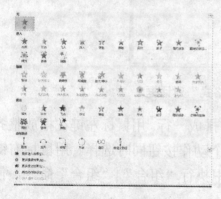

图 6-80 动画面板

图 6-81 展现过程中的动画效果

6.5.2 创建应用于个别对象的动画效果

① 选择要添加动画效果幻灯片中的某个或多个对象，如图 6-82 所示。

② 选择"动画"选项卡"动画"功能区中某一种动画选项，或选择"高级动画"功能区"添加动画"下"更多进入效果"选项，弹出"添加进入效果"对话框，如图 6-83 所示。

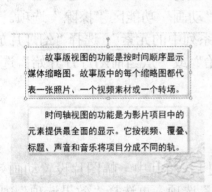

图 6-82 添加动画效果的对象　　图 6-83 添加动画效果对话框

③ 在对话框中选择一种动画方式，如"轮子"，用鼠标左键单击"确定"按钮。

④ 对该动画效果进一步设置。选择"动画"选项卡"动画"功能区"效果选项"选项，在弹出的效果列表中选择一种效果样式，如图 6-84 所示。或者在"动画"任务窗格中用鼠标左键单击对象动画框右边下拉按钮，在下拉列表中选择"效果选项"选项，弹出设置该动画效果对话框，如图 6-85 所示。在对话框中"效果"选项卡中可以设置动画效果、声音等；在"计时"选项卡中可以设置动画播放次序、延迟时间、播放速度等。设置完毕，用鼠标左键单击"确定"按钮。

图 6-84 动画效果列表　　图 6-85 设置动画效果对话框

⑤ 用鼠标左键单击"动画"任务窗格中的"播放"按钮，动画效果会在当前幻灯片编辑区中展现；用鼠标左键单击"幻灯片放映"按钮，动画效果会在幻灯片放映效果下展现。对于添加有动画效果的幻灯片对象，用鼠标左键单击任务栏中的"删除"按钮，可以将添加的动画效果删除；用鼠标左键拖拽任务窗格动画列表中的对象上下移动，会改变各对象动画效果的展现顺序。

6.5.3 让插入幻灯片的图表动起来

在 PowerPoint 2010 中创建一个柱形图表，或将 Excel 2010 中创建的一个柱形图表复制到幻灯片中。选择"动画"选项卡"动画"功能区"擦除"选项。再用鼠标左键单击"效果选项"中某选项，如"按系列中的元素"。选择"幻灯片放映"选项卡"开始放映幻灯片"功能区"从头开始"或"从当前幻灯片开始"选项，观看动画放映效果。

6.5.4 使用动画刷设置动画

① 在幻灯片中插入两幅图片，调整好尺寸后，将其中一幅图片设置动画效果，如选择"动画"选项卡"动画"功能区"飞入"选项，再选择"效果选项"中"自左侧"选项。

② 用鼠标左键单击已经设置了动画效果的图片，选择"动画"选项卡"高级动画"功能区"动画刷"选项，用鼠标左键单击另一幅目标图片，该图片便也具有了同样的动画效果。目标图片既可以是同一幻灯片中的图片，也可以是其他幻灯片甚至其他演示文稿中的图片。

6.5.5 使用 Flash 动画和网上下载的 GIF 动画图片

1. 使用 Flash 动画

在 PowerPoint 2010 中使用 Flash 动画，可以用插入控件方法和创建超链接方法实现。利用插入控件方法操作比较复杂，但属于嵌入式播放，视觉效果好；利用创建超链接方法操作比较简单，但在播放时需进入 Flash 插入界面，播放结束再返回。创建超链接方式的操作方法如下。

① 在幻灯片中插入用于创建超链接的文本框或图片。

② 选择"插入"选项卡"链接"功能区"超链接"选项，弹出"编辑超链接"对话框，如图 6-86 所示。在"链接到"区域中选择"现有文件或网页"选项；在"查找范围"列表中选择被链接文件所在位置和文件名，本例中选择的是"D 盘 3-15 文件夹中未命名-1.swf"。用鼠标左键单击"确定"按钮。完成与 Flash 动画

文件的超链接。

图 6-86　"编辑超链接"对话框

③ 放映幻灯片，用鼠标左键单击已与 Flash 动画文件创建超链接的文本框或图片，会弹出 Flash 播放界面，如图 6-87 所示。播放完毕，关闭 Flash 播放窗口，返回幻灯片放映窗口。

2．插入 GIF 动画图片

GIF 动画图片是一种能够产生动画效果的图片，通常可用网上下载方式得到。像插入普通图片一样，将网上下载的 GIF 动画图片插入到当前幻灯片中。放映幻灯片，插入 GIF 动画图片的幻灯片就具有另外一种动画效果了，如图 6-88 所示。Flash 动画如保存为 GIF 格式，也可以作为 GIF 动画图片插入到幻灯片中。

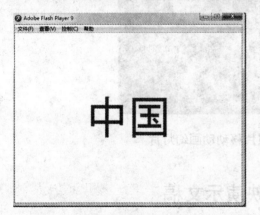

图 6-87　Flash 播放界面

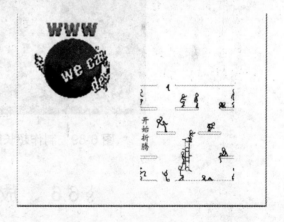

图 6-88　插入 GIF 动画图片的幻灯片

6.5.6　利用幻灯片中的图片制作特殊效果的动画

1．制作由黑白照片转换为照片的动画效果

① 在 Photoshop CS5 中将一幅彩色图片修改成黑白图片后，执行"文件"｜

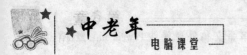
"存储为"命令，在弹出的"存储为"对话框中将黑白图片保存成与原彩色图片同样尺寸、格式的图片文件。

② 在 PowerPoint 2010 中，按照彩色图片在上、黑白图片在下的叠放次序，将两幅图片插入到幻灯片中。

③ 选择"动画"选项卡"动画"功能区"渐变"选项。放映幻灯片，观看动画效果。

2．制作超长照片移动动画效果

① 在 Photoshop CS5 中将两幅图片合为一幅全景图片。

② 在 PowerPoint 2010 中，插入该全景图片，调整图片高度与幻灯片窗口同高（调整方法：可用鼠标右键单击该图片，在弹出的快捷菜单中执行"设置图片格式"命令，在弹出的对话框"大小"选项卡中将图片尺寸缩至 22%，在"位置"选项卡中设置距离幻灯片窗口左上角 1 厘米）。

③ 选择"动画"选项卡"动画"功能区"动作路径"下"直线"选项；在"效果选项"中将直线方向改为"向右"，并调整图片中"箭头"长度，使图片既能向右移动，又保证幻灯片不会"露白"，如图 6-89 所示。

图 6-89　制作超长照片移动动画幻灯片

§6.6　放映演示文稿

6.6.1　设置幻灯片的切换效果

在幻灯片放映时，通过预先设置的幻灯片切换方式，可以对幻灯片的换片方式进行控制。

① 选择"切换"选项卡"切换到此幻灯片"功能区"其他"选项，弹出切换样式面板，如图 6-90 所示。用鼠标左键单击选择其中一种幻灯片切换样式，如"涟

漪"。观察幻灯片画面变化。

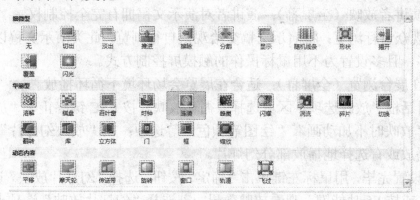

图 6-90　切换样式面板

② 选择"效果选项"列表中某一选项，可以设置该切换方式的不同效果。

③ 在"切换"选项卡"计时"功能区可以设置切换时间长度、切换声音。"换片方式"默认是"单击鼠标时"。若同时选择"设置自动换片时间"选项，则要设置换片时间。

④ 如果用鼠标左键单击"全部应用"按钮，则演示文稿中全部幻灯片均按此设置切换；否则，该设置仅对当前幻灯片起作用。

⑤ 选择"切换"选项卡"预览"功能区"预览"选项，切换效果会在当前幻灯片编辑区中展现；选择"幻灯片放映"选项卡"开始放映幻灯片"功能区"从头开始"选项，切换效果会在幻灯片放映效果下展现。

6.6.2　设置放映方式

① 选择"幻灯片放映"选项卡"设置"功能区"设置幻灯片放映"选项，弹出"设置放映方式"对话框，如图 6-91 所示。

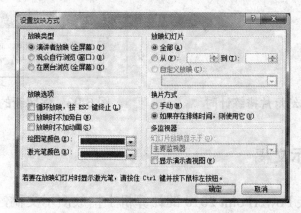

图 6-91　"设置放映方式"对话框

在对话框"放映类型"区域中选择演示文稿的放映方式。

a. 演讲者放映（全屏幕）：演讲者对演示文稿拥有完全控制权。

b. 观众自行浏览：将演示文稿交给观众自行浏览，此类演示文稿以查询类幻灯片居多，且多设置为不用鼠标操作的触摸屏控制方式。

c. 在展台浏览（全屏幕）：适合在展览会场环境下循环播放。

在对话框"放映选项"区域选择"循环放映，按 ESC 键终止"、"放映时不加旁白"、"放映时不加动画"、"绘图笔颜色"等选项；在"放映幻灯片"区域中设置全部播放或有选择地播放部分幻灯片。

② 设置完毕，用鼠标左键单击"确定"按钮。选择"幻灯片放映"选项卡"从头开始"或按 F5 功能键，观看放映效果；若选择"幻灯片放映"选项卡"从当前幻灯片开始"或按 Shift＋F5 组合键，则从当前幻灯片开始放映。

如果选择了自动放映方式，除了可在"放映方式"区域中选择"每隔＊＊：＊＊"设置幻灯片切换时间外，还可以针对个别幻灯片或个别对象进行排练时间设置。

首先用纸张将每张幻灯片预计放映时间记下来。然后选择"幻灯片放映"选项卡"设置"功能区"排练计时"选项，演示文稿进入排练计时画面，并在屏幕左上角显示一个动态的"预演"时钟窗口，如图 6-92 所示。预演完毕，会弹出一个是否保留新的幻灯片排练时间提示对话框，如图 6-93 所示。如果对该幻灯片排练时间认可，用鼠标左键单击"是"按钮。在自动放映幻灯片过程中，该幻灯片放映时间即以该排练时间为准了。

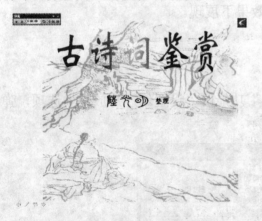

图 6-92　对幻灯片排练计时　　　　图 6-93　保留新的幻灯片排练时间

6.6.3　打包演示文稿

要在没有安装 PowerPoint 2010 的计算机上播放演示文稿，可以利用该软件的打包功能来实现。在 PowerPoint 2010 中，这一功能得到了较大的改进，可以将演示文稿、播放器及相关的配置文件直接刻录到光盘上，制作成一个具有自动播放功能的光盘。

① 打开需要打包的演示文稿，在经典菜单中执行"文件"|"将演示文稿打包成 CD"命令，弹出"打包成 CD"对话框，如图 6-94 所示。

② 在"将 CD 命名为"文本框中输入光盘的名称，默认名称为"演示文稿 CD"。

③ 如果需要同时将多个演示文稿打包到同一张 CD 中，可以用鼠标左键单击"添加文件"按钮，弹出"添加文件"对话框，在该对话框中将其他演示文稿添加到当前 CD 中。

④ 如果将演示文稿中用到的所有链接文件和 PowerPoint 2010 播放器打包到 CD 中，可以用鼠标左键单击"选项"按钮，弹出"选项"对话框，如图 6-95 所示。改变 PowerPoint 2010 的默认设置后，用鼠标左键单击"确定"按钮，返回到"打包成 CD"对话框。

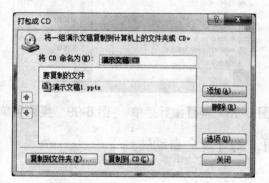

图 6-94 "打包成 CD"对话框

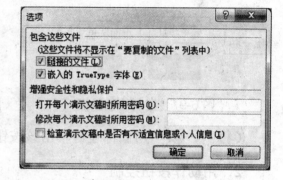

图 6-95 "选项"对话框

⑤ 在刻录机中放置一张空白刻录光盘，用鼠标左键单击"复制到 CD"按钮，系统将会弹出刻录进度对话框，待刻录完成后，关闭"打包成 CD"对话框。

如果没有刻录机，可以将要刻录的文件保存到文件夹中，用鼠标左键单击"复制到文件夹"按钮，弹出"复制到文件夹"对话框，如图 6-96 所示。为文件夹命名，并设置保存路径，用鼠标左键单击"确定"按钮，系统会将演示文稿复制到指定的文件夹中，同时复制播放器及相关的播放配置文件到该文件夹中。

图 6-96 "复制到文件夹"对话框

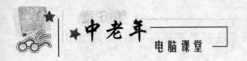

6.6.4　在演示文稿放映过程中对屏幕进行控制

1. 用系统自带按钮控制

在幻灯片放映过程中，在屏幕左下角有四个按钮可供对幻灯片控制放映，如图6-97所示。

（1）上一页　用鼠标左键单击该按钮，幻灯片会自动转到上一页。

（2）屏幕指针　用鼠标左键单击该按钮，会弹出屏幕指针菜单，如图6-98所示。

（3）桌面菜单　用鼠标左键单击该按钮，会弹出桌面菜单，如图6-99所示。

图 6-97　控制放映按钮　　　图 6-98　屏幕指针菜单　　图 6-99　桌面菜单

（4）下一页　用鼠标左键单击该按钮，幻灯片会自动转到下一页。

2. 用动作按钮控制

如果在幻灯片中添加了动作按钮，在手动放映方式下，可以通过用鼠标左键单击相应按钮对幻灯片放映进行控制。如图6-100所示，即为添加动作按钮的幻灯片。

图 6-100　添加动作按钮的幻灯片

3．用超链接控制

如果在幻灯片中创建了超链接，在手动放映方式下，可以用鼠标左键单击用于创建链接的文本框、图片……系统会自动跳转到预设置的超链接幻灯片中。在跳转到的幻灯片中也应该设置返回的动作按钮，例如，使用"后退或前一项"动作按钮，保证幻灯片放映超链接"有去有回"。

4．用键盘控制键控制

（1）下一页　可以使用→、↓或 Page Down 键。
（2）上一页　可以使用←、↑或 Page Up 键。
（3）第一页　可以使用 Home 键。
（4）最后一页　可以使用 End 键。

5．使用"定位"命令控制

在幻灯片放映过程中，用鼠标右键单击放映视图界面，或者用鼠标左键单击"桌面菜单"控制按钮，在弹出的快捷菜单中执行"定位至幻灯片"命令，在列表中用鼠标左键单击指定幻灯片标题，即可进入该幻灯片。如果执行"上次查看过的"命令，会马上进入刚刚离开的幻灯片，这种方法适用于创建了"有去无回"超链接的幻灯片，能确保返回创建超链接的幻灯片。

6．随心所欲触发演示

在幻灯片中插入一张图片"图*"，插入四个横排文本框并输入下面四行带项目符号的文本。

- 人老心不老
- 刻苦学电脑
- 手动脑也动
- 心情无限好

选择四行文本后，选择"动画"选项卡"动画"功能区"进入"下"飞入"选项。再用鼠标左键单击"高级动画" | "触发" | "单击" | "图*"选项。

按 Shift＋F5 组合键，从当前幻灯片开始放映，观察当用鼠标左键单击"图*"后，四行文本的动画才开始播放。

7．在幻灯片放映过程中使用绘图笔

在幻灯片放映过程中，为了突出某些内容，可以使用绘图笔在画面上"圈圈点点"。使用方法是用鼠标左键右击"屏幕指针"按钮，在弹出的快捷菜单中执行

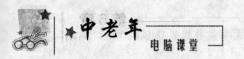

"圆珠笔"或"荧光笔"选项，鼠标指针会变成一个"圆点"形状。用鼠标左键拖拽圈点或书写文字，如图 6-101 所示。

选择"擦除幻灯片上的所有墨迹"选项，可将画面上用绘图笔绘制的所有墨迹擦除；选择"橡皮擦"选项，用鼠标左键单击某一条墨迹，会将该条墨迹擦除。退出幻灯片放映时，系统会弹出提示对话框，提示是否将墨迹保留，如图 6-102 所示。如果用鼠标左键单击"保留"按钮，当下次再放映该幻灯片时，被保留的墨迹将会显示在画面中。

图 6-101　使用绘图笔书写文字　　　　图 6-102　将墨迹保留在演示文稿中

8. 退出幻灯片放映

退出幻灯片放映除了可以使用控制按钮、动作按钮中的退出幻灯片放映命令外，在幻灯片放映过程中，还可以用鼠标右键单击放映视图界面，在弹出的快捷菜中执行"结束放映"命令；在幻灯片放映过程中随时按 Esc 键，也可以退出幻灯片放映。

6.6.5　放映经打包处理的演示文稿

经过打包处理的演示文稿不能直接用来在计算机上放映，这是因为打包的过程实质上就是对文件数据进行压缩和整理的过程。因此，只有在对打包文件进行"解包"后才能有效地使用它。

① 在需要放映该演示文稿的计算机中建立一个新的文件夹。

② 将包含有打包演示文稿的移动磁盘（如 U 盘）插入计算机的 USB 插口，用鼠标左键双击该打包演示文稿，在弹出的对话框"目标文件夹"中找到刚刚建立的新文件夹，用鼠标左键单击"确定"按钮。

③ 系统出现一个对话框报告安装情况，并询问是否愿意此时就放映该演示文稿，如果用鼠标左键单击"是"按钮，该演示文稿会立即被放映出来。

【本章小结】

本章着重介绍了 PowerPoint 2010 的基本知识和使用方法。PowerPoint 2010 是继 Word 2010 和 Excel 2010 之后的又一个非常有用的办公软件。掌握创建演示文稿的方法，学会制作幻灯片，不仅能够处理一般广告宣传、产品演示、演讲述职、制作教学课件……还可以制作独具特色的个人相册。其功能与特色一点不比专业的电子相册软件逊色。相信通过本章学习，大家在使用计算机方面又会迈上一个新的台阶。

第 7 章 计算机网络及应用

【学习目标】
➢ 了解计算机网络的基本知识和使用常识
➢ 学会上网、浏览网上信息、搜索网上资源、网上购物、网上沟通、网上下载软件、网上理财、网上休闲娱乐和网上游戏等上网技巧

【知识要点】
◆ 计算机网络基础知识
◆ 如何上网
◆ 使用 IE 8 浏览网页
◆ 网上沟通
◆ 使用网络资源

§7.1 计算机网络基础知识

计算机网络（Computer Network）是计算机与通信技术相结合的产物，其最主要目的是实现不同的计算机和用户之间的资源共享，并具有把个人与外部世界联系在一起的功能。

7.1.1 计算机网络的发展和分类

自 1946 年世界上第一台计算机问世后，有近 10 年，计算机和通信并没有什么关系。自 1954 年制造出了用于从远地将数据从电话线路上发送到计算机上的终端设备，计算机与通信的结合开始了。计算机与多个终端互连，多个用户通过终端使用计算机，这种联机系统被称为面向终端的计算机通信网。有人将这种最简单的计算机网络叫第一代计算机网络。在 20 世纪 60 年代，这种面向终端的计算机通信网获得了很大的发展，至今，其中很多网络仍在使用。

现代计算机网络是从 20 世纪 70 年代中期才得到迅速发展的，目前已成为计算机领域中发展最快的技术之一。对于计算机网络，按照不同的标准有不同的分类方法。通常按网络的规模及覆盖区域的大小，计算机网络可分为局域网、城域网和广域网。

1. 局域网（LAN）

局域网是处于同一建筑、同一大学或方圆数千米地域内的专用网络，常被用于连接办公室之间的个人计算机，以便共享资源和进行信息交换。

2. 城域网（MAN）

城域网通常使用与局域网相似的技术，它可以覆盖半径为数十千米的一组相邻近的公司或一个城市。

3. 广域网（WAN）

广域网是一种超大范围的地域网络，其覆盖区域通常为一个国家或一个洲。

7.1.2 Internet 简介

Internet（因特网）是国际计算机互联网络，简称国际互联网。它将全世界不同国家、不同地区、不同部门和机构的不同类型的计算机，把世界各地的各种网络，如计算机网络、数据通信网络及公用电话交换网，以及 Internet 上的各种信息资源互联起来，组成一个世界范围的庞大互联网，成为世界上最大的信息资源库，因此，Internet 被称做计算机网络的网络。

Internet 的主要功能有以下几个方面。

1. 电子邮件（E-mail）

电子邮件是网络用户之间进行快速、简便且成本低廉的现代通信手段，是Internet 上使用最广泛、最受欢迎的服务之一。电子邮件可使网络能够发送或接收文字、图像和语言等多种形式的信息。目前 Internet 上 60%以上的活动都与电子邮件有关。

2. 远程登录（Telnet）

远程登录是指在网络通信协议 Telnet 的支持下，使某用户的计算机与其他Internet 主机建立远程连接，该用户就可以使用远程主机的各种资源和应用程序了。

3. 文件传输（FTP）

文件传输也是 Internet 提供的基本功能，它向所有 Internet 用户提供了在Internet 上传输任何类型文件的功能。

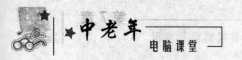

4. 交互式信息检索（WWW）

WWW（环球信息网），是英文 World Wide Web 的缩写。中国人习惯将其称做万维网或 3W 网，有时简称为 Web。目前，WWW 是 Internet 上最大、最活跃的部分，很多人就是通过 WWW 认识 Internet 的。

§7.2 怎样上网

所谓上网，就是把自己正在使用的计算机通过某种途径与 Internet 连接，直接使用 Internet 上的软、硬件资源和信息资源。

7.2.1 上网方式

目前常用的上网方式主要有以下几种。

1. 电话拨号上网

这种方式是将计算机通过调制解调器（Modem）和电话线路连接到 ISP（Internet 代理商）的访问服务器或终端服务器进行访问。拨号上网的业务在我国已经开通了比较长的时间，无论是线路上，还是技术维护上，相对都比较成熟。不过早期的拨号技术最大的问题在于它的带宽只有 56Kb/s，速度慢得令人难以接受，下载文件更是一件异常痛苦的事情，而且上网高峰期拨号连接不上和容易"掉线"的问题也是一大弊病。随着 ADSL 的兴起，传统的拨号方式已经基本被虚拟拨号方式所代替。

2. 电信/网通用户专线（ADSL）上网

ADSL（Asymmetric Digital Subscribe Loop）非对称数字用户环路，是一种通过现有的普通电话线为家庭、办公室提供高速数据传输服务的技术。它能够在现有的铜双绞线，即普通电话线上提供 8Mb/s 的高速下行速率，而上行速率有 1Mb/s，是普通电话拨号 Modem 的百倍以上，传输距离能达 3～5km。利用现有的电话线网络，在线路两端加装 ADSL 设备，即可为用户提供宽带服务。由于不需要重新布线，降低了成本，进而降低了用户的上网费用。另外，ADSL 技术在上网和打电话时互不影响，也为用户生活和交流带来了便利。ADSL 是目前主流的家庭上网方式，有按时计费和包月计费两种计费方式，用户可以根据需要选择不同的计费方式。

3．其他方式上网

除上述两种较普遍的上网方式外，在计算机网络中还存在着 ISDN 一线通上网、小区宽带/局域网上网、有线电视上网、城域网上网、电力线上网、DDN 数字专线上网和无线上网卡移动上网等上网方式。

7.2.2　拨号上网的条件

首先要向 ISP 申请一个用户账号，办好手续后，用户可以从 ISP 得到一个用户名、登录口令、用于拨号的电话号码、DNS（管理域名地址）服务器的 IP 地址和 ISP 的主机域名等。接下来还需要一个 Modem，然后进行相关硬件和软件的安装，才可以拨号上网。

7.2.3　宽带上网的条件

宽带上网对用户计算机并没有特殊要求，只要可以通过 Modem 拨号上网，且效果尚好的计算机都可以用宽带上网。若使用 ADSL 上网需要在用户端加装终端设备，通过小区综合布线上网的用户计算机则要加装 10Mb/s 以太网卡。

§7.3　使用 IE 8 浏览网页

Windows 7 操作系统中内嵌的浏览器——Internet Explorer 8.0（简称 IE 8），是目前较为流行的浏览器。用户通过它可以方便地浏览网页，轻松获得网上丰富的信息资源。

7.3.1　启动和退出 IE 8

1．启动 IE 8

在 Windows 7 中，可用以下方法启动 IE 8。
① 用鼠标左键单击任务栏中的 IE 8 图标 。
② 用鼠标左键双击桌面上的 Internet Explorer 8.0 快捷方式图标 。
③ 执行"开始"|"程序"|" Internet Explorer 8.0"命令。

2．退出 IE 8

在 Windows 7 中，可用以下方法退出 IE 8。

图 7-1 查看 IE 版本

① 执行"文件"|"退出"命令。

② 用鼠标左键单击"关闭"按钮。

③ 按 Alt＋F4 组合键。

启动 IE 8，执行"帮助"|"关于 Internet Explorer"命令，弹出"关于 Internet Explorer"对话框，便可知道该台计算机中 IE 的版本。如图 7-1 所示，该台计算机中安装的 IE 版本是 IE 8。

7.3.2 IE 8 的工作界面和基本操作

1. IE 8 窗口

启动 IE 8，自动打开的主页（进入浏览器的第一个网页）所在的窗口就是 IE 8 的窗口，也是浏览网页和进行网络操作的界面，如图 7-2 所示。

图 7-2 IE 8 窗口

① 地址栏——输入并记忆网址，删除错误网址，自动完成建议网址。

② 收藏夹栏——保存网址，设置一键打开多个网页。

③ 搜索引擎——搜索网上资源。

④ 选项卡——用选项卡浏览方式打开网页。

⑤ 网页内容——网页主体部分，由文本、图片、视频、表格、动画、超级链接等构成网页文件。

⑥ 状态栏——显示超级链接的网址、下载进度、阻止项目、隐私报告、安全性设置等。

⑦ 搜索框——IE 8 自带的搜索引擎。

⑧ 工具栏——显示默认的网页操作工具,与临时选择的工具一起完成对网页的操作。

⑨ 缩放级别——放大、缩小浏览网页。

2. 自定义工具栏

用鼠标右键单击网页窗口上部除标题栏外空白处,在弹出的快捷菜单中选择"菜单栏"、"命令栏"、"收藏夹栏"、"自定义"|"在地址栏前显示'停止'和'刷新'按钮"等命令,如图 7-3 所示。

在工具栏中执行"工具"|"工具栏"命令,或执行"查看"|"工具栏"命令,也可进行以上操作。

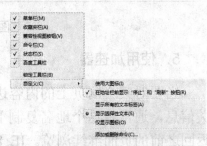

图 7-3 自定义工具栏

3. 使用地址栏

在地址栏中输入网址时,可以看到突出显示的蓝色标记,如图 7-4 所示。这些蓝色标记将历史记录、收藏夹等进行分类排列,让所有内容按不同类别展现,以方便选择并引导进入指定网页。地址栏还具有记忆功能,只要在地址栏中输入的网址,不管正确与否都将记载下来,而且,出错的网址往往还会被排在正确的网址前面。在 IE 8 中可以轻易地将这些错误的网址删除。删除错误网址的方法是,将鼠标指针移到要删除的地址上,此时,在该网址右端会出现一个红色的"×"符号,将鼠标指针移到该符号上,用鼠标左键单击该符号,即可将该网址删除。在 IE 8 中对以前浏览过的网页经过地址栏分析,经常会给出自动完成建议,其原理是当在地址栏中输入某一网址的部分内容时,地址栏会对历史记录、收藏夹和

图 7-4 地址栏中内容

输入的内容进行匹配,并对网址字符串(或网页的标题)的所有部分进行搜索,地址栏马上会将用过的一个常用网址的全部内容在"自动完成建议"栏中展现出来。

4. 使用搜索框

IE 8 与搜索引擎结合,在完整地输入查询关键字之前,即时提供一个有关查询的词或词组相关的建议列表,帮助简化查询。例如,搜索"Microsoft",当在搜索框中输入"mi"两个字母时,搜索框便会即时显示搜索结果,并提供相关链接,

当输入更多的搜索内容后，搜索框会更精确定位，使在网络中搜索得更快、更准确。在 IE 8 中，查找功能是作为一个工具栏实现的，如图 7-5 所示。它会根据输入的关键字逐个字符进行搜索，然后将匹配的总数显示出来，通过"上一个"按钮和"下一个"按钮进行匹配内容的导航，并且将当前页面上匹配的内容用颜色标记出来，帮助找到所要查找的内容。例如，在查找工具栏文本框中输入"新浪"，在当前网页中所有和"新浪"匹配的字符均会以高亮的方式显示出来，并且显示出匹配项的计数结果。

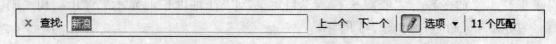

图 7-5 "查找"工具栏

5. 使用加速器

当要对某个网页上的内容进行操作时，如想要了解网页上写的一个地名的相关信息，通常将这个地名复制下来，再粘贴到搜索引擎中去搜索查看结果，然后返回之前的页面继续浏览。IE 8 中的加速器可以使这类操作变得更快、更轻松。下面以在网页上查询关于"东莞"相关信息为例，说明加速器的使用方法。

打开一个写有"东莞"文本的网页，选择"东莞"二字后，在选中文本旁会出现一个蓝色的带小箭头的图标，用鼠标左键单击该小图标，在弹出的菜单中会出现可以使用的加速器，如选择"使用百度一下，你就知道搜索"选项，如图 7-6 所示。在当前网页中马上会打开一个"百度搜索"网站并显示关于"东莞"的信息，如图 7-7 所示。浏览完毕，用鼠标左键单击当前网页上方的选项卡标签返回原网页。当然，也可以自行添加其他加速器，如选择"所有加速器"中的某个加速器。

图 7-6 激活加速器

图 7-7 被加速器引用的网站

6. 保护上网隐私

有时候不想在进行网络浏览时留下任何操作的痕迹，如在别人的计算机上查看电子邮件等操作。IE 8 中的"InPrivate 浏览"通过阻止浏览器保存浏览历史记录、临时 Internet 文件、表单数据、Cookies 以及用户名和密码等数据，使操作痕迹不复存在，用户的隐私将得到有效保护。

在 IE 8 工具栏中执行"安全"｜"InPrivate 浏览"命令，弹出 InPrivate 启用提示网页，如图 7-8 所示。同时在地址栏左端会出现一个蓝色的 InPrivate 标志。关闭该网页，提示用户正处于隐私浏览的状态下。当看到这个图标时，就可以放心上网，只需要和平时一样输入网址即可。还可以用手动删除历史记录的方法清除操作痕迹。执行"工具"｜"Internet 选项"命令，弹出"Internet 选项"对话框，如图 7-9 所示。在对话框"常规"选项卡"浏览历史记录"区域中用鼠标左键单击"删除"按钮，弹出"删除浏览的历史记录"对话框，如图 7-10 所示。用鼠标左键单击"删除"按钮，即可将浏览过的历史记录删除。

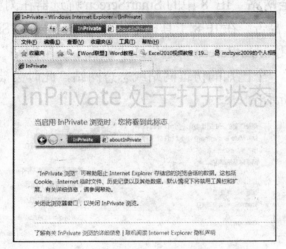

图 7-8　InPRivate 启用提示网页

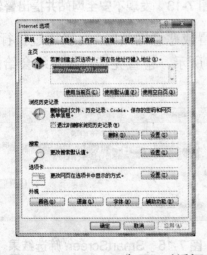

图 7-9　"Internet 选项"对话框

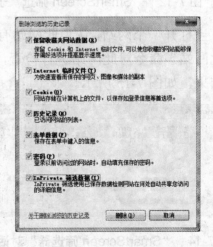

图 7-10　"删除浏览的历史记录"对话框

7. 安全上网

(1) 识别仿冒网站 仿冒网站常常在网址字符串中使用合法域名中的一部分这种技巧来欺骗用户，使用户把一个恶意网站当成熟悉的网站。IE 8 会对地址栏中的网址字符串使用粗体文本并以高亮显示，如图 7-11 所示。使用户在上网时更容易了解自己上的到底是什么网站，帮助用户识别仿冒网站和其他欺骗性网站。

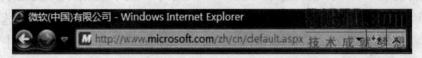

图 7-11　高亮显示的网址

(2) 报告不安全网站 IE 8 中的 SmartScreen 筛选器在浏览到已知的散布恶意软件的网站时会进行警告。在 IE 8 工具栏中执行"安全"｜"SmartScreen 筛选"｜"检查此网站"、"关闭 SmartScreen 筛选"或"报告不安全网站"命令，如图 7-12 所示。如果我们打开了一个已知的仿冒网站或恶意网站，此时会被 IE 8 自动发现并提出警告，如图 7-13 所示。

图 7-12　"SmartScreen 筛选"子命令　　　图 7-13　发现不安全网站并提出警告

当打开一个网站，认为此网站有可能是仿冒或恶意网站时，可以通过执行"检查此网站"命令对此网站进行检查，如图 7-14 所示。检查完毕后，系统会给出报告结果，如图 7-15 所示。

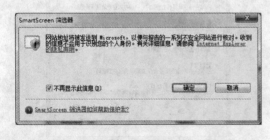

图 7-14　"SmartScreen 筛选器"对话框　　　图 7-15　SmartScreen 筛选结果

(3) 隐私模式 尽管都知道一些网站可能会跟踪用户的上网活动，但往往无

法完全了解这些网站对用户的浏览操作到底跟踪到什么程度，而这些网站很有可能就是一些恶意网站。IE 8 中所提供的 InPrivate Blocking 功能可以有效防止在访问某个网站时的信息被自动提供给第三方网站。如果想要使用 InPrivate Blocking功能，必须首先启用 InPrivate 浏览模式。在工具栏执行"安全"|"InPrivate 浏览"命令，进入 InPrivate 浏览模式，在工具栏中执行"安全"|"InPrivate Blocking"命令，弹出"InPrivate Blocking 设置"对话框，如图 7-16 所示。如果当前页面自动与其他网站共享我们的信息，在对话框中会出现显示。在这里我们可以具体对 InPrivate Blocking 进行设置，可选择"自动阻止"、"手动阻止"或"关闭 InPrivate Blocking"选项。

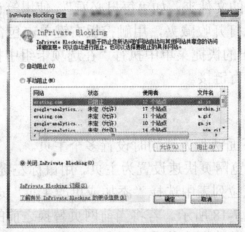

图 7-16　"InPrivate Blocking 设置"对话框

（4）恢复崩溃的网页　在 IE 8 中，如果一个选项卡崩溃，它将自动还原并重新加载，并且任何已经输入到页面中的信息都将被复原，单一选项卡的崩溃并不影响其他选项卡浏览。同样，如果整个浏览器出现崩溃或意外关闭，那么整个会话（包括所有选项卡）都将被恢复原样。

8．使用收藏夹栏

IE 8 一个明显的改进就是将收藏夹栏放在了醒目的位置，使用户在使用和收藏站点链接时会更加方便。如果收藏夹栏中的某个项目标题太长，可用鼠标右键单击该项目，在弹出的快捷菜单中执行"自定义标题宽度"|"长标题"、"短标题"或"仅图标"命令来缩短该项目标题的长度。

打开多个选项卡网页，执行"工具"|"将当前选项卡添加到收藏夹"命令，弹出"将选项卡添加到收藏夹"对话框，如图 7-17 所示。在对话框中输入文件夹名，如"每日必看"，用鼠标左键单击"添加"按钮，当前浏览器窗口中的多个选

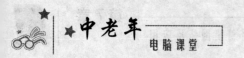

项卡即被添加到收藏夹中一个名字为"每日必看"的文件夹中。

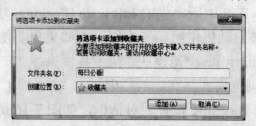

图 7-17　"将选项卡添加到收藏夹"对话框

重新上网，需要一键打开某一文件夹中的所有链接时，可直接用鼠标滚轮（中键）单击包含多个链接的文件夹，如"每日必看"。使用笔记本电脑触控板时，由于没有滚轮操作，可以打开收藏夹，用触控板右键单击包含多个链接的文件夹，如"每日必看"，在弹出的快捷菜单中执行"在选项卡组中打开"命令，可以实现一键打开文件夹中的所有链接。

9. 设置多个主页

在 IE 8 中可以用下面两种方法同时设置多个主页。

方法一： 将当前浏览网页快速设置为主页。用鼠标左键单击工具栏中"主页"下拉按钮，在弹出的下拉列表中选择"添加或更改主页"选项，弹出"添加或更改主面"对话框，如图 7-18 所示。若将当前网页替换之前的主页，可选中"将此网页用作唯一的主页"单选框；若希望新主页与之前主页并存，可选中"将此网页添加到主页选项卡"单选框；若选中"使用当前选项卡集作为主页"单选框，会将当前打开的所有选项卡页面都设置为主页。

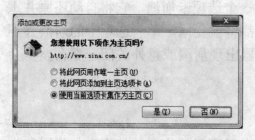

图 7-18　"添加或更改主页"对话框

方法二： 执行"工具"｜"Internet 选项"命令，弹出"Internet 选项"对话框。在对话框"常规"选项卡"主页"区域地址框中最多可输入 8 个网址作为主页（每个网址之间按回车键换行），设置完毕，用鼠标左键单击"确定"按钮。

7.3.3　用 IE 8 浏览网页

1. 进入指定网页

启动 IE 8 后要浏览指定网页，可以用以下方法进入。

方法一：在地址栏中直接输入全部或部分网页地址（网址）后，按回车键进入指定网页。如在地址栏中输入 http://www.sina.com/或 sina，都可以进入新浪网站的首页，如图 7-19 所示。

图 7-19　在地址栏中输入网址

方法二：用鼠标左键单击地址栏（URL）右边列表按钮，在列表框中列出了用户以前使用地址栏访问过的网址，如图 7-20 所示。从中选择一个网址，进入指定网页。

图 7-20　在地址栏列表框中选择网址

方法三：用鼠标左键单击收藏夹中某一网址，如图 7-21 所示，进入指定网页。

图 7-21　在收藏夹中选择网址和相关网页

方法四：用鼠标左键单击网页上的超级链接（将鼠标指针移动到有超级链接处，均会显示形符号），如图 7-22 所示，进入指定网页。

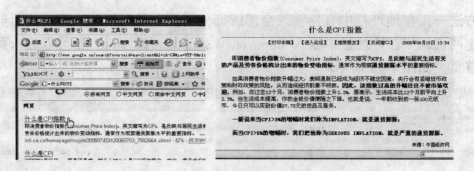

图 7-22　通过搜索结果进入指定网页

方法五：用鼠标左键单击搜索结果（将鼠标指针移动到搜索结果处，会显示$\Large\psi$形符号），如图 7-23 所示，进入指定网页。

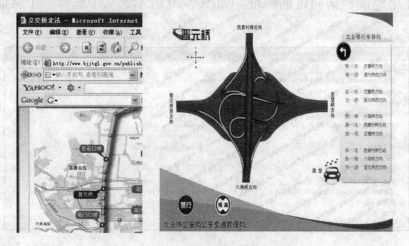

图 7-23　通过超级链接进入指定网页

方法六：打开历史记录面板，选择一个在指定日期浏览过的网址，如图 7-24 所示，进入指定网页。

图 7-24　用历史记录进入指定网页

2. 用选项卡浏览方式打开网页

用选项卡浏览方式打开网页，也叫多标签浏览，是指在一个 IE 8 窗口中同时访问多个网页。

首先在 IE 8 中激活多标签浏览。执行"工具"｜"Internet 选项"命令，弹出"Internet 选项"对话框，如图 7-25 所示。在对话框中用鼠标左键单击"常规"选项卡"选项卡"区域的"设置"按钮，弹出"选项卡浏览设置"对话框，如图 7-26 所示。勾选"启用选项卡浏览"复选框及其中的"当创建新选项卡时，始终切换到新选项卡"复选框后，用鼠标左键连续单击"确定"按钮。

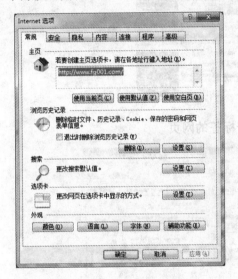
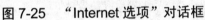

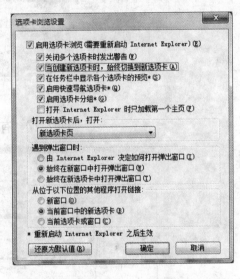

图 7-25　"Internet 选项"对话框　　图 7-26　"选项卡浏览设置"对话框

在地址栏中打开两个网站。再用选项卡浏览方式，分别在两个网站中各自打开一个超级链接（用鼠标左键单击某网站链接，只能打开该网站，但却不会出现选项卡标签）。用选项卡浏览方式打开网页或超级链接有以下三种方法。

方法一： 按 Ctrl 键的同时，用鼠标左键单击某一超级链接。

方法二： 用鼠标右键单击某一超级链接，在弹出的快捷菜单中执行"在新选项卡中打开"命令。

方法三： 用鼠标滚轮（中键）单击某一超级链接。

相应网站或超级链接的选项卡标签出现在网页窗口上方，如图 7-27 所示。超级链接选项卡标签与所在网站的选项卡标签颜色是一致的，说明从一个网页链接到另一个网页，在用选项卡浏览方式打开时会被认为是同一组选项卡。用此方法，可以在网页标签上看出网页之间的关联，并可以通过用鼠标右键单击其中某一个选项卡标签，在弹出的快捷菜单中执行"取消此选项卡分组"命令，将同一组选

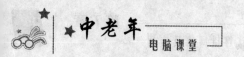

项卡全部删除。通过按 Ctrl＋Tab 组合键或 Ctrl＋Shift＋Tab 组合键可以在选项卡标签之间切换浏览。当打开多个选项卡标签之后，按 Ctrl＋Q 组合键，可以在 IE 8 窗口中看到所有选项卡标签所对应网页的缩略图，如图 7-28 所示，所有打开的网页内容一目了然，选择使用也更为方便。

图 7-27　有选项卡标签的网页

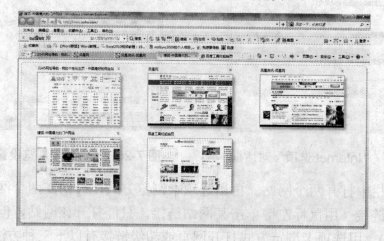

图 7-28　有选项卡标签的网页缩略图

3．利用浏览工具浏览网页

在浏览网页过程中，充分运用网页上的浏览工具，可以提高浏览网页的效率。网页上常用的浏览工具有以下几种。

（1）返回 ○　返回到前一次浏览过的网页。

（2）前进 ○　前进到后退前浏览过的网页。

（3）停止 ×｜　停止打开（下载）网页。

（4）刷新｜　重新打开（下载）较新内容的当前网页。

（5）主页 ▼　启动 IE 8 后的第一个网页。

（6）收藏、历史、源 ☆ 收藏夹　将有价值的网页保存起来供以后上网时快速进入相关网页（网站）；保存浏览过的网址；设置源。此三项统称"收藏栏"。

（7）浏览邮件 □　进行相关电子邮件操作。

（8）打印 🖶　打印当前网页内容。

执行"工具"｜"工具栏"｜"自定义"命令，弹出"自定义工具栏"对话框，如图 7-29 所示。在对话框"可用工具栏按钮"列表框中选择需要摆放到网页上的工具，用鼠标左键单击"添加"按钮，将其添加到"当前工具栏按钮"列表框中，用鼠标左键单击"关闭"按钮。

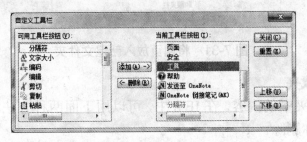

图 7-29　"自定义工具栏"对话框

7.3.4　保存网页

将有用的网页或网页内容保存到计算机中，以便以后随时浏览和快速进入指定网页（网站）。

1．将经常浏览的网页添加到收藏夹

收藏夹是 IE 8 提供的用于存放访问过网页地址的文件夹，可将经常浏览的网页地址放入其中，上网时，在收藏夹中可以迅速打开相关网页。

（1）将当前网页放入收藏夹　执行"收藏夹"｜"添加到收藏夹"命令，弹出"添加到收藏夹"对话框，如图 7-30 所示。在"名称"文本框中输入该网页名称，如"2345 网址导航"。确定创建位置后，用鼠标左键单击"确定"按钮，即可将当前正在浏览的网页放入收藏夹中。

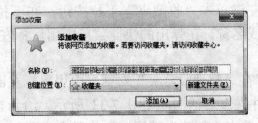

图 7-30　"添加收藏"对话框

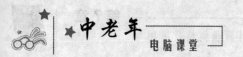

（2）将当前网页放入收藏夹新建文件夹中　在"创建收藏"对话框中用鼠标左键单击"创建位置"下拉按钮，在下拉列表中选择保存收藏网页的新建文件夹，如图 7-31 所示的"学习资料"。

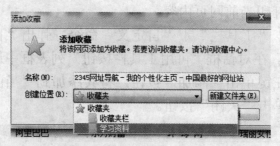

图 7-31　将网页放入新建文件夹

（3）整理收藏夹

① 删除收藏夹中的内容。在 IE 8 中，可以用下面两种方法将收藏夹中不需要的网页地址或名称删除。

方法一：执行"收藏"|"整理收藏夹"命令，弹出"整理收藏夹"对话框，如图 7-32 所示。在对话框中选择要删除的网页地址或名称，用鼠标左键单击"删除"按钮，即可将该其删除。

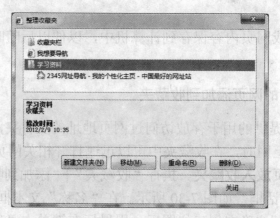

图 7-32　"整理收藏夹"对话框

方法二：用鼠标左键单击"收藏夹"下拉按钮，在下拉列表中用鼠标右键单击要删除的网页地址或名称，在弹出的快捷菜单中用鼠标左键单击"删除"命令，即可将其删除。

② 创建文件夹。在"整理收藏夹"对话框中用鼠标左键单击"创建文件夹"按钮，弹出"创建文件夹"对话框，如图 7-33 所示。给新建文件夹命名，如"学习资料"。用鼠标左键单击"创建"按钮，在收藏夹中即创建了一个名为"学习资料"的新文件夹。

③ 移动收藏夹中的内容。在收藏夹中，可以用移动网页地址或名称位置方法将同一类别的网页地址或名称放入同一文件夹中。移动网页地址或名称位置的方法有下面两种。

方法一：在"整理收藏夹"对话框中选中要移动的网页地址或名称，用鼠标左键单击"移动"按钮，弹出"浏览文件夹"对话框，如图 7-34 所示。在对话框中选择要移动到的目标文件夹，如"收藏夹栏"，用鼠标左键单击"确定"按钮。

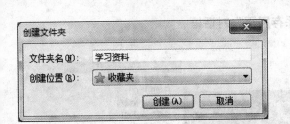

图 7-33 "创建文件夹"对话框　　　图 7-34 移动网页项目在收藏夹中位置

方法二：用鼠标左键拖拽选中网页地址或名称到目标文件夹。

2．保存网页文件和图片

（1）保存网页文件

方法一：打开一个需要保存的网页，执行"文件"|"另存为"命令，弹出"保存网页"对话框，如图 7-35 所示。在导航格中选择保存该网页的文件路径（盘符和文件夹）；在"文件名"文本框中输入或默认该网页的文件名，如"北京市微博客发展管理若干规定"。用鼠标左键单击"保存"按钮，即可将该网页文件保存起来。

方法二：执行"编辑"|"复制"命令，将选中网页全部或部分内容送入剪贴板，然后在 Word 等字处理软件中执行"编辑"|"粘贴"命令，即可将剪贴板中的网页信息粘贴到 Word 等字处理软件的文档中，最后将保存网页内容的 Word 等字处理软件文档保存起来。

（2）保存网页上的图片　选中网页上要保存的图片，如图 7-36 所示的图片。用鼠标右键单击该图片，在弹出的快捷菜单中有多个用于保存图片的命令，如"图片另存为…"、"转到图片收藏"、"添加到收藏夹…"……选择其中一个用于保存图片的命令，该图片即被保存到计算机中。

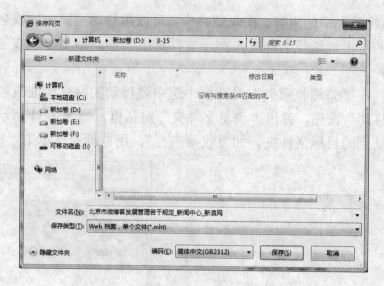

图 7-35　"保存网页"对话框

图 7-36　保存网页中的图片

§7.4 网 上 沟 通

　　计算机网络的主要作用就是将个人与外部世界联系起来，网上沟通是其主要的表现形式。电子邮件、MSN、QQ、博客、个人网页……都是平时常用的网上沟通软件。

7.4.1　电子邮件

电子邮件又称 E-mail，是英文 Electron Mail 的简称，中国人将其称做"伊妹儿"。电子邮件是计算机网络中一种重要的信息服务方式，通过网络进行邮件传递。

1. 申请电子邮箱

电子邮箱有免费的和付费的两种，中老年朋友一般可以申请一个免费的电子邮箱。下面以在网易 163 网站上申请免费电子邮箱过程来介绍如何申请一个免费的电子邮箱。

① 在地址栏中输入"http://mail.163.com/"，然后按回车键打开 163 网易免费邮箱网页，如图 7-37 所示。

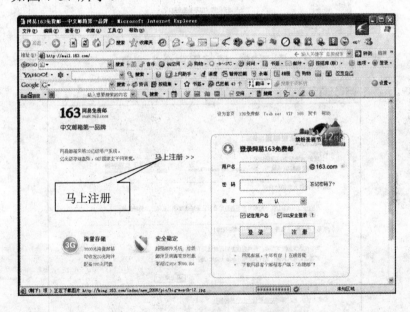

图 7-37　163 网易免费邮箱网页

② 用鼠标左键单击"马上注册"按钮，打开一个新的网页，如图 7-38 所示。填写所有带"*"的内容，勾选"我已经看过并同意"复选框，用鼠标左键单击"注册账号"按钮。

③ 申请成功后，系统将显示"您的 3G 免费邮箱激活成功！"提示文本，如图 7-39 所示。此时若用鼠标左键单击"进入 3G 免费邮箱"按钮，即可进入新申请成功的电子邮箱；若以后再进入新申请成功的电子邮箱，则需要正确输入"用户名"和"密码"后，才能进入该免费邮箱。

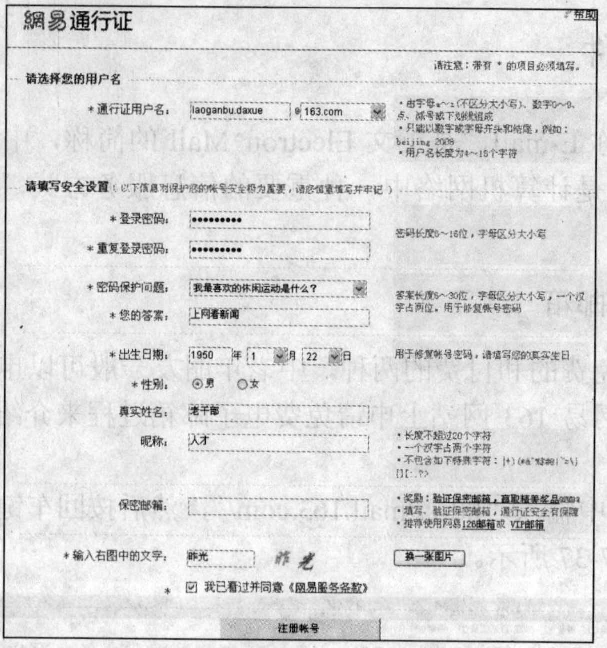

图 7-38　填写用户个人信息

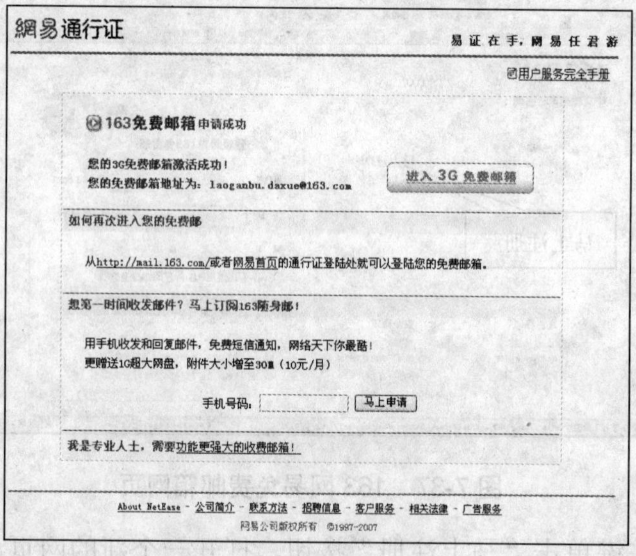

图 7-39　申请成功页面

2．发送电子邮件

注册完电子邮箱，就可以用其来收发电子邮件了。

① 如图 7-40 所示，在网易 163 主页的右侧，填写"用户名"和"密码"。若勾选"记住用户名"和"SSL 安全登录"复选框，下次再发电子邮件时，就不用再输入用户名了。用鼠标左键单击"登录"按钮，打开新的网页。

② 在如图 7-41 所示的网页上用鼠标左键单击"写信"按钮，打开有写信界面的网页。

图 7-40　登录免费电子邮箱

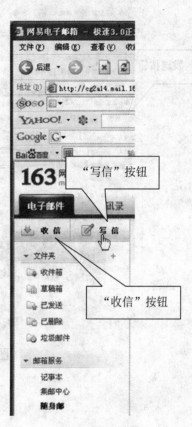

图 7-41　单击"写信"按钮

③ 在如图 7-42 所示的显示有写信界面的网页中，"发件人"文本框中显示的是发信人的电子邮箱地址，如"Laoganbu.daxue< Laoganbu.daxue>@163.com"；在"收件人"文本框中输入收件人的电子邮箱地址，如"lgm50122@sohu.com"；在"主题"文本框中给邮件取个题目，如"我的电子邮箱开通了"；在正文区中开始写信的内容。用鼠标左键单击"信纸"按钮或选项卡，为邮件选择一种彩色信纸。若有照片、贺卡等"大宗"邮件，可用鼠标左键单击"添加附件"按钮，在弹出的"选择文件"对话框中选择照片、图片、贺卡、文档……用鼠标左键单击"打开"按钮，如图 7-43 所示。

④ 邮件书写完成后，用鼠标左键单击"发送"按钮，电子邮件就发送出去了。若发送成功，系统将提示"邮件发送成功！"。若将收件人添加到通讯录中，可用鼠标左键单击"设置自动添加"按钮，在"姓名："文件框中输入收件人姓名；在"分组："下拉列表中选择一种类型。用鼠标左键单击"添加"按钮，该收件人即被收入到通讯录中，如图 7-44 所示。

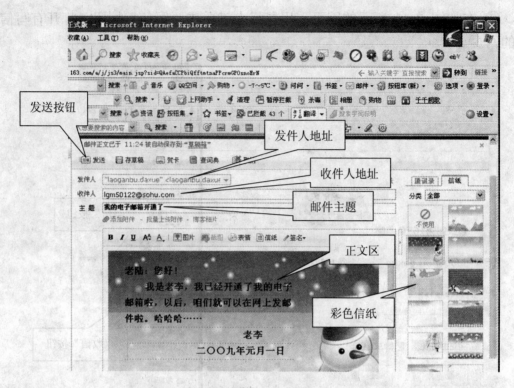

图 7-42 开始写信

图 7-43 选择附件文件　　　　　　图 7-44 添加通讯录

3．接收和回复邮件

① 用鼠标左键单击"收信"按钮，或用鼠标左键单击"收件箱（n）"按钮，都

可以进入收件界面，如图 7-45 所示。没有阅读过的邮件前面有一个没有开封的信封图标✉；如果邮件已经阅读过，在邮件的前面会出现一个已经开封了的信封图标✉。

☐ ✉ laoganbu.daxue	☆	试发信		2008年12月22日	2.7K
☐ ✉ Ping Fan		无标题	📎	2008年12月21日	6.5M
☐ ✉ 搜狐闪电邮	☆	掌上电脑、数码相机，终极大奖你来定！		2008年12月18日	2.8K
☐ ✉ 商务搜通知	☆	商务搜回报老用户：此邮件价值1000元！		2008年12月17日	9.0K

图 7-45　电子邮箱中的邮件

② 查看接收到的电子邮件内容。和发送电子邮件一样，在收件界面中也会显示发件人、收件人的信息，以及邮件的主题和内容，其格式与写信的格式相对应，如图 7-46 所示。

图 7-46　查看接收邮件

③ 收到邮件后，如果需要回复，可以直接在收到的邮件上用鼠标左键单击"回复"按钮，当界面进入写信状态时，同写信操作一样，可以给发件人回复。

④ 用鼠标左键单击"返回"按钮⬅返回，直接返回收件箱；用鼠标左键单击"转发"按钮✉转发，可将邮件转发给其他人；用鼠标左键单击"删除"按钮🗑删除或"永久删除"按钮✖永久删除，可直接删除该邮件。

7.4.2　用 MSN 和朋友聊天

MSN（微软网络服务）是英文 Microsoft Service Network 的缩写。是微软公司开发的一个即时通信工具，只要在计算机上安装摄像设备并打开该软件，给在线对方发一个信息，对方就能立即看到你。

1. 下载和安装 MSN

（1）下载 MSN　进入能够下载 MSN 最新版本的网页，用鼠标左键单击"立即下载"按钮，如图 7-47 所示。弹出"建立新的下载任务"对话框。在对话框中选择"存储目录"和"另存名称"选项后，用鼠标左键单击"确定"按钮，计算

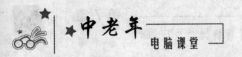

机即开始下载并显示下载进度界面。

图 7-47　下载最新版本的 MSN

（2）安装 MSN

① 找到存储下载 MSN 的路径和 MSN 的安装图标，如图 7-48 所示。用鼠标左键单击该安装图标，弹出"Windows Live 安装程序"对话框，如图 7-49 所示。

② 用鼠标左键单击"接受"按钮，同意服务协议描述的使用条款，弹出一新的网页，如图 7-50 所示。用鼠标左键单击"安装"按钮，计算机开始安装，安装完成，用鼠标左键单击"关闭"按钮，如图 7-51 所示。

图 7-48　找到 MSN 的安装图标

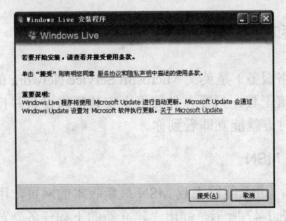

图 7-49　接受服务协议

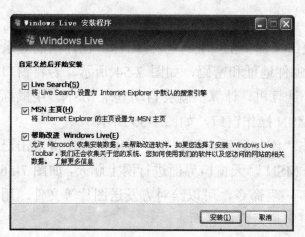

图 7-50　开始安装 MSN

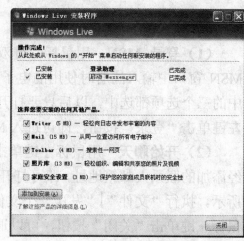

图 7-51　安装完成

2．注册 ID

在弹出如图 7-52 所示新的网页中用鼠标左键单击"注册"按钮，又弹出一新的网页，如图7-53所示，在该网页上进行ID注册。ID的原意是身份证，是英文 Identity Card 的缩写，即需要注册和登录的用户名。填写完所有的项目后，用鼠标左键单击"接受"按钮，完成 ID 的注册，ID 一旦申请成功后就不能再更改了。

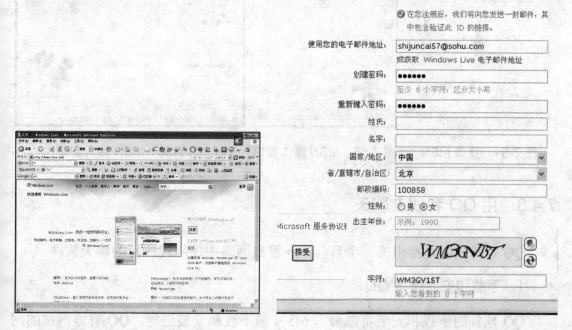

图 7-52　第一次使用需要注册

图 7-53　进行 ID 注册

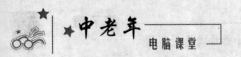

3. 使用 MSN 聊天

（1）**登录 MSN** 用鼠标左键双击桌面上的 MSN 快捷图标，在弹出的登录 MSN 窗口中输入注册时使用的电子邮件地址和密码，如图 7-54 所示。若将窗口中的三个选项都选中，以后只要打开计算机，计算机就会自动登录 MSN。用鼠标左键单击"登录"按钮，即可进入 MSN 操作窗口，如图 7-55 所示。

（2）**开始聊天** 用鼠标左键单击"添加联系人"按钮，或用鼠标左键双击已经添加的联系人邮箱地址，即可打开 MSN 聊天窗口界面进行网上聊天，如图 7-56 所示。执行"文件"|"发送一个文件…"命令，可以给对方发送图片等文件。用鼠标左键单击"关闭"按钮，可以退出聊天窗口界面。

  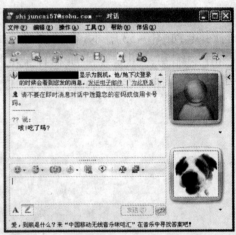

图 7-54　登录 MSN　　图 7-55　MSN 操作窗口　　　图 7-56　MSN 聊天窗口

7.4.3　用 QQ 和朋友聊天

QQ 是腾讯公司推出的一个目前在计算机网络中使用较广泛的聊天软件。

1. 下载和安装腾讯 QQ

QQ 软件的下载和安装可以参考 MSN 的下载和安装进行。QQ 官方网站的网址为 http://pc.qq.com/，打开的 QQ 软件中心网页如图 7-57 所示。

图 7-57　腾讯软件中心网页

2. 登录 QQ 软件

安装了 QQ 软件，有了 QQ 号码，就可以登录 QQ 与朋友聊天了。

① 用鼠标左键双击桌面上的 QQ 快捷方式图标。弹出"QQ 用户登录"对话框，如图 7-58 所示。在"QQ 账号"和"QQ 密码"框中分别输入刚刚申请的 QQ 账号和 QQ 密码，用鼠标左键单击"登录"按钮。登录成功后，将显示如图 7-59 所示的 QQ 主界面。

图 7-58　QQ 用户登录对话框　　　　　　　图 7-59　QQ 主界面

②用鼠标左键单击"查找"按钮，弹出"查找/添加好友"对话框，如图 7-60 所示。选择"查找"选项，在查找框中输入对方 QQ 号码或昵称，用鼠标左键单击"查找"按钮，将显示查找到的用户的相关信息，如图 7-61 所示。

③用鼠标左键单击"＋好友"按钮，在弹出的对话框文本框中输入相关文字或验证字符，用鼠标左键单击"下一步"、"完成"按钮，如图 7-62 所示。如果对方通过了你的请求，会弹出一个确认窗口，表示对方已经同意成为你的好友，用鼠标左键单击"确定"按钮，完成添加好友的操作。

图 7-60　查找/添加好友

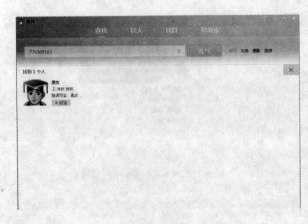

图 7-61　将查找到的用户加为好友

图 7-62　将对方加为好友

3．开始聊天

用鼠标左键单击 QQ 主界面上一个被加为好友的图标，弹出 QQ 聊天操作面板，如图 7-63 所示。用鼠标左键单击"关闭"按钮，开始 QQ 聊天。

图 7-63　QQ 聊天操作面板

7.4.4　拥有自己的网络空间

有些网站允许用户拥有除了电子邮箱、QQ……外的个人空间，如博客、个人网页等。在自己的网络空间里，用户尽可展示自己的才华，发表法律和道德允许范围内的个人见解。

1. 申请博客

博客，源于英文单词 Blog，是英文 Weblog 的简称。Weblog 是 Web 和 Log 的合成词。Web 指网页；Log 的原义指航行日志，后指任何类型的流水记录。所以 Weblog 可以理解为在网络上的一种流水记录形式，简称网络日志。

博客也是一个网页，通常由简短且经常更新的帖子（Post）构成。这些张贴的文章都按照年份和日期倒序排列。博客的内容有对其他网站的超级链接和评论，有关于公司、个人构想的新闻或日记、照片、诗歌、散文、小说……很多博客都记录着个人所见、所闻、所想；还有一些博客则是一群人基于某个特定主题或共同利益领域的集体创作成果。

下面以在新浪网上申请一个博客的过程来介绍博客的申请方法。

① 如果在新浪网上有个人电子邮箱，直接将电子邮箱打开；如果没有个人电子邮箱，需进入新浪博客网页申请一个免费电子邮箱。新浪博客的网址是 http://blog.sina.com.cn.mail/，新浪博客的网页如图 7-64 所示。

② 用鼠标左键单击网页上方的"开通博客"按钮，弹出一新的网页，用鼠标左键单击"我没有邮箱"链接，如图 7-65 所示。按照网页上的提示逐项填写，完成在新浪网上申请电子邮箱操作。申请完成之后，用鼠标左键单击"登录"按钮，

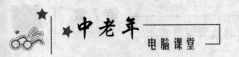

弹出一新的网页，如图 7-66 所示。在"登录名"文本框中输入刚刚申请成功的电子邮箱用户名，在"密码"文本框中输入刚刚申请成功的电子邮箱密码。用鼠标左键单击"登录"按钮，稍候，弹出一个显示博主为该用户的博客网页，如图 7-67 所示。以后，就可以在该博客网页上发表文章、图片等内容了。

图 7-64 新浪博客首页

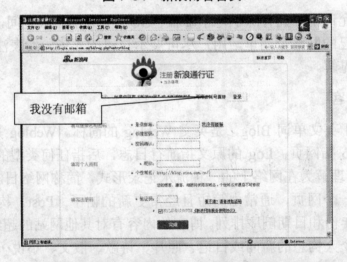

图 7-65 在新浪网上申请新的邮箱

图 7-66 登录新浪通行证

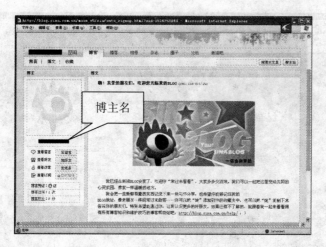

博主名

图 7-67　申请成功的博客网页

2. 申请微博

微博，是微博客（MicroBlog）的简称，是一个基于有互相关注用户的信息分享、传播的平台。用户可以通过个人博客网页，以 140 个文字更新信息，并与互相关注用户实现即时分享。最早也是最著名的微博是美国的 twitter，根据相关数据，截至2010 年 1 月，该产品在全球已经拥有 7 500 万注册用户。2009 年 8 月中国最大的门户网站新浪网推出了"新浪微博"测试版，成为提供微博服务的中文网站之一。

下面以在新浪网申请一个微博的过程来介绍其申请方法。

① 输入新浪微博的网址"http://weibo.com/"，进入注册个人微博页面，如图 7-68 所示。用鼠标左键单击"立即注册微博"按钮。弹出注册微博账号页面，如图 7-69 所示。

图 7-68　新浪微博网站

图 7-69　注册微博

　　② 将自己的电子邮箱填入"电子邮箱"框中，填写并确认密码，按照提示输入"验证码"后，用鼠标左键单击"立即注册"按钮。

　　③ 在图 7-70 中用鼠标左键单击"立即查看邮箱"按钮，进入个人电子邮箱，打开新浪微博寄来的信件，如图 7-71 所示。用鼠标左键单击信中"请马上点击以下注册确认链接，激活你的新浪微博账号！"下方链接。

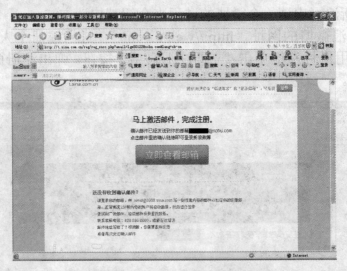

图 7-70　立即查看邮箱

　　④ 在随即弹出的如图 7-72 所示"你的账户已激活，请登录"网页中进行登录，输入登录名和密码后，用鼠标左键单击"登录"按钮，弹出登录网页，如图 7-73 所示。输入昵称、所在地、性别、手机号码（可虚拟）、证件信息（可虚拟）、生日（可虚拟）、职业（可虚拟）后，用鼠标左键单击"开通微博"按钮。

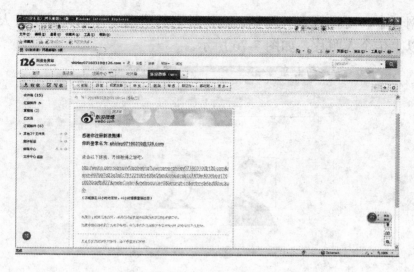

图 7-71　激活账号

图 7-72　填写个人信息

图 7-73　登录网页

⑤　在如图 7-74 所示"注册成功，欢迎使用微博"网页中，用鼠标左键单击"3 完成，进入我的首页"按钮，即可进入已注册成功的个人微博网页，如图 7-75 所示。

图 7-74　个人微博网页

图 7-75　注册成功

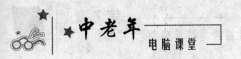

在该网页中，可设置有关隐私、真实姓名等供所关注的人或所有人浏览的信息，还可以上传个人照片，如图 7-76 所示。

图 7-76　上传个人照片

⑥ 用鼠标左键单击"我要发微博"按钮，即可在如图 7-77 所示的网页文本框中输入不多于 140 个字的文字，内容不限，以新鲜、有趣、知识性强、幽默为主要特点。输入完毕，用鼠标左键单击"发布"按钮，即可在网页上显示所发的微博，如图 7-78 所示。

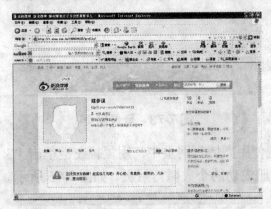

图 7-77　输入微博文字

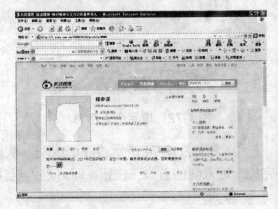

图 7-78　发布微博

3. 在相关网站上创建个人网页空间

51.com 成立于 2005 年 8 月，是目前中国最大的社交网站。51.com 致力于为用户提供稳定、安全的数据存储空间和便捷的交流平台。注册成为 51.com 用户，不但可以方便地发布照片、日记、音乐等，还可以方便地将这些数据与朋友分享。

① 打开 51.com 网站首页，该网站网址是 http://51.com/。51.com 首页如图 7-79 所示。

② 用鼠标左键单击"注册"或"立即注册"按钮，弹出注册网页，如图 7-80

所示。按网页中提示逐项填写后，用鼠标左键单击"注册"按钮，在 51.com 网站上即有了一个用注册用户名命名的网页，如图 7-81 所示。以后，就可以在该个人网页上发表文章、图片等内容了。

图 7-79　51.com 网站首页

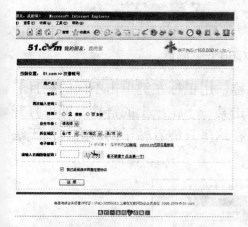

图 7-80　注册 51.com 个人网页

图 7-81　注册成功的个人网页

7.4.5　在网上论坛中交流

与一般网页上"我来说几句"不同，论坛是网上一种电子信息服务系统，每个用户都可以在上面书写、发表信息。论坛按不同的主题分为许多块，版面的设立依据是大多数用户的要求和喜好。用户可以阅读别人关于某个主题的看法，也可以将自己的想法贴到论坛中。

1．登录网上论坛

登录网上论坛有两种常见方式。一种是以匿名（也叫游客）方式登录，以匿名

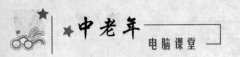

方式登录只能使用论坛的部分功能，如只能浏览论坛中的信息，但不能发帖子参与话题的讨论；另一种是以注册用户（即会员）方式登录，以注册用户方式登录可以使用论坛的全部功能，如可以发表和回复论坛帖子，与论坛中的网友进行交流等。

（1）以匿名方式登录网上论坛　在 IE 8 地址栏中输入网址 "http://bbs.chelder. com.cn"，打开中国老年网—《夕阳论坛》首页，如图 7-82 所示。

图 7-82　中国老年网—《夕阳论坛》网页

在"老年交流区"中可以看到很多栏目名称，用鼠标左键单击不同的栏目名称，就可以进入相应的子论坛。用鼠标左键单击某一子论坛上的链接，即可打开有该帖子内容的网页。因为是匿名登录用户，在这里只能看帖子的内容，尚无法参与话题的讨论，如图 7-83 所示。

图 7-83　某一子论坛内容的网页

310

（2）注册网上论坛用户　如果要以注册用户方式登录并参与论坛话题的讨论，需要注册成为论坛的会员。论坛的注册一般都是免费的，注册后即可参与相关话题的讨论并发表话题了。在中国老年网—《夕阳论坛》首页上，用鼠标左键单击"注册"链接，打开"注册协议"网页，如图7-84所示。用鼠标左键单击"同意"按钮开始注册。在如图7-85所示的"注册用户资料"网页中填写用户名、密码、电子邮箱地址等内容后，用鼠标左键单击"注册"按钮。系统提示注册成功后，进入"编辑资料"网页，如图7-86所示。用户可以自愿填写自己的个人资料和信息。用鼠标左键单击"确定"按钮，进入"查看用户'****'资料"网页，如图7-87所示。

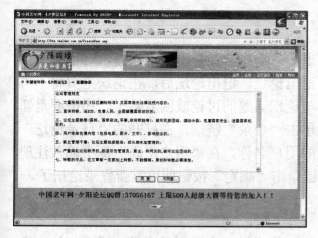

图7-84　开始注册

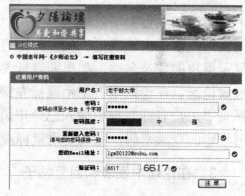

图7-85　注册用户资料

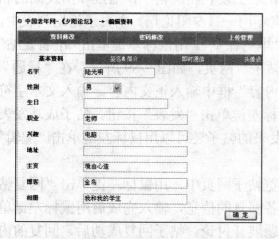

图7-86　编辑资料网页

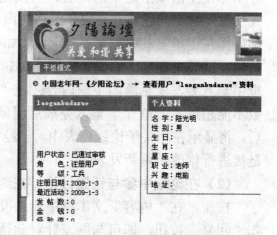

图7-87　查看用户资料网页

回到论坛主页后，在主页上方将显示登录用户的名字，说明已经登录论坛并可以参与论坛话题的讨论，如图7-88所示。

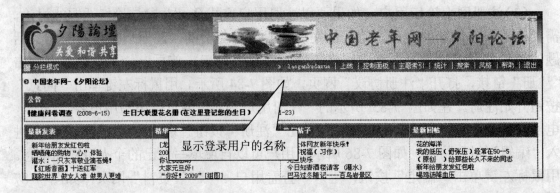

显示登录用户的名称

图 7-88　用户已登录论坛的网页

2．退出与登录论坛

在论坛主页上用鼠标左键单击"退出"链接，在弹出的信息提示对话框中，用鼠标左键单击"确定"按钮，即可退出论坛。退出论坛后，在论坛主页将不再显示用户的登录名称，如果要继续参与论坛话题的讨论或回复帖子，还需要重新登录论坛。在论坛主页上用鼠标左键单击"登录"链接，在打开的"登录论坛"网页"用户名称"框中输入已经申请的用户名称，在"用户密码"框中输入注册时设定的登录密码，完成后用鼠标左键单击"确定"按钮即可重新登录论坛了。

3．在论坛中发表和回复帖子

（1）在论坛中发帖　如果在生活、工作或学习中遇到了困难，或者想让大家分享你在生活或学习中的体会，可以在论坛上发表相应帖子，通过和网友间的相互交流，解决问题，分享快乐。在中国老年网—《夕阳论坛》主页子论坛列表中，用鼠标左键单击其中一个栏目名称，如"电脑课堂"。用鼠标左键单击"准备发帖"按钮，准备发起相关话题。打开"编辑帖子"网页，如图 7-89 所示。在"标题"框中输入要发表话题的主题内容；在"内容"框中输入正文内容，输入文本字符数不能超过 6 000 个。输入完成后用鼠标左键单击"发表"按钮。帖子成功发表后，将显示在相关子论坛列表中，已经发表的帖子还可以用鼠标左键单击"编辑"链接进行修改后重新发表。

（2）在论坛中参与话题讨论　在浏览帖子网页中，用鼠标左键单击"回复帖子"按钮，在"内容"文本框中输入准备回复的信息，输入完成后用鼠标左键单击"回复"按钮，即可与网友针对此话题展开讨论。帖子回复成功后，回复的内容将显示在网友回帖的最下方。

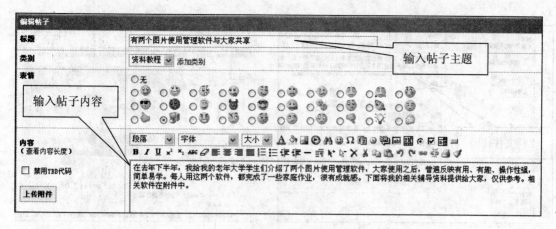

图 7-89　输入帖子主题和内容

4．在论坛中发表图片

在论坛中不但可以发表话题、撰写文章，还可以发表一些个人的书画作品、照片和图片。在中国老年网—《夕阳论坛》"发表帖子"网页中分别输入"主题"和"内容"信息后，用鼠标左键单击页面左侧的"上传附件"按钮，弹出"添加附件"对话框，如图 7-90 所示。用鼠标左键单击"浏览…"按钮，弹出"选择文件"对话框，在"查找范围"列表框中选择文件保存的位置和文件名，然后用鼠标左键单击"打开"按钮，返回"添加附件"对话框，再用鼠标左键单击"上传"按钮。上传结束后将返回到发表帖子网页，这时在"内容"文本框中将自动产生一行代码，这行代码就是准备上传文件的保存位置，如图 7-91 所示。用鼠标左键单击"发表"按钮，选择的图片便会出现在帖子当中。有图片的帖子如图 7-92 所示。

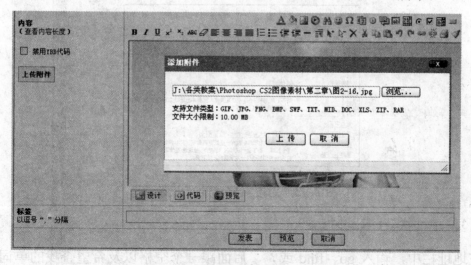

图 7-90　选择并上传图片文件

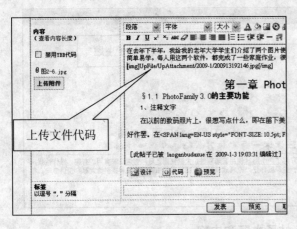

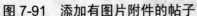

图 7-91　添加有图片附件的帖子

图 7-92　发表有图片的帖子

§7.5　使用网上资源

7.5.1　搜索网上资源

1. 用搜索框搜索

在搜索框中输入要搜索的单词或短语，如"篆体字典"。用鼠标左键单击"搜索"按钮🔍，便会弹出有关"篆体字典"的搜索网页，如图 7-93 所示。在搜索结果列表中，用鼠标左键单击相关链接，便可进入所需资源的网页。

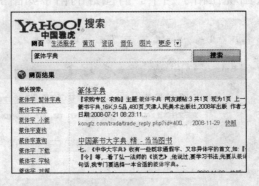

图 7-93　用搜索框搜索网上资源

2. 从地址栏（URL）搜索

在地址栏中，输入 go、find 或？，后面跟一个空格以及希望查找的单词或短语，如"go 人肉搜索"，按回车键后便会弹出有关人肉搜索的搜索网页，如图 7-94 所示。在搜索结果列表中，用鼠标左键单击相关链接，即可进入所需资源的网页。

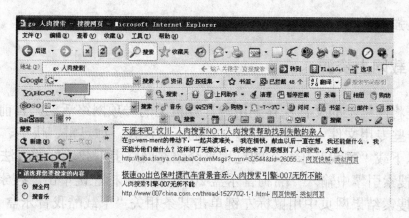

图 7-94　从地址栏搜索网上资源

3. 用搜索引擎搜索

搜索引擎（Search Engines）是对互联网上的信息资源进行搜集、整理以提供查询的系统程序。Internet 上有许多网站提供搜索引擎，我们将这些网站称为搜索站点。有的网站专门以提供搜索引擎为主要服务，如 YaHoo（雅虎）、Baidu（百度）、Google（谷歌）、SoSo（搜搜）等。

搜索引擎的使用方法是在相关网页的搜索引擎输入框中输入要搜索的单词或短语，如在 Baidu（百度）的搜索引擎输入框中输入"京剧"并按回车键，便会弹出有关京剧的搜索网页，如图 7-95 所示。在搜索结果列表中，用鼠标左键单击相关链接，便可进入所需资源的网页。

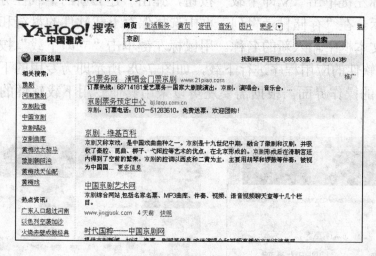

图 7-95　用搜索引擎搜索网上资源

由于搜索引擎的工作方式和网络的快速发展，搜索的结果往往不尽人意。例如，搜索"电脑"这个词汇，就可能有数百万页的结果。因此，在搜索引擎输入框中应尽量将要搜索的单词或短语"表述"得更详细一些，这样才能使搜索的结

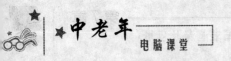
果针对性更强一些。

7.5.2 下载网上资源

下载是将网络上的文件保存到用户计算机上的一项网络活动。目前，在网络上常使用一些专用文件下载软件进行文件的下载操作，如迅雷、快车、BT……。
下面以下载"酷我音乐盒"的过程来介绍在网络上下载软件的方法。
① 在搜索引擎中输入"酷狗音乐盒2012"，用鼠标左键单击"搜索"按钮。
② 在搜索结果网页中用鼠标左键单击某条相关"下载酷我音乐盒 2012"的链接，进入"下载酷我音乐盒2012"指定网页，如图7-96所示。

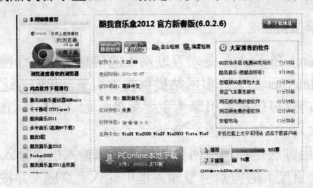

图 7-96   下载软件专用网页

③ 用鼠标左键单击"立即下载"按钮，弹出"建立新的下载任务"对话框，如图 7-97 所示。在"存储目录"列表框中选择保存下载软件的盘符和文件夹，在"另存名称"文本框中输入新的名称。用鼠标左键单击"立即下载"按钮，系统即利用专用下载软件的应用程序进行下载，如图 7-98 所示即为专用的下载软件"迅雷"应用程序的操作界面。根据需要还可以采用其他专用下载软件的应用程序，下载网上资源。

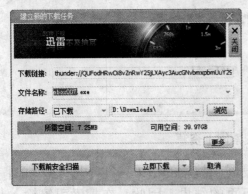

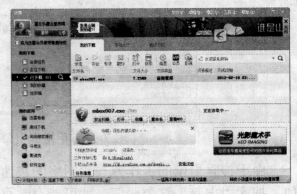

图 7-97   "建立新的下载任务"对话框　　　图 7-98   迅雷下载应用程序操作界面

④ 按照下载存储目录找到下载软件的存储位置,用鼠标左键双击下载软件安装图标,按照系统提示打开或进行安装。酷我音乐盒 2012 软件安装操作界面如图 7-99 所示。该应用程序的快捷方式图标如图 7-100 所示。

图 7-99　酷我音乐盒 2012 安装程序操作界面

图 7-100　酷我音乐 2012 快捷图标

7.5.3　应用网上资源

1. 浏览新闻

网络新闻与报纸等传统媒体的新闻相比,具有交互性、时效性、海量性、超文本结构以及多种媒介复合表示等特征。

正如报纸的头条新闻要编排在报纸头版中最显著的位置一样,网络媒体的头条新闻也是很直观的。用鼠标左键单击某网站上方的"新闻"链接即可进入新闻频道首页,并很容易将头条新闻分辨出来。一般网站新闻频道的首页都是按纵方向分为三大栏,中间一栏占据的页面空间最宽,大部分的新闻都集中在该栏中。在该栏顶部,有一条新闻标题非常显眼,这类新闻标题有的是单条新闻,这个单条新闻就是该网站新闻频道的头条新闻;有的是一个专题页面框,在这个页面框中,是把第一条新闻作为网站新闻频道的头条新闻。

2. 网上远程学习

(1) 进入指定远程课堂学习　以中国老年大学网为例,进入远程课堂学习的方法步骤如下。

按"http://www.chinau3a.com/"网址进入中国老年大学网站首页,用鼠标左键单击"远程课堂"链接,进入中国老年大学—远程课堂网页,如图 7-101 所示。在"远程课堂"栏目中选择一个视频内容,如图 7-102 所示的"老年书法讲座",

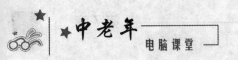

用鼠标左键单击播放按钮就可以观看讲课内容了，如图 7-103 所示。

图 7-101　远程课堂网页　　　　　　　图 7-102　远程课堂视频选项

图 7-103　远程课堂视频播放

　　（2）带着指定问题学习　在学习中经常会遇到各种各样的实际问题。此时，可将具体问题归纳成短语输入搜索引擎的输入框中，在弹出的搜索列表中，用鼠标左键单击相关链接，在弹出的网页中寻找正确的答案。例如，某一老年朋友家中计算机 C 盘的空间太小，听说有一种软件可以在不损坏硬盘数据的条件下对硬盘重新分区。经过搜索，在网络上找到了该软件的使用方法，如图 7-104 所示。参考该篇文章的操作方法，这位老年朋友成功地将家中计算机 C 盘的空间扩大了。

　　（3）网上图书馆　爱好读书的中老年朋友，在网上同样可以享受博览群书的快乐。很多网站上都开设"读书"频道，在网上还有专门的免费图书馆。如图 7-105 所示，即是某一"书吧"网页中"传记纪实"类别中的部分书籍，如《十大元帅之谜》。

图 7-104　能够回答问题的网页

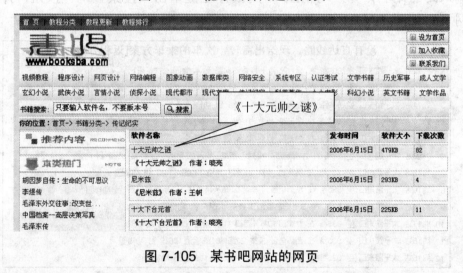

图 7-105　某书吧网站的网页

3．网上出行和旅游

随着交通运输的飞速发展，人们的出行越来越便捷了。旅游，既是人们物质生活改善之后的必然选择，也是更高层次精神文化的追求。应时潇洒、结伴出游，已经成为许多中老年朋友生活的重要内容。

（1）"按图索骥"乘公交　随着各地对老年朋友关爱优惠政策的推出，更多的老年朋友都把公交作为出行的主要交通工具。为方便出行，建议大家根据出行方向和目的地，先在网上进行查询，以确定乘坐哪一条线路更合适。下面以在北京公交网上查询公交线路为例，介绍查询操作方法。

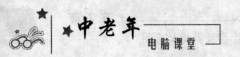
① 按 "http://beijing.8684.cn" 网址进入北京公交网——北京公交查询网页，如图 7-106 所示。选择一种查询方式，如选择 "北京公交换乘查询"。

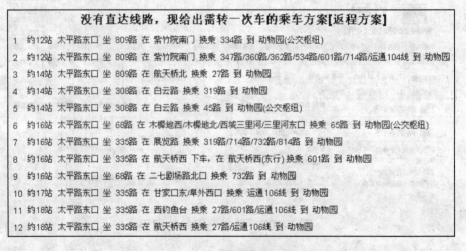

图 7-106　北京公交网_北京公交查询网

② 在 "起点名称" 框中输入起点站名，如 "太平路东口"；在 "终点名称" 框中输入终点站名，如 "动物园"。用鼠标左键单击 "搜索查询" 按钮，弹出查询结果网页，如图 7-107 所示。

没有直达线路，现给出需转一次车的乘车方案[返程方案]
1　约12站 太平路东口 坐 809路 在 紫竹院南门 换乘 334路 到 动物园(公交枢纽)
2　约12站 太平路东口 坐 809路 在 紫竹院南门 换乘 347路/360路/362路/534路/601路/714路/运通104线 到 动物园
3　约14站 太平路东口 坐 809路 在 航天桥北 换乘 27路 到 动物园
4　约14站 太平路东口 坐 308路 在 白云路 换乘 319路 到 动物园
5　约14站 太平路东口 坐 308路 在 白云路 换乘 45路 到 动物园(公交枢纽)
6　约16站 太平路东口 坐 68路 在 木樨地西/木樨地北/西城三里河/三里河东口 换乘 65路 到 动物园(公交枢纽)
7　约16站 太平路东口 坐 335路 在 展览路 换乘 319路/714路/732路/814路 到 动物园
8　约16站 太平路东口 坐 335路 在 航天桥西 下车, 在 航天桥西(东行) 换乘 601路 到 动物园
9　约16站 太平路东口 坐 68路 在 二七剧场路北口 换乘 732路 到 动物园
10　约17站 太平路东口 坐 335路 在 甘家口东/阜外西口 换乘 运通106线 到 动物园
11　约18站 太平路东口 坐 335路 在 西钓鱼台 换乘 27路/601路/运通106线 到 动物园
12　约18站 太平路东口 坐 335路 在 航天桥西 换乘 27路/运通106线 到 动物园

图 7-107　查询结果列表

③ 在查询结果列表中选择一个最佳乘车方案或返程方案。

④ 若选择 "北京公交线路查询"，不仅可以显示指定线路的行车线路地图，还可以显示相关站名和各个车站换乘公交线路的说明，如图 7-108 所示。

(2) 网上 "实名" 购车票　针对买火车票难的问题，目前铁路部门已推出了火车票网上实名购买业务。旅客若在网上购买火车票，可登录购票网站，并实名注册。实名注册时需要填写身份证号码、手机号码等信息。注册成功后，会收到短信发来的激活码，账户激活后旅客重新登录，登录后，根据出发日期、出发地、目的地查询车次，如购买某月某日上海—北京的车票，把日期等信息填好后，当天上海—北京的所有车次便会罗列出来。选定想要乘坐的车次，然后根据需要选择席别、张数、铺别……一切选定后就可以下单。如果系统回复有票，旅客在规定时间内需确认购票，系统确认出票成功后，旅客可选自己取票或送票上门。整个过程几分钟就可以完成。

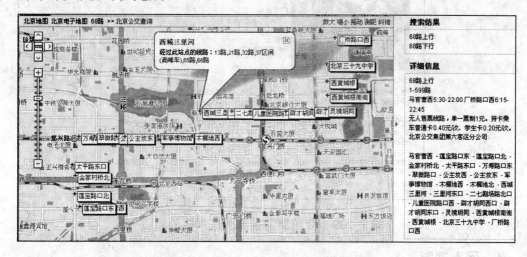

图 7-108　公交线路查询显示地图

（3）网上"导游"当向导　很多中老年朋友都经历过"上车睡觉、下车看庙"的旅游过程，花钱受罪不说，对千篇一律的景点参观和导游方式都很难留下深刻的印象。由于旅游也是一笔较大的时间和经济上的"消费"，因此，很有必要在网上做好充分的准备工作，让每次旅游都能成为完满、成功且回味无穷的精神享受。

首先，要制订好旅游计划。旅游计划包括旅游地点、路线、方式、时间、费用等。其中，旅游地点可以根据个人爱好、旅游时间、经济条件和身体状况确定；旅游方式有参加旅行社、集体旅游、独自旅游、居家旅游、自驾旅游等；旅游时间可以根据身体状况、有无空闲及旅游点的最佳季节确定。为防止旅游中发生意想不到的问题，在旅游时间上要安排得充裕一些。要制订好旅游计划，就需要在出行前到网上仔细查看有关旅游、交通等方面的内容，对所选旅游景点的山川景色、风土人情等方面有所了解。

其次，要了解有关旅游的相关事项。

旅游景点是每次旅游参观的重要内容，出发前在网上应尽可能多了解一些相关旅游景点的详细介绍。将旅游景点的相关情况储存成头脑中的一幅"图画"，在旅游时才能做到"人在路上行，心在图上移"。如图 7-109 所示，就是介绍集中国水乡之美的江南周庄古镇旅游景点的网页。

图 7-109　介绍旅游景点周庄古镇的网页

4．网上理财

有些中老年朋友，利用手中的闲散资金，加入了炒股和炒基金的行列；还有些中老年朋友一直关注储蓄存款利率的变化。这些事情在网上都可以操作。

（1）网上炒股 要在网上炒股，首先要注册一个账户。带上有效身份证件，到证券公司去办理一个开户手续，就能拥有炒股的入场券。拿到账户卡和资金卡后，在网上下载一个免费的客户程序就可以进行网上炒股了。网上炒股方式是使用一种独立的、专用的委托软件系统，可与目前各种股市分析软件配合使用，还可以进行行情分析，可随时进行委托下单、查询等操作。

例如，用户下载了"招商证券网上交易全能版"软件并安装成功后，用鼠标左键单击桌面上的快捷方式图标，弹出登录对话框，如图 7-110 所示。用鼠标左键单击"行情＋交易"按钮，输入"牛卡号"（招行证券的股票卡称为牛卡）、"交易密码"和"验证码"，再用鼠标左键单击"登录"按钮。

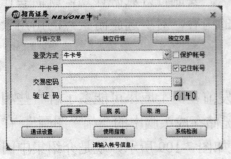

图 7-110　登录股票交易对话框

进入系统操作界面后，可进行"买入"、"卖出"、"撤单"（下单反悔按此键）、"成交"（用来查看当天已经成交的股票情况）、"持仓"（用来查看所拥有的股票情况）等操作。

（2）网上管理基金 要在网上管理基金，

首先要在指定银行办理一张银行储蓄卡，如工商银行储蓄卡。再到银行开通网上银行，成为该行网银的签约客户。操作员一般会问你网上银行的预留信息是什么，一般留下姓名即可。这样做的目的类似于使用"暗号"，当登录网上银行时，如果先弹出来你的姓名，那就是真网站；如果没有，就有可能是假网站，千万不要上当受骗。

按照工商银行网址 http://www.icbc.com.cn/进入工商银行网站，如图 7-111 所示。用鼠标左键单击"个人网上银行登录"按钮，依次输入卡号、密码，如果是第一次登录，系统会提示更改密码。更改完后重新登录，登录成功后就进入了本人网上银行的账户了。在这里，可以进行查询余额、对外转账等操作。用鼠标左键单击"网上基金"链接，可以进入管理基金网页，在操作条上可以了解"操作指南"、"基金产品信息"和进行"基金交易"、"我的基金"、"账户管理"等操作。用鼠标左键单击工商银行网站首页"基金"频道，还可以了解当前基金动态等信息，如图 7-112 所示。

图 7-111　工商银行网站首页

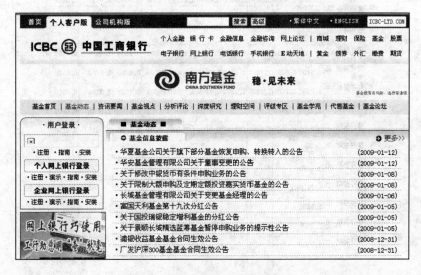

图 7-112　基金频道相关信息

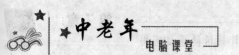

（3）网上储蓄　同网上管理基金一样，网上储蓄也需要首先开通网上个人银行，登录后便可进行网上自动交易活动。如图 7-113 所示，即是"北京邮政在线"网站（网址为 http://www.bj183.com.cn）网上银行相关服务内容的网页。

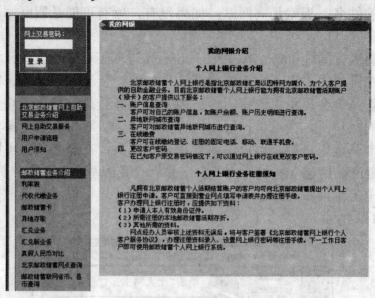

图 7-113　北京邮政在线网上银行相关服务内容

在网上可以很方便地了解当前储蓄利率状况及换算方法，如图 7-114 所示（此图仅供参考，以银行现行发布为准）。

储 蓄 存 款 利 率

利率单位为 % / 年　　🖨 打印本页

存期	人民币	美元	英镑	欧元	日元	港币	加拿大元	瑞士法郎	澳大利亚元	新加坡元
活期	0.3600	0.0500	0.3000	0.1000	0.0001	0.0500	0.1500	0.0500	0.6750	0.0001
通知存款 一天	0.8100									
通知存款 七天	1.3500									
整存整取 一个月		0.2500	1.5150	0.7500	0.0100	0.2500	0.7500	0.1000	2.0625	0.0100
整存整取 三个月	1.7100	0.5000	1.7275	1.0000	0.0100	0.5000	0.8500	0.1250	2.2250	0.0100
整存整取 半年	1.9800	0.7500	1.8435	1.1250	0.0100	0.7500	0.9500	0.1563	2.3250	0.0100
整存整取 一年	2.2500	0.9500	1.9010	1.2500	0.0100	0.9500	1.1250	0.1875	2.3625	0.0100
整存整取 二年	2.7900	1.0000	1.9635	1.3125	0.0100	1.0000	1.2000	0.2500	2.3875	0.0100
整存整取 三年	3.3300									
整存整取 五年	3.6000									
零存整取 一年	1.7100									
零存整取 三年	1.9800									
零存整取 五年	2.2500									
整存零取 一年	1.7100									

图 7-114　储蓄存款利率表

5. 网上购物

随着电子商城的发展，越来越多的人倾向于在网上购买需要的商品，真正做到了"足不出户，货物到家"；还有的中老年朋友虽然没有直接在网上购物，但也充分利用了网络信息量广等优势，通过网上查询，做到了"足不出户，货比三家"，在网上指定的商铺买到了称心如意的商品。

网上购物存在一定风险，因此要选择信誉好的商家，也可以先买些小件商品并选择货到付款方式。如图 7-115 所示，即是网上购物网站当当网的首页。

图 7-115 当当网首页

例如，要在当当网上购买一个血压计，操作方法如下。

① 在当当网搜索引擎输入框中输入"血压计"三个字，用鼠标左键单击"搜索"按钮，弹出一个销量由多到少的搜索结果图片网页，如图 7-116 所示。

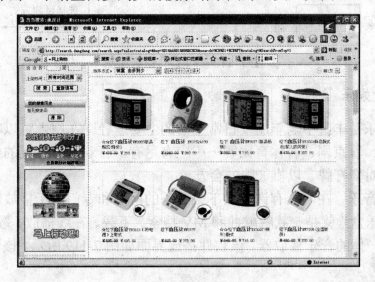

图 7-116 搜索结果图片

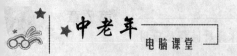
② 用鼠标左键单击其中比较满意的一种血压计，弹出该血压计详细销售内容的网页，如图 7-117 所示。用鼠标左键单击"购买"按钮，按照图 7-118 所示的网上购物流程，提交订单。

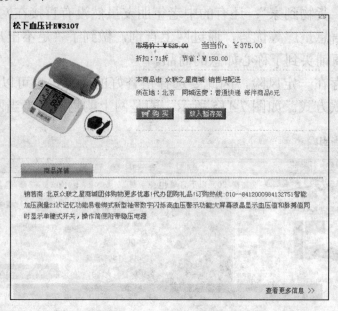

图 7-117 详细销售情况网

图 7-118 网上购物流程图

6. 网上娱乐

网上娱乐是丰富中老年朋友日常生活的主要途径。在网上可以听音乐、看电视、看电影、看京剧、看体育比赛……应有尽有，喜欢网络游戏的中老年朋友还可以在网上对弈打牌、以棋（牌）会友。

（1）听音乐 在网上有许多供下载音乐的网站和专门用于播放音乐的软件，如"酷我音乐盒"就是一款融歌曲和 MV 搜索、下载、在线播放、歌词同步显示，MV 伴唱为一体的音乐播放器。该软件播放界面如图 7-119 所示。该软件具有以下特点：

图 7-119　酷我音乐盒操作界面

① 海量歌曲及 MV 资源。

② 一点即播的试听享受。

③ 歌曲下载迅速、便捷。

④ 下载歌曲自动分类。

⑤ 海量歌词库支持，海量歌曲配合海量歌词，自动搜索，完美配合。

⑥ 独有的 MV 播放及伴唱功能。

⑦ 资源组织形式灵活多样，如各大榜单、新专辑推荐、特别组织的 MV 集合以及按歌手分类歌曲等，追踪热点动态，随用户需求变化更新。

（2）看网络影视、戏剧　在网上有许多专供观看电影、戏剧的网站，如暴风影音、QQ 影音、风行网络电影……如图 7-120 所示，是在优酷网站视频窗口中播放的电视剧《红楼梦》的画面；如图 7-121 所示，是在优酷网站视频窗口中播放的京剧《打渔杀家》的画面。

图 7-120　观看网络影视画面

图 7-121　观看网络戏剧画面

（3）网络游戏 网络游戏是继网上聊天之后出现的又一种网上交流工具与方式。通过网上游戏，不仅可以排遣寂寞，还可以结交网友，培养中老年朋友"不服输"的精神和积极向上的心态。

首先在计算机上下载 QQ 游戏大厅，通过游戏大厅进入具体的游戏空间。输入"http://game.qq.com"网址打开 QQ 游戏主页，如图 7-122 所示。根据下载提示下载游戏大厅。

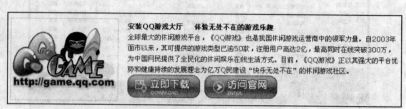

图 7-122 下载 QQ 游戏大厅

下载并安装好 QQ 游戏大厅之后，用鼠标左键双击桌面上的快捷方式图标，弹出游戏登录对话框，如图 7-123 所示。输入 QQ 号码和密码后，用鼠标左键单击"登录"按钮，进入游戏大厅，如图 7-124 所示。用鼠标左键双击"中国象棋"链接，如果尚未安装该游戏，系统会提示安装；如果已经安装了该游戏，即可进入相应的"房间"玩游戏了。用鼠标左键单击空着的位置，待双方都准备好之后，用鼠标左键单击"开始"按钮，对方应答后，开始游戏。游戏画面如图 7-125 所示。游戏规则与平时中国象棋下法相同，只是移动棋子时需要用鼠标左键单击要走的棋子后，在要走的目标位置上再用鼠标左键单击一下。玩游戏之前最好先了解一下相关游戏的规则。

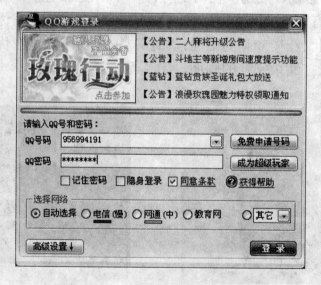

图 7-123 "QQ 游戏登录"对话框

图 7-124　双击游戏房间　　　　　　　　图 7-125　开始游戏

【本章小结】

本章着重介绍了计算机网络的基本知识和使用常识。其中，用较大篇幅介绍了怎样上网；IE 8 浏览器的应用和使用技巧；如何保存网页文件、网页内容和图片；电子邮件、MSN 聊天、QQ 聊天、个人博客、微博、个人网页空间及网上论坛等网上交流方式与操作方法；搜索、下载和应用网上资源等知识。尤其在如何应用网上资源方面，详细介绍了中老年朋友在网上都能做些什么和如何使用网上资源。相信通过本章的学习，中老年朋友在计算机网络这个信息化的海洋中不仅能够学会 "网上冲浪"，而且，也能够从容面对计算机网络这一新生事物，成为一个真正懂得网络的 "信息老人"。

第 8 章　计算机系统的一般维护和使用安全

§8.1　计算机系统的一般维护

1. 计算机的使用环境

① 温度最好在 18~24℃之间，相对湿度在 40%~60%之间。

② 防静电、电磁干扰、灰尘及振动等，机房设备要接地。

③ 保证连续供电，电压稳定在（220~±10%）V。

④ 计算机不要与空调等电器设备共用一个电源插座。

2. 计算机日常维护

① 正确开机、关机。正确的开机顺序是先开外部设备，后开主机，关机的顺序则相反。

② 在计算机运行时，严禁插拔电源线、数据线和与主板或机箱直接连接的外部设备，计算机在开机状态严禁晃动机箱，光盘读盘时严禁按下光驱的门闩。

③ 系统非正常退出或遇突然断电后，应让计算机自动扫描系统一次，及时修复系统错误。

④ 在关闭计算机后若继续开机，其相隔时间不应少于 1 分钟。

⑤ 使用键盘用力要适度，节奏要快，不要粘滞。

⑥ 合理组织磁盘文件，经常备份重要数据，及时删除无用的文件和数据。

⑦ 坚持做好每日维护和阶段性维护。每日维护包括擦拭表面灰尘，检查连线是否松动，查杀计算机病毒等；阶段性维护包括检查和及时备份文件，删除不用的文件、文件夹和过期的软件，优化系统。必要时可打开机箱，吸去机箱内的灰尘。

§8.2　计算机安全

计算机安全是指计算机系统不受自然、人为有害因素的威胁和危害。对于一般用户来说，影响计算机安全并需要解决的是口令与保密、计算机病毒和网络安全。

1．口令与保密

不要随意地创建口令，口令中既要有字符（汉字），也要有数字，不要使用常用词汇和自己的姓、名、生日等字符来创建口令。口令要有足够的长度，不要采用自动保存口令的方法。

2．计算机病毒及其防范

计算机病毒是一种具有寄生性、传染性、潜伏性和危害性的计算机程序。由于这种程序在计算机之间的寄生、传染、潜伏和危害属性与生物病毒有相似之处，因此将其称为计算机病毒。

（1）计算机病毒的特征

① 寄生性。计算机病毒通常并不是以一个单独程序出现在计算机系统中，而必须依附在计算机的操作系统、各种可执行文件甚至是数据文件中才能得以生存。

② 传染性。传染性是计算机病毒生存的必要条件，计算机病毒总是尽可能地把自身的代码添加到其他正常的程序中。

③ 潜伏性。计算机病毒可以长时间隐藏在合法的文件中而不被发现，一旦条件成熟，就会以很快的速度对其他系统进行传染、破坏。

④ 破坏性。对计算机系统的各种资源进行破坏是计算机病毒的最终目的，其破坏性主要表现在把计算机病毒传染给正常的程序，使被感染程序的功能失效。

（2）计算机病毒的种类 从计算机病毒的破坏性质来分，计算机病毒可以分为良性病毒和恶性病毒。恶性病毒又称"逻辑炸弹"，一旦发作就会破坏计算机系统内的信息。良性病毒一般不破坏信息，但由于其不断复制、传染，逐渐占据大量存储空间，降低了系统的有效运行速度。这两种计算机病毒都会对计算机系统造成危害。

从计算机病毒感染的计算机系统来分，计算机病毒可以分为 DOS 型、Windows 型、网络型和其他系统型；从计算机病毒的基本类型来分，可以分为系统引导型病毒、可执行文件型病毒、宏病毒、混合型病毒、特洛伊木马型病毒和 Internet 语言病毒等。

（3）计算机感染病毒的症状

❖ 开关机的时间比平时长，如长时间访问磁盘等现象。

❖ 启动应用程序的时间比平时长。

❖ 计算机运行异常，如经常"死机"等。

❖ 外部设备有异常现象，如显示器显示乱字符，打印机乱动作或打印乱字符等。

❖ 程序或数据无缘无故地丢失，如文件打不开等。

❖ 可执行文件、覆盖文件或一些数据文件长度发生变化。

❖ 发现来历不明的隐含文件。

❖ 磁盘可用空间突然变小，或系统不能识别磁盘设备。

❖ 上网的计算机发生不能控制的自动操作等现象。

（4）计算机病毒的防范　由于计算机病毒的危害性极大，所以关于计算机病毒的防范越来越引起人们的普遍重视。计算机病毒虽然危险，但并非不可避免。计算机病毒的防范可以从预防、检查和消毒三个方面着手。可以使用一些计算机杀毒软件定期或不定期地对计算机系统进行检查和消毒。现在很多计算机杀毒软件都能有效地对已知计算机病毒进行检查并予以清除。但是同计算机病毒相比，杀毒软件永远具有开发的滞后性，光靠杀毒软件不能保证计算机系统永远不受计算机病毒的攻击。所以，计算机病毒的防范必须以预防为主，即首先保护计算机系统不受计算机病毒的传染。

① 使用硬盘启动计算机系统。因为一个正常工作的计算机硬盘系统，如果不是被有意攻击，一般不会带计算机病毒。

② 不使用来历不明的 U 盘，使用 U 盘前必须用杀毒软件进行检查、"消毒"。

③ 不随便复制别人的软件，因为一些软件的所有者为了防止别人非法复制自己的软件，有意在软件中藏有计算机病毒。以非法的手段打击非法的复制。

④ 安装具有真正"实时监控"功能的反病毒软件，定期更新版本。

⑤ 从网络上下载的各种软件要先进行检查和杀毒后再安装使用。

⑥ 一般不要打开、安装和运行电子邮件附件中的程序、文件和图片。

3. 网络安全

对于计算机安全构成威胁的另一个方面是来自网络的计算机黑客（Hacker）。黑客是指通过网络非法进入他人计算机系统，截取或篡改他人计算机数据，危害他人计算机信息安全的电脑入侵者。

黑客通过网络攻击计算机系统的主要方法有"蠕虫"病毒攻击、"特洛伊木马"攻击、"电子邮件炸弹"攻击、"拒绝服务式"攻击等。

普通用户的网络安全防范应做到以下几点。

① 不要向任何人透露上网密码。

② 不要用单词作为上网密码。

③ 不要在网络上留下密码、身份证号码和电话号码。

④ 经常更改上网密码。

⑤ 不要在网络上随意公布或留下自己的电子邮件地址。

⑥ 不要使用 ICQ 之类的网络寻呼机软件，它会暴露用户的 IP 地址，被黑客利用而受到攻击。

⑦ 不要在支持 HTML 语言的聊天室里聊天，以防黑客向你发送 HTML 语句导致计算机死机。

⑧ 安装能检测特洛伊木马的防病毒软件，并及时更新升级。

⑨ 不要随便运行来历不明的软件，特别是电子邮件中的附件。

⑩ 不要让别人随意在你的计算机上安装软件。

§8.3　常用杀毒软件

随着计算机病毒的发展和蔓延，为了保证计算机系统的安全和计算机用户的利益，国内外很多公司先后研制了上百种杀毒软件。下面介绍两款近年来比较流行的杀毒软件。

8.3.1　360 杀毒软件

360 杀毒软件完全免费，无需激活码，误杀率较低。360 杀毒软件独有的技术体系对系统资源占用较少，对系统运行速度的影响微乎其微。该软件由 360 杀毒软件和 360 安全卫士两部分组成。

1. 下载和安装 360 杀毒软件和 360 安全卫士

在网上搜索"360 杀毒软件"或"360 安全卫士"进行下载后，按照提示进行安装即可使用。

2. 使用 360 查杀病毒

启动 360 杀毒软件，如图 8-1 所示，可对计算机进行"快速扫描"、"全盘扫描"和"自定义扫描"。待扫描结束后，再根据该软件的提示对扫描出的计算机病毒进行清理、删除或返回，如图 8-2 所示。

3. 使用 360 安全卫士实时防护

启动 360 安全卫士，如图 8-3 所示。可对计算机进行"电脑体检"、"木马查杀"、"系统修复"、"电脑清理"、"优化加速"、"电脑专家"、"手机助手"和"软件管家"等方面操作。

图 8-1　360 杀毒软件

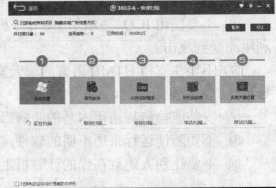

图 8-2　360 扫描结果

图 8-3　360 安全卫士

8.3.2　金山毒霸杀毒软件

金山毒霸 2013 组合装内含新毒霸"悟空"＋金山卫士，该软件永久免费、专业杀毒，对计算机进行全面安全防护，为用户提供一步到位的安全解决方案。从杀毒、防毒、木马查杀到上网安全防护、系统优化，组合装总共包括 50 项安全功能。组合装经过精心优化调试，系统资源占用极小，并可对 Windows 7 做专门优化。

1. 下载和安装金山毒霸杀毒软件

在网上搜索到"金山毒霸"进行下载后，按照提示进行安装即可使用。

2．使用金山毒霸查杀和防护病毒

启动金山毒霸，如图 8-4 所示。可对计算机进行杀毒、防御、网购保镖等操作，金山毒霸还提供了一百多个用于完成各种用途应用程序的百宝箱，如图 8-5 所示。

图 8-4　金山毒霸　　　　　　　　图 8-5　金山毒霸的百宝箱

建议在一台计算机上只安装一款杀毒软件即可，以免互相干扰，导致计算机运行速度变慢。

附录 计算机操作中的常用快捷键

计算机中的快捷键由功能键和组合键两部分组成。在操作计算机时，适度地使用快捷键，可以提高工作效率，达到事半功倍的效果。下面将在几个主要软件操作中使用的快捷键归纳如下。

一、Windows 7 操作快捷键

快捷键	执行操作	快捷键	执行操作
F1	显示当前程序的帮助内容	⊞+F	打开"搜索"对话框
F2	为选中文件重命名	⊞+↑	最大化窗口
F3	在桌面上，打开"搜索"对话框	⊞+Ctrl+F	打开"导航"窗格
F10 或 Alt	显示当前程序菜单栏快捷键	⊞+D	显示、隐藏桌面
⊞ 或 Ctrl+Esc	打开"开始"菜单	⊞+R	打开"运行"对话框
Ctrl+Alt+Delete	进入退出系统界面	⊞+U	打开"工具管理器"对话框
Ctrl+Shift+Esc	打开任务管理器	Shift+F10	打开当前活动项目的快捷菜单
Delete	删除选中项目并放入回收站	Alt+F4	关闭当前应用程序
Shift+Delete	删除选中项目，不放入回收站	Alt+Tab	提示切换已启动的应用程序
Ctrl+A	将当前界面中所有项目选中	Alt+Esc	不提示切换已启动的应用程序
Ctrl+N	新建一个文件	Alt+Print Screen	将当前活动窗口以图像方式复制到剪贴板
Ctrl+O	打开"打开文件"对话框	Print Screen	将当前屏幕（桌面）以图像方式复制到剪贴板
Ctrl+P	打开"打印"对话框	Ctrl+Shift+F6	在应用程序中各文档之间切换
Ctrl+S	保存当前操作的文件	Ctrl+→	显示网页中的前一页（即"前进"）

续表

快捷键	执行操作	快捷键	执行操作
Ctrl+X	将选中的项目剪切到剪贴板	Ctrl+←	显示网页中的后一页（即"后退"）
Ctrl+C	将选中的项目复制到剪贴板	Ctrl+Tab	在网页上的各框架间切换（加【Shift】反向）
Ctrl+V	将剪贴板内容粘贴到当前位置	F5	网页刷新
Ctrl+Z	撤销上一步的操作	Ctrl+F5	网页强行刷新
Ctrl+Y	重复上一步的操作	End	显示资源管理器窗口的底端
Ctrl+Shift	切换各种输入方式	Home	显示资源管理器窗口的顶端
Ctrl+空格键	切换中、英文输入方式	Num Lock+小键盘*	显示资源管理器中所选文件夹的所有子文件夹
Ctrl+.	切换中、英文标点符号	Num Lock+小键盘+	显示资源管理器中所选文件夹的内容
Shift+空格键	切换全角与半角	Num Lock+小键盘-	折叠所选的文件夹
⊞+M	最小化所有被打开的窗口	←	当前所选文件夹处于展开状态时折叠该文件夹
⊞+Shift+M	重复恢复上一项操作前窗口的大小和位置	→	当前所选文件夹处于折叠状态时展开该文件夹
⊞+E	打开资源管理器	⊞+←	窗口停靠左侧
⊞+→	窗口停靠右侧	⊞+↓	将窗口最小化
⊞+Home	摇走其他窗口	⊞+空格	窗口透明、查看小工具
⊞+1、2……	快速启动任务栏前1~9程序	⊞+T	查看任务栏已运行程序图标
⊞++　⊞+-	放大、缩小屏幕	Alt+P	激活资源管理器文件预览面板

二、Word 2010 操作快捷键（一）

先按 操作 后按	Ctrl	Ctrl+Shift	Alt+Shift	Ctrl+Alt
A	全选	大小写切换	显示所有标题	
B	粗体	粗体		
C	复制	格式复制	关闭预览	版权符号

续表

先按 操作 后按	Ctrl	Ctrl＋Shift	Alt＋Shift	Ctrl＋Alt
D	字体格式	分散对齐	插入日期	
E	居中对齐	修订	编辑邮件合并数据	插入尾注
F	导航	定义字体	插入合并域	插入脚注
G	定位			
H	替换	应用隐藏格式		
I	斜体	斜体	预览	
J	两端对齐			
K	超级链接	小型大写字母	预览邮件合并	自动套用格式
L	左对齐	列表样式	显示	域
M	左缩进	减少左缩进	打印已合并文档	批注动词
N	新建	降级为正文	合并文档	普通视图
O	打开		标记目录项	大纲视图
P	打印	定义字符大小	插入页码	页面视图
Q	取消段落格式	symbol 字体		
R	右对齐		页眉页脚链接	注册商标
S	保存	定义样式		拆分窗口
T	首行缩进	减小首行缩进	时间	商标
U	下划线	下划线	更新域	更新表格格式
V	粘贴	格式粘贴		插入自动图文集
W	写盘关闭	只给词加下划线		
X	剪切		标记	
Y	重复		重复查找	
Z	撤销	默认字体样式		返回
0	段前 6p 切换			
1	单倍行距		显示"标题 1"	应用"标题 1"
2	双倍行距		显示"标题 2"	应用"标题 2"
3	锁定		显示"标题 3"	应用"标题 3"
5	1.5 倍行距		应用"标题 5"	应用"标题 5"
=	下标	上标		

注：如果功能不能用，请注意是否处于英文输入状态。

三、Word 2010 操作快捷键（二）

操作 先按 后按	Ctrl	Shift	Alt
F1	启动帮助	显示任务窗格	显示格式任务窗格	前往下一个域
F2	移动所选文字或图形	"文件"|"打印预览"	复制	
F3	启动自动图文集词条	剪切至图文集	改变字母大小写	创建自动图文集词条
F4	重复上一项操作	关闭窗口	重复查找、定位	退出 Word
F5	"编辑"|"定位"	向下还原文档窗口	移动到上一次修订	还原程序窗口大小
F6	前往下一个窗口或框架	前往下一个窗口	前往上一个窗口	
F7	"工具"|"拼写和语法"		"同义词库"	查找下一处拼写和语法错误
F8	扩展所选内容		缩小所选内容	运行宏
F9	更新选定域	插入空域	在域代码和结果间切换	在所有域代码和结果间切换
F10	激活菜单栏	将文档窗口最大化	显示快捷菜单	将程序窗口最大化
F11	前往下一个域	锁定域	前往上一个域	显示 VB 代码
F12	"文件""另存为"	"文件"|"打开"	"文件"|"保存"	

操作 先按 后按	Ctrl＋Shift	Ctrl＋Alt	Alt＋Shift
F1		显示系统信息	前往前一个域
F2		"文件"|"打开"	"文件"|"保存"
F3	插入图文集内容		
F4			
F5	编辑书签		
F6	前往上一个窗口		
F7	更新源文档中链接信息		
F8	扩展所选区域		
F9	取消域的链接		在域中运行一种代码
F10	激活标尺		
F11	取消对域的锁定		显示一种代码
F12	"文件"|"打印"		

续表

操作\先按 后按		Ctrl
Home		将插入点移动到文首
End		将插入点移动到文尾
→		将选定区域向右扩展一个字符
←		将选定区域向左减少一个字符
↓		将选定区域向下扩展一行
↑		将选定区域向上减少一行
Tab	在表格中向右移动、在右下单元中自动添加一行	
Insert	将"改写模式"变为"插入模式"	
Home	将插入点移动到行首	
End	将插入点移动到行尾	

四、Excel 2010 操作快捷键（一）

快捷键	执行操作	快捷键	执行操作	快捷键	执行操作
Ctrl＋A	选中数据区或整张工作表	Ctrl＋K	超级链接	Ctrl＋S	保存
Ctrl＋C	复制	Ctrl＋L	创建列表	Ctrl＋V	粘贴
Ctrl＋D	向下填充	Ctrl＋N	新建	Ctrl＋X	剪切
Ctrl＋F	查找	Ctrl＋O	打开	Ctrl＋Y	重复被撤销项目
Ctrl＋G	定位	Ctrl＋P	打印	Ctrl＋Z	撤销
Ctrl＋H	替换	Ctrl＋R	向右填充		

五、Excel 2010 操作快捷键（二）

操作\先按 后按		Ctrl	Shift	Alt	Ctrl＋Shift	Alt＋Shift
F1	启动帮助	显示任务窗格		进入图表区	设备管理器	
F2	对单元格编辑		插入批注	"文件""另存为"		
F3		定义名称	插入函数		指定名称	
F4	向下填空、变换地址方式	关闭窗口	返回 A1 单元	退出 Excel	搜索	
F5	定位	向下还原工作表窗口	查找			

续表

操作 后按 ＼ 先按		Ctrl	Shift	Alt	Ctrl＋Shift	Alt＋Shift
F6	激活任务窗格	切换窗口			切换工作簿	
F7	拼写检查					
F8	扩展			运行宏		
F9		最小化窗口				
F10	激活菜单栏	向下还原窗口	显示快捷菜单		激活菜单	
F11	进入图表区	Maero 窗口	前往 A1 单元	VB 编辑器		脚本编辑器
F12	"文件"|"另存为"	"文件"|"打开"	"文件"|"保存"		"文件"|"打印"	
1		单元格格式				
.		公式审核模式				
Home		移动到 A1 单元				
End		移动到数据区右下角单元				
→		移动到 XFD 列				
←		移动到 A 列				
↓		移动到 1 048 576 行				
↑		移动到 1 行				
Tab	在表格中向右移动					
回车	在表格中向下移动，对输入数据确认					
Home	移动到行首					
Delete	清除单元格内容					

六、PowerPoint 2010 操作快捷键（一）

快捷键	执行操作	快捷键	执行操作	快捷键	执行操作
Ctrl＋A	全部选中	Ctrl＋J	两端对齐	Ctrl＋S	保存
Ctrl＋B	加粗	Ctrl＋K	超级链接	Ctrl＋T	字体
Ctrl＋C	复制	Ctrl＋L	左对齐	Ctrl＋U	下划线
Ctrl＋D	复制	Ctrl＋M	新幻灯片	Ctrl＋V	粘贴
Ctrl＋E	居中	Ctrl＋N	新建	Ctrl＋W	退出
Ctrl＋F	查找	Ctrl＋O	打开	Ctrl＋X	剪切
Ctrl＋G	网格线和参考线	Ctrl＋P	打印	Ctrl＋Y	重复被撤销项目
Ctrl＋H	替换	Ctrl＋Q	退出	Ctrl＋Z	撤销
Ctrl＋I	斜体	Ctrl＋R	右对齐		

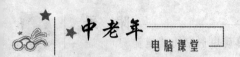
七、PowerPoint 2010 操作快捷键（二）

操作 后按 ＼ 先按	Ctrl	Shift	Alt	Ctrl＋Shift	Alt＋Shift
F1	帮助	显示任务窗格			设备管理器
F2	对占位符文本编辑	预览	"文件"|"另存为"		保存
F3					
F4		退出程序	退出程序	退出程序	退出程序
F5	从头放映	向下还原窗口	从当前幻灯片放映	向下还原窗口	
F6	切换窗格	切换窗格			
F7	拼写检查				
F8			运行宏		
F9		最小化窗口	显示/隐藏网格	显示/隐藏中心线	
F10	激活菜单栏		显示快捷菜单		激活菜单
F11				VB 编辑器	脚本编辑器
F12	另存为	打开	保存		打印
Home		移动到首张幻灯片			
End		移动到末张幻灯片			
Home	移动到首张幻灯片				
End	移动到末张幻灯片				
Delete	删除选中幻灯片				